はじめに

Microsoft Office Specialist (以下MOSと記載) は、Officeの利用能力を証明する世界的な資格試験制度です。

本書は、MOS Excel 365 (一般レベル) に合格することを目的とした試験対策用教材です。出題範囲を網羅しており、的確な解説と練習問題で試験に必要なExcelの機能と操作方法を学習できます。

さらに、試験の出題傾向を分析して作成したオリジナルの模擬試験を5回分用意しています。模擬試験で、様々な問題に挑戦し、実力を試しながら、合格に必要なExcelのスキルを習得できます。

また、模擬試験プログラムを使うと、MOS 365の試験形式「マルチプロジェクト」を体験でき、試験システムに慣れることができます。試験結果は自動採点され、正答率や解答の正誤を表示できるばかりでなく、音声付きの動画で標準解答を確認することもできます。

本書をご活用いただき、MOS Excel 365 (一般レベル) に合格されますことを心よりお祈り申し上げます。

なお、基本操作の習得には、次のテキストをご利用ください。

- ●「よくわかる Microsoft Excel 2021基礎」(FPT2204)
- ●「よくわかる Microsoft Excel 2021応用」(FPT2205)

本書を購入される前に必ずご一読ください
本書に記載されている操作方法や模擬試験プログラムの動作は、2023年6月時点の次の環境で確認しております。
本書発行後のWindowsやMicrosoft 365のアップデートによって機能が更新された場合には、本書の記載のとおりに操作できなくなる可能性があります。ご了承のうえ、ご購入・ご利用ください。

- ・Windows 11 (バージョン22H2 ビルド22621.1848)
- ・Microsoft 365 (バージョン2305 ビルド16.0.16501.20074)

※本書掲載の画面図は、次の環境で取得しております。
- ・Windows 11 (バージョン22H2 ビルド22621.900)
- ・Microsoft 365 (バージョン2211 ビルド16.0.15831.20098)

2023年8月13日

FOM出版

本書を使った学習の進め方

Excelの基礎知識を事前にチェック！

MOSの学習を始める前に、Excelの基礎知識の習得状況を確認し、足りないスキルを事前に習得しましょう。

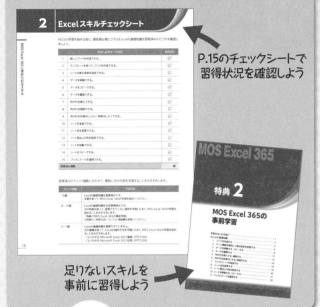

P.15のチェックシートで習得状況を確認しよう

足りないスキルを事前に習得しよう

学習計画を立てる！

目標とする受験日を設定し、その受験日に向けて、どのような日程で学習を進めるかを考えます。

1

2

3

出題範囲の機能を理解し、操作方法をマスター！

出題範囲の機能を1つずつ理解し、その機能を実行するための操作方法を確実に習得しましょう。

機能の解説を理解したら、Lessonで実際に操作してみよう！

本書やご購入者特典には、試験合格に必要なExcelのスキルを習得するための秘密がたくさん詰まっています。ここでは、それらを上手に活用して、基本操作ができるレベルから試験に合格できるレベルまでスキルアップするための学習方法をご紹介します。
これを参考に、前提知識や学習期間に応じてアレンジし、自分にあったスタイルで学習を進めましょう。

出題範囲のコマンドを暗記！

確実に合格するために、出題範囲のコマンドとその使い方を確認しておきましょう。

正解できるようになるまで繰り返し学習！

試験の合格を目指して！

ここまでやれば試験対策はバッチリ！自信をもって受験に臨みましょう。

Fight!

4 → 5

学習した内容を、模擬試験で力試し！

出題範囲をひととおり学習したら、模擬試験で実戦力を養います。模擬試験は、何度も繰り返し行って苦手な分野を克服しましょう。
間違えた問題はそのままにしないで、機能の解説に戻って復習しましょう。

機能の解説ページで復習しよう → P.87

模擬試験プログラムを使って、試験形式にも慣れておこう！

Contents 目次

i

1　製品名の記載について

本書では、次の名称を使用しています。

正式名称	本書で使用している名称
Windows 11	Windows 11 または Windows
Microsoft 365 Apps	Microsoft 365

※主な製品を挙げています。その他の製品も略称を使用している場合があります。

2　本書の学習環境について

出題範囲の各Lessonを学習するには、次のソフトが必要です。
また、インターネットに接続できる環境で学習することを前提にしています。

Microsoft 365のExcel

※模擬試験プログラムの動作環境については、裏表紙をご確認ください。

◆本書の開発環境

本書に記載されている操作方法や模擬試験プログラムの動作は、2023年6月時点の次の環境で確認しております。今後のWindowsやMicrosoft 365のアップデートによって機能が更新された場合には、本書の記載のとおりに操作できなくなる可能性があります。

OS	Windows 11 Pro（バージョン22H2　ビルド22621.1848）
アプリ	Microsoft 365 Apps for business （バージョン2305　ビルド16.0.16501.20074）
ディスプレイの解像度	1280×768ピクセル
その他	・WindowsにMicrosoftアカウントでサインインし、インターネットに接続した状態 ・OneDriveと同期していない状態

※本書掲載の画面図は、次の環境で取得しております。
・Windows 11（バージョン22H2　ビルド22621.900）
・Microsoft 365（バージョン2211　ビルド16.0.15831.20098）

! Point

OneDriveの設定

WindowsにMicrosoftアカウントでサインインすると、同期が開始され、パソコンに保存したファイルがOneDriveに自動的に保存されます。初期の設定では、デスクトップ、ドキュメント、ピクチャの3つのフォルダーがOneDriveと同期するように設定されています。
本書はOneDriveと同期していない状態で操作しています。
OneDriveと同期している場合は、一時的に同期を停止すると、本書の記載と同じ手順で学習できます。
OneDriveとの同期を一時停止および再開する方法は、次のとおりです。

一時停止

◆通知領域の☁（OneDrive）→⚙（ヘルプと設定）→《同期の一時停止》→停止する時間を選択
※時間が経過すると自動的に同期が開始されます。

再開

◆通知領域の☁（OneDrive）→⚙（ヘルプと設定）→《同期の再開》

3　学習時の注意事項について

お使いの環境によっては、次のような内容について本書の記載と異なる場合があります。
ご確認のうえ、学習を進めてください。

◆ボタンの形状

本書に掲載しているボタンは、ディスプレイの解像度「**1280×768ピクセル**」、拡大率「**100%**」、ウィンドウを最大化した環境を基準にしています。ディスプレイの解像度や拡大率、ウィンドウのサイズなど、お使いの環境によっては、ボタンの形状やサイズ、位置が異なる場合があります。
ボタンの操作は、ポップヒントに表示されるボタン名を参考に操作してください。

ディスプレイの解像度が高い場合／ウィンドウのサイズが大きい場合

ボタンに名前が表示される　　一覧で表示される

グループのボタンがすべて表示される

ディスプレイの解像度が低い場合／ウィンドウのサイズが小さい場合

ボタンだけが表示される　　ボタンをクリックすると一覧が表示される

グループ名をクリックするとボタンが表示される

❗ Point

《ファイル》タブの《その他》コマンド

《ファイル》タブのコマンドは、画面の左側に一覧で表示されます。ディスプレイの解像度が低い、拡大率が高い、ウィンドウのサイズが小さいなど、お使いの環境によっては、下側のコマンドが《その他》にまとめられている場合があります。目的のコマンドが表示されていない場合は、《その他》をクリックしてコマンドを表示してください。

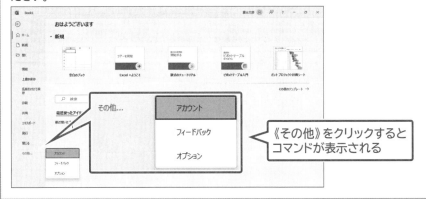

《その他》をクリックするとコマンドが表示される

---

❶ Point

ディスプレイの解像度と拡大率の設定
ディスプレイの解像度と拡大率を本書と同様に設定する方法は、次のとおりです。

解像度の設定

◆デスクトップの空き領域を右クリック→《ディスプレイ設定》→《ディスプレイの解像度》の ⌄ →《1280× 768》

※メッセージが表示される場合は、《変更の維持》をクリックします。

拡大率の設定

◆デスクトップの空き領域を右クリック→《ディスプレイ設定》→《拡大/縮小》の ⌄ →《100%》

◆アップデートに伴う注意事項

WindowsやMicrosoft 365は、アップデートによって不具合が修正され、機能が向上する仕様となっています。そのため、アップデート後に、コマンドやスタイル、色などの名称が変更される場合があります。

本書に記載されているコマンドやスタイルなどの名称が表示されない場合は、掲載画面の色が付いている位置を参考に操作してください。

今後のアップデートによって機能が更新された場合には、本書の記載のとおりに操作できない、模擬試験プログラムの採点が正しく行われないなどの不整合が生じる可能性があります。

※本書の最新情報については、P.11に記載されているFOM出版のホームページにアクセスして確認してください。

---

❶ Point

お使いの環境のバージョンとビルド番号の確認方法
WindowsやMicrosoft 365はアップデートにより、バージョンやビルド番号が変わります。
お使いの環境のバージョン・ビルド番号を確認する方法は、次のとおりです。

Windows

◆ ⊞ (スタート)→《設定》→《システム》→《バージョン情報》

Microsoft 365

◆《ファイル》タブ→《アカウント》→《(アプリ名)のバージョン情報》

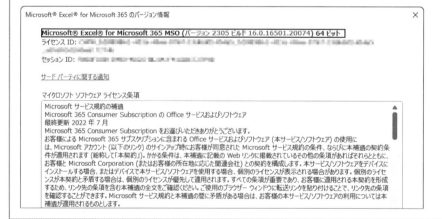

　学習ファイルについて

本書で使用する学習ファイルは、FOM出版のホームページで提供しています。ダウンロードしてご利用ください。

ホームページアドレス

> https://www.fom.fujitsu.com/goods/

※アドレスを入力するとき、間違いがないか確認してください。

ホームページ検索用キーワード

> FOM出版

1 学習ファイルのダウンロード

学習ファイルをダウンロードする方法は、次のとおりです。

① ブラウザーを起動し、FOM出版のホームページを表示します。
※アドレスを直接入力するか、キーワードでホームページを検索します。
② 《ダウンロード》をクリックします。
③ 《資格》の《MOS》をクリックします。
④ 《MOS Excel 365対策テキスト&問題集　FPT2301》をクリックします。
⑤ 《書籍学習用ファイル》の「fpt2301.zip」をクリックします。
⑥ ダウンロードが完了したら、ブラウザーを終了します。
※ダウンロードしたファイルは、《ダウンロード》内に保存されます。

2 学習ファイルの解凍方法

ダウンロードした学習ファイルは圧縮されているので、解凍（展開）します。ダウンロードしたファイル「fpt2301.zip」を《ドキュメント》に解凍する方法は、次のとおりです。

① デスクトップ画面を表示します。
② タスクバーの 📁（エクスプローラー）をクリックします。
③ 左側の一覧から《ダウンロード》を選択します。
④ ファイル「fpt2301」を右クリックします。
⑤ 《すべて展開》をクリックします。
⑥ 《参照》をクリックします。
⑦ 左側の一覧から《ドキュメント》を選択します。
⑧ 《フォルダーの選択》をクリックします。
⑨ 《ファイルを下のフォルダーに展開する》が「C:¥Users¥（ユーザー名）¥Documents」に変更されます。
⑩ 《完了時に展開されたファイルを表示する》を ☑ にします。
⑪ 《展開》をクリックします。
⑫ ファイルが解凍され、《ドキュメント》が開かれます。
⑬ フォルダー「MOS 365-Excel（1）」と「MOS 365-Excel（2）」が表示されていることを確認します。
※すべてのウィンドウを閉じておきましょう。

◆学習ファイルの一覧

《ドキュメント》の各フォルダーには、次のようなファイルが収録されています。

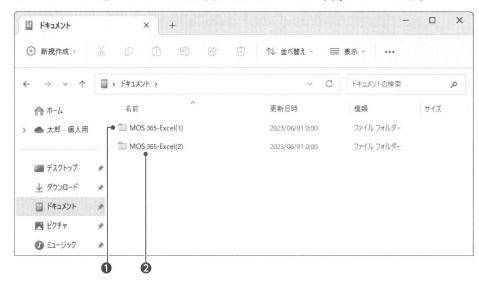

❶MOS 365-Excel（1）

「**出題範囲1**」から「**出題範囲5**」の各Lessonで使用するファイルがコピーされます。

これらのファイルは、「**出題範囲1**」から「**出題範囲5**」の学習に必要です。

Lessonを学習する前に対象のファイルを開き、学習後はファイルを保存せずに閉じてください。

❷MOS 365-Excel（2）

「**模擬試験**」で使用するファイルがコピーされます。

これらのファイルは、模擬試験プログラムで操作するファイルと同じです。

模擬試験プログラムを使用しないで学習する場合は、対象のプロジェクトのファイルを開いて操作します。

◆学習ファイル利用時の注意事項

学習ファイルの場所

本書では、学習ファイルの場所を《**ドキュメント**》内としています。《**ドキュメント**》以外の場所に解凍した場合は、フォルダーを読み替えてください。

編集を有効にする

ダウンロードした学習ファイルを開く際、そのファイルが安全かどうかを確認するメッセージが表示される場合があります。学習ファイルは安全なので、《**編集を有効にする**》をクリックして、編集可能な状態にしてください。

自動保存をオフにする

学習ファイルをOneDriveと同期されているフォルダーに保存すると、初期の設定では自動保存がオンになり、一定の時間ごとにファイルが自動的に上書き保存されます。自動保存によって、元のファイルを上書きしたくない場合は、自動保存をオフにしてください。

5　模擬試験プログラムについて

本書で使用する模擬試験プログラムは、FOM出版のホームページで提供しています。ダウンロードしてご利用ください。

ホームページアドレス

> https://www.fom.fujitsu.com/goods/

※アドレスを入力するとき、間違いがないか確認してください。

ホームページ検索用キーワード

> FOM出版

1　模擬試験プログラムのダウンロード

模擬試験プログラムをダウンロードする方法は、次のとおりです。

※模擬試験プログラムは、スマートフォンやタブレットではダウンロードできません。パソコンで操作してください。

① ブラウザーを起動し、FOM出版のホームページを表示します。

※アドレスを直接入力するか、キーワードでホームページを検索します。

②《ダウンロード》をクリックします。

③《資格》の《MOS》をクリックします。

④《MOS Excel 365対策テキスト&問題集　FPT2301》をクリックします。

⑤《模擬試験プログラム ダウンロード》の《模擬試験プログラムのダウンロード》をクリックします。

⑥ 模擬試験プログラムの利用と使用許諾契約に関する説明を確認し、《OK》をクリックします。

⑦《模擬試験プログラム》の「fpt2301mogi_setup.exe」をクリックします。

※お使いの環境によってexeファイルがダウンロードできない場合は、「fpt2301mogi_setup.zip」をクリックしてダウンロードしてください。

⑧ ダウンロードが完了したら、ブラウザーを終了します。

※ダウンロードしたファイルは、《ダウンロード》内に保存されます。

2　模擬試験プログラムのインストール

模擬試験プログラムのインストール方法は、次のとおりです。

※インストールは、管理者ユーザーのアカウントで行ってください。

※「fpt2301mogi_setup.zip」をダウンロードした場合は、ファイルを解凍（展開）し、ファイルの場所は解凍したフォルダーに読み替えて操作してください。

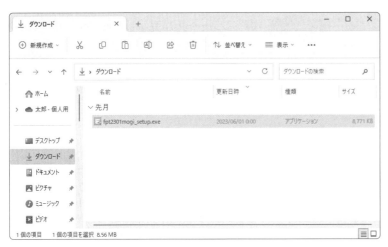

① デスクトップ画面を表示します。

② タスクバーの ▭（エクスプローラー）をクリックします。

③ 左側の一覧から《ダウンロード》を選択します。

④「fpt2301mogi_setup.exe」をダブルクリックします。

※お使いの環境によっては、ファイルの拡張子「.exe」が表示されていない場合があります。

※《ユーザーアカウント制御》が表示される場合は、《はい》をクリックします。

求められるスキル

出題範囲1

出題範囲2

出題範囲3

出題範囲4

出題範囲5

確認問題　標準解答

⑤インストールウィザードが起動し、《ようこそ》が表示されます。

⑥《次へ》をクリックします。

⑦《使用許諾契約》が表示されます。

⑧《はい》をクリックします。

※《いいえ》をクリックすると、セットアップが中止されます。

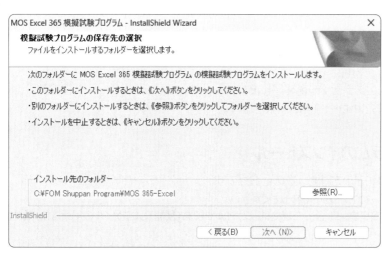

⑨《模擬試験プログラムの保存先の選択》が表示されます。

模擬試験のプログラムファイルのインストール先を指定します。

⑩《インストール先のフォルダー》を確認します。

※ほかの場所にインストールする場合は、《参照》をクリックします。

⑪《次へ》をクリックします。

⑫インストールが開始されます。

⑬インストールが完了したら、図のようなメッセージが表示されます。

⑭《完了》をクリックします。

※模擬試験プログラムの使い方については、P.245を参照してください。

❶ Point

管理者以外のユーザーがインストールする場合

管理者以外のユーザーアカウントでインストールすると、管理者ユーザーのパスワードを要求するメッセージが表示されます。パスワードがわからない場合は、インストールができません。

本書の学習を開始する前に、パソコンにプリンターが設定されていることを確認してください。
プリンターが設定されていないと、印刷やページ設定に関する問題を解答したり、模擬試験プログラムで試験結果レポートを印刷したりできません。プリンターの取扱説明書を確認して、プリンターを設定しておきましょう。
パソコンに設定されているプリンターの確認方法は、次のとおりです。

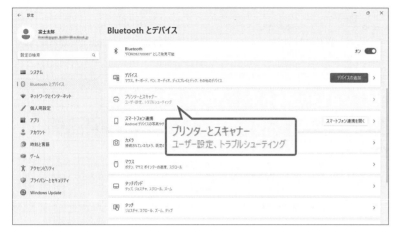

① スタート（スタート）をクリックします。
②《設定》をクリックします。
③左側の一覧から《Bluetoothとデバイス》を選択します。
④《プリンターとスキャナー》をクリックします。

⑤《プリンターとスキャナー》に接続されているプリンターが表示されていることを確認します。

⚠ Point

通常使うプリンターの設定
初期の設定では、最後に使用したプリンターが通常使うプリンターとして設定されます。
通常使うプリンターを固定する方法は、次のとおりです。
◆《Windowsで通常使うプリンターを管理する》をオフにする→プリンターを選択→《既定として設定する》

⚠ Point

仮のプリンターの設定
本書の学習には、実際のプリンターがパソコンに接続されていなくてもかまいませんが、Windows上でプリンターが設定されている必要があります。また、プリンターの種類によって印刷できる範囲などが異なるため、本書の記載のとおりに操作できない場合があります。そのような場合には、「Microsoft Print to PDF」を通常使うプリンターに設定して操作してください。
設定方法は、次のとおりです。
◆ スタート（スタート）→《設定》→《Bluetoothとデバイス》→《プリンターとスキャナー》→《Windowsで通常使うプリンターを管理する》をオフにする→《Microsoft Print to PDF》を選択→《既定として設定する》

7 本書の見方について

本書の見方は、次のとおりです。

1 出題範囲

❶理解度チェック
学習前後の理解度を把握するために使います。本書を学習する前にすでに理解している項目は**「学習前」**に、本書を学習してから理解できた項目は**「学習後」**にチェックを付けます。**「試験直前」**は試験前の最終確認用です。

❷解説
出題範囲で求められている機能を解説しています。
操作 Microsoft 365での操作方法です。

❸Lesson
出題範囲で求められている機能が習得できているかどうかを確認する練習問題です。

❹Hint
問題を解くためのヒントです。

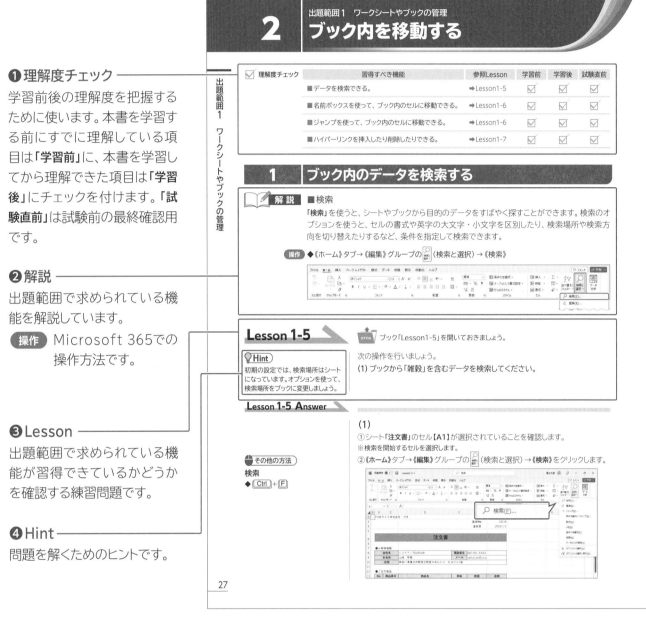

！Point

本書の記述について
操作の説明のために使用している記号には、次のような意味があります。

記述	意味	例
⬚	キーボード上のキーを示します。	Ctrl F4
⬚+⬚	複数のキーを押す操作を示します。	Ctrl+C（Ctrlを押しながらCを押す）
《　》	ダイアログボックス名やタブ名、項目名など画面の表示を示します。	《オプション》をクリックします。《検索》タブを選択します。
「　」	重要な語句や機能名、画面の表示、入力する文字などを示します。	「名前ボックス」といいます。「雑穀」と入力します。

※本書に掲載しているボタンは、ディスプレイの解像度を「1280×768ピクセル」、ウィンドウを最大化した環境を基準にしています。

❺操作方法
一般的かつ効率的と考えられる操作方法です。

❻その他の方法
操作方法で紹介している以外の方法がある場合に記載しています。

❼※印
補助的な内容や注意すべき内容を記載しています。

❽Point
用語の解説や知っていると効率的に操作できる内容など、実力アップにつながる内容を記載しています。

❾確認問題
各出題範囲で学習した内容を復習できる確認問題です。試験と同じような出題形式で学習できます。

Lesson 1-11

 ブック「Lesson1-11」を開いておきましょう。

次の操作を行いましょう。
(1) 表示モードを改ページプレビューに切り替えてください。
次に、商品番号「1010」～「1070」が1ページ目、「2010」～「2070」が2ページ目、「3010」以降が3ページ目に印刷されるように改ページ位置を調整してください。

Lesson 1-11 Answer

その他の方法
表示モードの切り替え
◆《表示》タブ→《ブックの表示》グループの（改ページプレビュー）

(1)
① ステータスバーの（改ページプレビュー）をクリックします。

② 表示モードが改ページプレビューに切り替わります。
③ 12行目の下側の青い点線をポイントし、マウスポインターの形が⬍に変わったら、図のように10行目の下側までドラッグします。

その他の方法
改ページ位置の変更
◆改ページ位置を選択→《ページレイアウト》タブ→《ページ設定》グループの（改ページ）→《改ページの挿入》
※選択した行・列・セルの上側、左側に改ページが挿入されます。

※ページ区切りが青い実線で表示されます。
※お使いの環境によっては、ページ区切り位置が異なる場合があります。

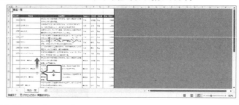

④ 同様に、18行目の下側の区切り位置を17行目の下側に変更します。
⑤ 改ページ位置が調整されます。

Point
改ページの解除
設定した改ページの位置を解除する方法は、次のとおりです。
◆改ページ位置を選択→《ページレイアウト》タブ→《ページ設定》グループの（改ページ）→《改ページの解除》

※ステータスバーの（標準）をクリックして、表示モードを標準に戻しておきましょう。

42

Exercise 確認問題
出題範囲1　ワークシートやブックの管理
標準解答 ▶ P.231

出題範囲1　ワークシートやブックの管理

Lesson 1-31

 ブック「Lesson1-31」を開いておきましょう。

あなたは株式会社FOMリビングに勤務しています。家具の売上データをもとに、売上や顧客情報を管理します。
次の操作を行いましょう。

問題(1)	シート「10月」の数式を表示し、「金額」の列の数式を確認してください。確認後、数式を非表示にしてください。
問題(2)	シート「11月」の印刷の向きを「横」に設定してください。次に、改ページプレビューを使って、No.25までが1ページ目、No.26からが2ページ目に印刷されるように、改ページ位置を調整してください。
問題(3)	シート「11月」のフッターに、組み込みのフッター「1 / ?ページ」を挿入してください。
問題(4)	名前「商品概要」に移動し、範囲の先頭のセルのデータをクリアしてください。
問題(5)	シート「顧客一覧」のセル【B3】を開始位置として、フォルダー「Lesson1-31」にあるテキストファイル「顧客データ」のデータをテーブルとしてインポートしてください。データソースの先頭行をテーブルの見出しとして使用します。

求められるスキル｜出題範囲1｜出題範囲2｜出題範囲3｜出題範囲4｜出題範囲5｜確認問題 標準解答

② 模擬試験

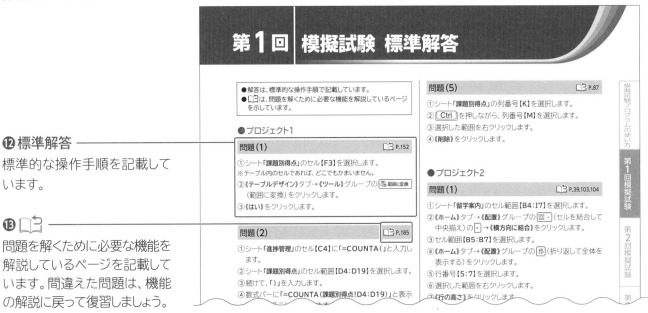

⑩ 理解度チェック

模擬試験の正解状況を把握するために使います。該当する問題を正解できたらチェックを付けます。試験前はチェックが付いていない、または、チェックが少ない問題を最終確認するとよいでしょう。

⑪ 問題

模擬試験の各問題です。模擬試験プログラムと同じ問題を記載しています。

⑫ 標準解答

標準的な操作手順を記載しています。

⑬ 📖

問題を解くために必要な機能を解説しているページを記載しています。間違えた問題は、機能の解説に戻って復習しましょう。

8　本書の最新情報について

本書に関する最新のQ＆A情報や訂正情報、重要なお知らせなどについては、FOM出版のホームページでご確認ください。

ホームページアドレス

> https://www.fom.fujitsu.com/goods/

※アドレスを入力するとき、間違いがないか確認してください。

ホームページ検索用キーワード

> FOM出版

MOS Excel 365

MOS Excel 365に求められるスキル

1 | MOS Excel 365の出題範囲

MOS Excel 365（一般レベル）の出題範囲は、次のとおりです。

ワークシートやブックの管理

ブックにデータをインポートする	• テキストファイルからデータをインポートする • オンラインソースからデータをインポートする
ブック内を移動する	• ブック内のデータを検索する • 名前付きのセル、セル範囲、ブックの要素へ移動する • ハイパーリンクを挿入する、削除する
ワークシートやブックの書式を設定する	• ページ設定を変更する • 行の高さや列の幅を調整する • ヘッダーやフッターをカスタマイズする
オプションと表示をカスタマイズする	• クイックアクセスツールバーを管理する • シートを異なるビューで表示する、変更する • ワークシートの行や列を固定する • ウィンドウの表示を変更する • ブックの組み込みプロパティを変更する • 数式を表示する
共同作業と配布のためにブックを準備する	• 印刷範囲を設定する • 別のファイル形式でブックを保存する、エクスポートする • 印刷設定を行う • ブックを検査して問題を修正する • コメントとメモを管理する

セルやセル範囲のデータの管理

シートのデータを操作する	• 形式を選択してデータを貼り付ける • オートフィル機能を使ってセルにデータを入力する • 複数の列や行を挿入する、削除する • セルを挿入する、削除する • RANDBETWEEN()関数とSEQUENCE()関数を使用して数値データを生成する
セルやセル範囲の書式を設定する	• セルを結合する、セルの結合を解除する • セルの配置、印刷の向き、インデントを変更する • 書式のコピー/貼り付け機能を使用してセルに書式を設定する • セル内のテキストを折り返して表示する • 数値の書式を適用する • ［セルの書式設定］ダイアログボックスからセルの書式を適用する • セルのスタイルを適用する • セルの書式設定をクリアする • 複数のシートをグループ化して書式設定する
名前付き範囲を定義する、参照する	• 名前付き範囲を定義する • 名前付き範囲を参照する
データを視覚的にまとめる	• スパークラインを挿入する • 組み込みの条件付き書式を適用する • 条件付き書式を削除する

テーブルとテーブルのデータの管理

テーブルを作成する、書式設定する	・セル範囲からExcelのテーブルを作成する ・テーブルにスタイルを適用する ・テーブルをセル範囲に変換する
テーブルを変更する	・テーブルに行や列を追加する、削除する ・テーブルスタイルのオプションを設定する ・集計行を挿入する、設定する
テーブルのデータをフィルターする、並べ替える	・レコードをフィルターする ・複数の列でデータを並べ替える

数式や関数を使用した演算の実行

参照を追加する	・セルの相対参照、絶対参照、複合参照を追加する ・数式の中で構造化参照を使用する
データを計算する、加工する	・AVERAGE()、MAX()、MIN()、SUM()関数を使用して計算を行う ・COUNT()、COUNTA()、COUNTBLANK()関数を使用してセルの数を数える ・IF()関数を使用して条件付きの計算を実行する ・SORT()関数を使用してデータを並べ替える ・UNIQUE()関数を使用して一意の値を返す
文字列を変更する、書式設定する	・RIGHT()、LEFT()、MID()関数を使用して文字の書式を設定する ・UPPER()、LOWER()、LEN()関数を使用して文字の書式を設定する ・CONCAT()、TEXTJOIN()関数を使用して文字の書式を設定する

グラフの管理

グラフを作成する	・グラフを作成する ・グラフシートを作成する
グラフを変更する	・グラフにデータ範囲（系列）を追加する ・ソースデータの行と列を切り替える ・グラフの要素を追加する、変更する
グラフを書式設定する	・グラフのレイアウトを適用する ・グラフのスタイルを適用する ・アクセシビリティ向上のため、グラフに代替テキストを追加する

参考 | MOS公式サイト

MOS公式サイトでは、MOS試験の出題範囲が公開されています。出題範囲のPDFファイルをダウンロードすることもできます。また、試験の実施方法や試験環境の確認、試験の申し込みもできます。
試験の最新情報については、MOS公式サイトをご確認ください。

https://mos.odyssey-com.co.jp/

2 Excelスキルチェックシート

MOSの学習を始める前に、最低限必要とされるExcelの基礎知識を習得済みかどうかを確認しましょう。

	事前に習得すべき項目	習得済み
1	新しいブックを作成できる。	☑
2	テンプレートを使って、ブックを作成できる。	☑
3	シートの表示倍率を設定できる。	☑
4	データを移動できる。	☑
5	データをコピーできる。	☑
6	データを置換できる。	☑
7	列や行を挿入できる。	☑
8	列や行を削除できる。	☑
9	列や行を非表示にしたり、再表示したりできる。	☑
10	シートを追加できる。	☑
11	シート名を変更できる。	☑
12	シート見出しの色を設定できる。	☑
13	シートを移動できる。	☑
14	シートをコピーできる。	☑
15	ブックにテーマを適用できる。	☑
習得済み個数		個

習得済みのチェック個数に合わせて、事前に次の内容を学習することをおすすめします。

チェック個数	学習内容
15個	Excelの基礎知識を習得済みです。 本書を使って、MOS Excel 365の学習を始めてください。
8~14個	Excelの基礎知識をほぼ習得済みです。 次の特典を使って、習得できていない箇所を学習したあと、MOS Excel 365の学習を始めることをおすすめします。 ・特典2「MOS Excel 365の事前学習」 ※特典のご利用方法については、表紙の裏側を参照してください。
0~7個	Excelの基礎知識を習得できていません。 次の書籍を使って、Excelの操作方法を学習したあと、MOS Excel 365の学習を始めることをおすすめします。 ・「よくわかる Microsoft Excel 2021基礎」(FPT2204) ・「よくわかる Microsoft Excel 2021応用」(FPT2205)

MOS Excel 365

出題範囲 1

ワークシートやブックの管理

1 ブックにデータをインポートする

☑ 理解度チェック	習得すべき機能	参照Lesson	学習前	学習後	試験直前
■ ブックにテキストファイルをインポートできる。	→Lesson1-1	☑	☑	☑
■ ブックにCSVファイルをインポートできる。	→Lesson1-2	☑	☑	☑
■ ブックにXMLファイルをインポートできる。	→Lesson1-3	☑	☑	☑
■ ブックにWebページにある表をインポートできる。	→Lesson1-4	☑	☑	☑

1 テキストファイルからデータをインポートする

 解説

■インポート

テキストファイルやAccessのデータベースファイルなど、外部のデータをExcelに取り込むことを「**インポート**」といいます。インポートを使うと、データをテーブルやピボットテーブルとして取り込むことができます。既存のデータをそのまま再利用できるので効率的です。
※テーブルについては、P.149を参照してください。

■テキストファイルのインポート

Excelでは、タブやスペース、カンマなどで区切られたテキストファイルのデータをインポートできます。テキストファイルのデータは、タブやスペース、カンマなどの位置に応じてセルに取り込まれます。
テキストファイルの拡張子は、タブで区切られている場合は「**.txt**」、スペースで区切られている場合は「**.prn**」、カンマで区切られている場合は「**.csv**」です。

●タブによって区切られたデータ

```
商品番号　　商品名 内容量 単価（税別）
1010　霜伊吹 5kg　2800
1020　宮城の宝石　5kg　2550
1030　あきの光　　5kg　3100
1040　艶子　5kg　2500
1050　雪白丸 5kg　3300
1060　晴天の稲穂　　5kg　3400
1070　シルバークイーン 5kg　3000
2010　霜伊吹 5kg　2900
2020　宮城の宝石　5kg　2650
2030　あきの光　5kg 3200
2040　艶子　5kg　2600
2050　雪白丸　5kg 3400
2060　晴天の稲穂　5kg　　3500
2070　シルバークイーン　5kg　3100
3010　霜伊吹　3kg 2300
3030　あきの光　　3kg　2600
3070　シルバークイーン　3kg　1900
4010　雑穀ブレンドセット　300g　1500
4020　もち麦入り雑穀ブレンドセット　300g　2300
```

●カンマによって区切られたデータ

```
商品番号,商品名,内容量,単価（税別）
1010,霜伊吹,5kg,2800
1020,宮城の宝石,5kg,2550
1030,あきの光,5kg,3100
1040,艶子,5kg,2500
1050,雪白丸,5kg,3300
1060,晴天の稲穂,5kg,3400
1070,シルバークイーン,5kg,3000
2010,霜伊吹,5kg,2900
2020,宮城の宝石,5kg,2650
2030,あきの光,5kg,3200
2040,艶子,5kg,2600
2050,雪白丸,5kg,3400
2060,晴天の稲穂,5kg,3500
2070,シルバークイーン,5kg,3100
3010,霜伊吹,3kg,2300
3030,あきの光,3kg,2600
3070,シルバークイーン,3kg,1900
4010,雑穀ブレンドセット,300g,1500
4020,もち麦入り雑穀ブレンドセット,300g,2300
```

操作 ◆《データ》タブ→《データの取得と変換》グループの □（テキストまたはCSVから）

Lesson 1-1

 ブック「Lesson1-1」を開いておきましょう。

次の操作を行いましょう。

(1) シート「Sheet1」のセル【B3】を開始位置として、フォルダー「Lesson1-1」にあるタブ区切りのテキストファイル「商品データ.txt」のデータをテーブルとしてインポートしてください。データソースの先頭行をテーブルの見出しとして使用します。

Lesson 1-1 Answer

(1)
①セル【B3】を選択します。

②《データ》タブ→《データの取得と変換》グループの (テキストまたはCSVから) をクリックします。

🖱 **その他の方法**

テキストファイルのインポート

◆《データ》タブ→《データの取得と変換》グループの (データの取得)→《ファイルから》→《テキストまたはCSVから》

③《データの取り込み》ダイアログボックスが表示されます。

④フォルダー「Lesson1-1」を開きます。

※《ドキュメント》→「MOS 365-Excel(1)」→「Lesson1-1」を選択します。

⑤一覧から「商品データ」を選択します。

⑥《インポート》をクリックします。

⑦テキストファイル「商品データ.txt」の内容が表示されます。

⑧《区切り記号》が《タブ》になっていることを確認します。

⑨データの先頭行が見出しになっていることを確認します。

!Point

データの取り込み画面

❶元のファイル
インポートするテキストファイルの文字コードを選択します。

❷区切り記号
タブやスペースなど、元のテキストファイル内のデータがどのように区切られているかを選択します。

❸データ型検出
元のテキストファイルのデータ型の検出方法を選択します。

❹読み込み
データを取り込む場所を選択します。《読み込み》を選択すると、新しいワークシートを挿入し、セル【A1】を基準に外部データを取り込みます。《読み込み先》を選択すると、《データのインポート》ダイアログボックスを表示して、データの取り込み先や表示方法を指定できます。

❺データの変換
《Power Queryエディター》を表示して、先頭行を見出しに設定したり、インポートしない列や行のデータを削除したり、抽出したりすることもできます。

※《Power Queryエディター》については、P.21を参照してください。

---

⑩《読み込み》の ▾ をクリックし、一覧から《読み込み先》を選択します。

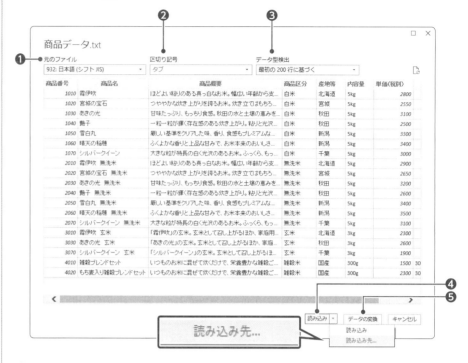

⑪《データのインポート》ダイアログボックスが表示されます。

⑫《テーブル》が ⦿ になっていることを確認します。

⑬《既存のワークシート》を ⦿ にします。

⑭「＝$B$3」と表示されていることを確認します。

⑮《OK》をクリックします。

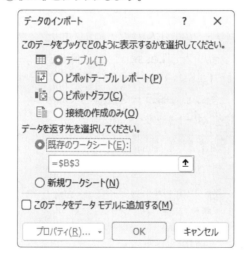

!Point

テーブル名

インポートしたテーブルには、ファイル名が自動的にテーブル名として設定されます。

※お使いの環境によっては、ファイル名の前に「テーブル_」が付いたテーブル名が設定される場合があります。

※テーブル名については、P.150を参照してください。

---

⑯テキストファイルのデータがテーブルとしてインポートされます。

※《クエリと接続》作業ウィンドウを閉じておきましょう。

Lesson 1-2

 ブック「Lesson1-2」を開いておきましょう。

求められるスキル

出題範囲1

出題範囲2

出題範囲3

出題範囲4

出題範囲5

確認問題 標準解答

Hint

先頭行が見出しに設定されていない場合は、《Power Queryエディター》で設定しましょう。

Lesson 1-2 Answer

Point

CSVファイル

「,（カンマ）」で区切られたテキストファイルは、「CSVファイル」と呼ばれることもあります。

次の操作を行いましょう。

(1) シート「Sheet1」のセル【B3】を開始位置として、フォルダー「Lesson1-2」にあるテキストファイル「商品データ.csv」のデータをテーブルとしてインポートしてください。データソースの先頭行をテーブルの見出しとして使用します。

(1)

① セル【B3】を選択します。

② 《データ》タブ→《データの取得と変換》グループの（テキストまたはCSVから）をクリックします。

③ 《データの取り込み》ダイアログボックスが表示されます。

④ フォルダー「**Lesson1-2**」を開きます。

※《ドキュメント》→「MOS 365-Excel（1）」→「Lesson1-2」を選択します。

⑤ 一覧から「**商品データ**」を選択します。

⑥ 《**インポート**》をクリックします。

⑦ CSVファイル「**商品データ.csv**」の内容が表示されます。

⑧ 《**区切り記号**》が《**コンマ**》になっていることを確認します。

⑨ データの先頭行が見出しになっていないことを確認します。

⑩ 《**データの変換**》をクリックします。

21

! Point

《Power Queryエディター》

《Power Queryエディター》を使うと、先頭行を見出しに設定したり、インポートしない列や行のデータを削除したり、抽出したりすることができます。

! Point

閉じて読み込む

《Power Queryエディター》を閉じてデータを読み込む方法には、次のようなものがあります。

❶閉じて読み込む
新しいシートを挿入し、セル【A1】を基準に、テーブルとしてインポートします。

❷閉じて次に読み込む
《データのインポート》ダイアログボックスを表示して、データの取り込み先や表示方法を指定します。

⑪《Power Queryエディター》が表示されます。

⑫《ホーム》タブ→《変換》グループの 🔲 **1行目をヘッダーとして使用**（1行目をヘッダーとして使用）をクリックします。

⑬データの先頭行が見出しとして表示されます。

⑭《ホーム》タブ→《閉じる》グループの 🔳（閉じて読み込む）の 閉じて読み込む ▾ →《閉じて次に読み込む》をクリックします。

⑮《データのインポート》ダイアログボックスが表示されます。

⑯《テーブル》が ⦿ になっていることを確認します。

⑰《既存のワークシート》を ⦿ にします。

⑱「＝$B$3」と表示されていることを確認します。

⑲《OK》をクリックします。

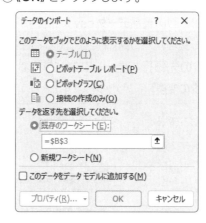

⑳テキストファイルのデータがテーブルとしてインポートされます。

※《クエリと接続》作業ウィンドウを閉じておきましょう。

求められるスキル
出題範囲1
出題範囲2
出題範囲3
出題範囲4
出題範囲5
確認問題 標準解答

2　オンラインソースからデータをインポートする

解説　■ファイルのインポート

Excelでは、オンラインでよく使用されるXMLファイルやJSONファイル、PDFファイルなどの
データをインポートできます。データをインポートすると、文字列の区切りや位置に応じてセ
ルに取り込まれます。

ファイルの種類	説明
XML	XMLのルールに従って記述されたテキストファイルです。 XML (eXtensible Markup Language)は、＜＞を使ってタグを独自に定義して、データを構造化した形式です。オンラインでのデータのやり取りに利用されています。拡張子は「.xml」です。
JSON	JSONのルールに従って記述されたテキストファイルです。 JSON (JavaScript Object Notation)は、{ }などを使って、データを構造化した形式です。CやJava、Pythonなど多くのプログラム言語で使われています。オンラインでのデータのやり取りに利用されています。拡張子は「.json」です。
PDF	パソコンの機種や環境に関わらず、元のアプリで作成したとおりに正確に表示できるファイル形式です。拡張子は「.pdf」です。

操作　◆《データ》タブ→《データの取得と変換》グループの（データの取得）→《ファイルから》

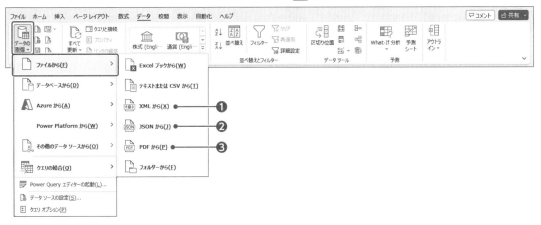

❶XMLから
XMLファイルからデータをインポートします。

❷JSONから
JSONファイルからデータをインポートします。

❸PDFから
PDFファイルからデータをインポートします。

Lesson 1-3

 ブック「Lesson1-3」を開いておきましょう。

次の操作を行いましょう。

(1) シート「Sheet1」のセル【B3】を開始位置として、フォルダー「Lesson1-3」にあるXMLファイル「syouhindata.xml」のデータをテーブルとしてインポートしてください。取り込むデータは「record」を指定し、データソースの先頭行をテーブルの見出しとして使用します。

Lesson 1-3 Answer

(1)

① セル【B3】を選択します。

② 《データ》タブ→《データの取得と変換》グループの （データの取得）→《ファイルから》→《XMLから》をクリックします。

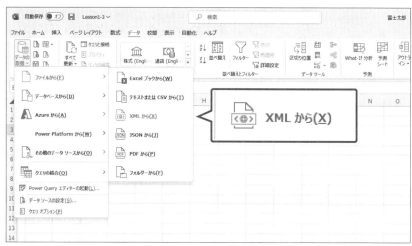

③ 《データの取り込み》ダイアログボックスが表示されます。

④ フォルダー「Lesson1-3」を開きます。

※《ドキュメント》→「MOS 365-Excel（1）」→「Lesson1-3」を選択します。

⑤ 一覧から「syouhindata.xml」を選択します。

⑥ 《インポート》をクリックします。

⑦ 《ナビゲーター》が表示されます。

⑧ 一覧から「record」を選択します。

⑨ XMLファイル「syouhindata.xml」の内容が表示されます。

⑩ データの先頭行が見出しになっていることを確認します。

⑪ 《読み込み》の ▾ をクリックし、一覧から《読み込み先》を選択します。

⑫ 《データのインポート》ダイアログボックスが表示されます。

⑬ 《テーブル》が ⦿ になっていることを確認します。

⑭ 《既存のワークシート》を ⦿ にします。

⑮ 「＝$B$3」と表示されていることを確認します。

⑯ 《OK》をクリックします。

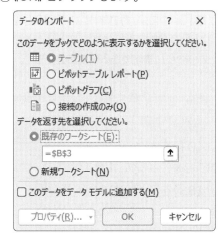

⑰ XMLファイルのデータがテーブルとしてインポートされます。

※《クエリと接続》作業ウィンドウを閉じておきましょう。

求められるスキル

出題範囲1

出題範囲2

出題範囲3

出題範囲4

出題範囲5

確認問題 標準解答

解説　■Webページのデータのインポート

Excelでは、Webページで公開されている統計データなど、表形式のデータをインポートできます。データをインポートすると、文字列の区切りや位置に応じてセルに取り込まれます。

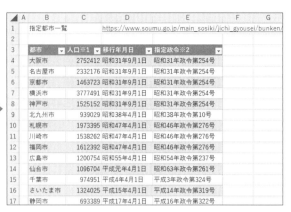

操作　◆《データ》タブ→《データの取得と変換》グループの （Webから）

Lesson 1-4

OPEN　ブック「Lesson1-4」を開いておきましょう。

Hint

URLをクリックすると、Webページが表示されます。URLをコピーするときは、右クリックしてコピーしましょう。

次の操作を行いましょう。

(1) シート「Sheet1」のセル【B3】を開始位置として、総務省の地方自治制度の指定都市一覧のWebページにある表をインポートしてください。
セル【D1】に入力されているURLをコピーして使用し、取り込むデータは「Table0」を指定します。
※インターネットに接続できる環境が必要です。

Lesson 1-4 Answer

(1)

①セル【D1】を右クリックします。

②《コピー》をクリックします。

③セル【B3】を選択します。

④《データ》タブ→《データの取得と変換》グループの （Webから）をクリックします。

⑤《Webから》が表示されます。

⑥《URL》にカーソルが表示されていることを確認します。

⑦ Ctrl + V を押して貼り付けます。

※《URL》に直接入力してもかまいません。

⑧《OK》をクリックします。

⑨《**Webコンテンツへのアクセス**》が表示されます。

※表示されなかった場合は、⑫へ進みましょう。

⑩《**接続**》をクリックします。

⑪《**ナビゲーター**》が表示されます。

⑫一覧から「**Table0**」を選択します。

⑬《**テーブルビュー**》タブが選択され、表の内容が表示されていることを確認します。

⑭《**読み込み**》の ▼ をクリックし、一覧から《**読み込み先**》を選択します。

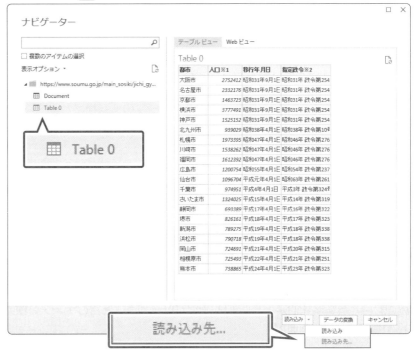

⑮《**データのインポート**》ダイアログボックスが表示されます。

⑯《**テーブル**》が ⦿ になっていることを確認します。

⑰《**既存のワークシート**》を ⦿ にします。

⑱「**＝$B$3**」と表示されていることを確認します。

⑲《**OK**》をクリックします。

⑳Webページの表がテーブルとしてインポートされます。

※Webページの内容は更新される可能性があるため、インポートされた結果が異なる場合があります。

※《クエリと接続》作業ウィンドウを閉じておきましょう。

2 | ブック内を移動する

✓ 理解度チェック	習得すべき機能	参照Lesson	学習前	学習後	試験直前
■ データを検索できる。		➡Lesson1-5	☑	☑	☑
■ 名前ボックスを使って、ブック内のセルに移動できる。		➡Lesson1-6	☑	☑	☑
■ ジャンプを使って、ブック内のセルに移動できる。		➡Lesson1-6	☑	☑	☑
■ ハイパーリンクを挿入したり削除したりできる。		➡Lesson1-7	☑	☑	☑

1 | ブック内のデータを検索する

 解説

■検索

「**検索**」を使うと、シートやブックから目的のデータをすばやく探すことができます。検索のオプションを使うと、セルの書式や英字の大文字・小文字を区別したり、検索場所や検索方向を切り替えたりするなど、条件を指定して検索できます。

操作 ◆《ホーム》タブ→《編集》グループの 🔍(検索と選択)→《検索》

Lesson 1-5

 ブック「Lesson1-5」を開いておきましょう。

 Hint

初期の設定では、検索場所はシートになっています。オプションを使って、検索場所をブックに変更しましょう。

次の操作を行いましょう。

(1) ブックから「雑穀」を含むデータを検索してください。

Lesson 1-5 Answer

(1)

①シート「**注文書**」のセル【A1】が選択されていることを確認します。

※検索を開始するセルを選択します。

②《**ホーム**》タブ→《**編集**》グループの 🔍(検索と選択)→《**検索**》をクリックします。

 その他の方法

検索

◆ [Ctrl]+[F]

③《**検索と置換**》ダイアログボックスが表示されます。

④《**検索**》タブを選択します。

⑤《**検索する文字列**》に「**雑穀**」と入力します。

⑥《**オプション**》をクリックします。

⑦《**検索場所**》の ☑ をクリックし、一覧から《**ブック**》を選択します。

⑧《**次を検索**》をクリックします。

※お使いの環境によっては、《次を検索》が《次へ》と表示される場合があります。

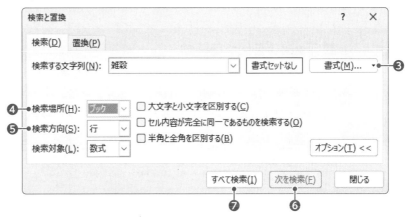

⑨アクティブセルが1件目の「**雑穀**」に移動します。

⑩《**次を検索**》をクリックします。

⑪アクティブセルが2件目の「**雑穀**」に移動します。

※シート「納品書」のセル【D19】に移動します。

⑫同様に、《**次を検索**》をクリックし、検索結果をすべて確認します。

※最後まで移動すると、1件目に戻ります。

⑬《**閉じる**》をクリックします。

🅟 Point

《検索と置換》

❶検索する文字列
検索する文字列を入力します。

❷オプション
詳細な条件を指定します。

❸書式
セルに設定されている書式を検索するときに使います。

❹検索場所
アクティブシートを対象に検索するか、ブック全体を対象に検索するかを選択します。

❺検索方向
行方向に検索するか、列方向に検索するかを選択します。

❻次を検索
指定した条件で検索を実行します。

※お使いの環境によっては、《次を検索》が《次へ》と表示される場合があります。

❼すべて検索
検索結果を一覧で表示します。
クリックすると、ワークシート上のセルが選択されます。

検索結果

🅟 Point

範囲を指定して検索

検索場所が「シート」の場合、セル範囲を選択した状態で検索を実行すると、その範囲内を対象に検索します。

求められるスキル

出題範囲1

出題範囲2

出題範囲3

出題範囲4

出題範囲5

確認問題 標準解答

2　名前付きのセル、セル範囲、ブックの要素へ移動する

解説　■名前ボックスを使った移動

「**名前ボックス**」を使うと、名前付きのセルやセル範囲、テーブルに簡単に移動できます。
移動先が複数のセルの場合、セル範囲が選択されます。

操作　◆名前ボックスの ∨ →一覧から名前を選択

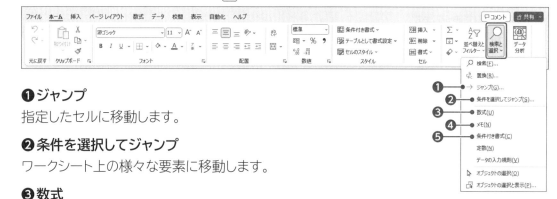

※名前の定義については、P.120を参照してください。
※テーブル名については、P.150を参照してください。

■ジャンプを使った移動

「**ジャンプ**」を使うと、名前付きのセルやセル範囲、テーブルに移動できます。移動先が複数
のセルの場合、セル範囲が選択されます。また、メモが入力されているセル、数式が入力さ
れているセルなど、条件を指定して目的のセルに移動することもできます。

操作　◆《ホーム》タブ→《編集》グループの 🔍検索と選択（検索と選択）

❶ジャンプ

指定したセルに移動します。

❷条件を選択してジャンプ

ワークシート上の様々な要素に移動します。

❸数式

数式が入力されているセルに移動します。

❹メモ

メモが挿入されているセルに移動します。
※メモについては、P.78を参照してください。

❺条件付き書式

条件付き書式が設定されているセルに移動します。
※条件付き書式については、P.133を参照してください。

Lesson 1-6

OPEN　ブック「Lesson1-6」を開いておきましょう。

次の操作を行いましょう。

(1) 名前ボックスを使って、名前「棚卸5月」のセル範囲を選択してください。

(2) ジャンプを使って、シート「入出庫」の数式が入力されているすべてのセルを
選択してください。

(1)

① 名前ボックスの ∨ をクリックし、一覧から「**棚卸5月**」を選択します。

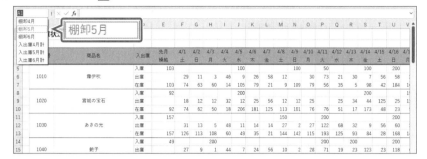

② 名前「**棚卸5月**」のセル範囲が選択されます。

(2)

① シート「**入出庫**」のセル【**A1**】を選択します。
※シート「入出庫」のセルであればどこでもかまいません。
②《**ホーム**》タブ→《**編集**》グループの 検索と選択 (検索と選択) →《**数式**》をクリックします。

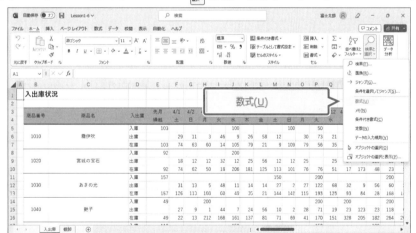

③ 数式が入力されているセルがすべて選択されます。

求められるスキル

出題範囲1

出題範囲2

出題範囲3

出題範囲4

出題範囲5

確認問題 標準解答

3　ハイパーリンクを挿入する、削除する

 解説

■ハイパーリンクの挿入

ワークシート上のセルや図形などに「**ハイパーリンク**」を挿入すると、別の場所へのリンクを設定できます。

クリックすると

リンク先が表示される

ハイパーリンクを設定すると、次のようなことができます。

- ●同じブック内の指定したセルを表示する
- ●別のブックを開いて、指定したセルを表示する
- ●別のアプリで作成したファイルを開く
- ●ブラウザーを起動し、指定したアドレスの Web ページを表示する
- ●メールソフトを起動し、メッセージ作成画面を表示する

操作 ◆《挿入》タブ→《リンク》グループの 🔗 （リンク）

■ハイパーリンクの削除

別の場所へのリンクの設定が不要になった場合、挿入したハイパーリンクを削除できます。

操作 ◆ハイパーリンクを設定したセルや図形などを右クリック→《ハイパーリンクの削除》

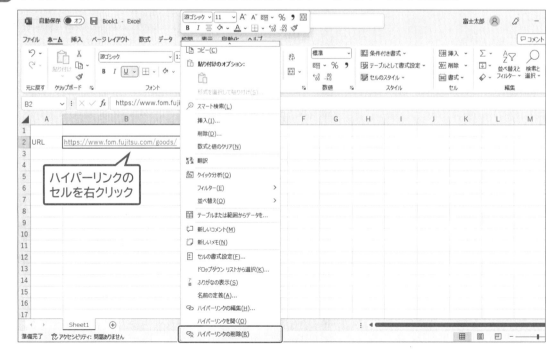

ハイパーリンクの
セルを右クリック

Lesson 1-7

 ブック「Lesson1-7」を開いておきましょう。

次の操作を行いましょう。

(1) シート「注文書」の文字列「※商品一覧を見る」にハイパーリンクを挿入してください。リンク先はシート「商品一覧」のセル【B3】とします。

(2) シート「商品一覧」の文字列「ホームページへ」にハイパーリンクを挿入してください。リンク先は「https://www.fom.fujitsu.com/goods/」とし、ヒントに「ホームページにジャンプ」と表示されるようにします。

(3) シート「注文書」のメールアドレスに設定されているハイパーリンクを削除してください。

求められるスキル

出題範囲1

出題範囲2

出題範囲3

出題範囲4

出題範囲5

確認問題 標準解答

Lesson 1-7 Answer

🖱 その他の方法

ハイパーリンクの挿入

◆ [Ctrl] + [K]

❗ Point

《ハイパーリンクの挿入》

❶ファイル、Webページ
既存のファイルやWebページへのリンクを設定します。

❷このドキュメント内
ブック内の別の場所へのリンクを設定します。

❸新規作成
新しく作成するブックへのリンクを設定します。

❹電子メールアドレス
新しく作成するメッセージ作成画面へのリンクを設定します。
自動的にメールソフトが起動し、メッセージ作成画面が表示されます。メッセージ作成画面の宛先には、設定したメールアドレスが表示されます。

❺表示文字列
ハイパーリンクを挿入するセルに表示する文字列を指定します。表示する文字列を直接入力することもできます。

❻ヒント設定
ハイパーリンクのヒントを設定できます。ヒントを設定しておくと、ハイパーリンクを挿入したセルや図形などをポイントしたときに、ポップヒントが表示されます。

💡 Hint

ヒントは、《ハイパーリンクの挿入》ダイアログボックスの《ヒント設定》を使います。

(1)

①シート「**注文書**」のセル【**F12**】を選択します。

②《**挿入**》タブ→《**リンク**》グループの 🔗 (リンク) をクリックします。

③《**ハイパーリンクの挿入**》ダイアログボックスが表示されます。

④《**リンク先**》の《**このドキュメント内**》をクリックします。

⑤《**またはドキュメント内の場所を選択してください**》の「**商品一覧**」を選択します。

⑥《**セル参照を入力してください**》に「**B3**」と入力します。

⑦《**OK**》をクリックします。

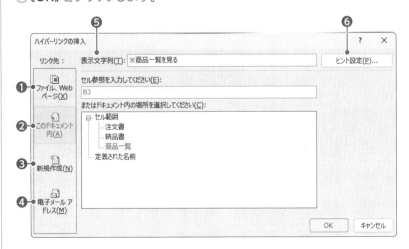

⑧ハイパーリンクが挿入されます。

※セル【F12】をクリックし、シート「商品一覧」のセル【B3】に移動することを確認しておきましょう。

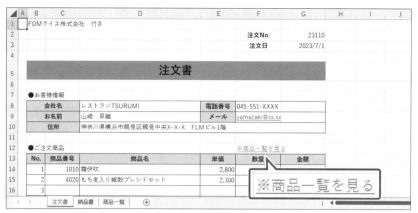

(2)

①シート「**商品一覧**」のセル【**D1**】を選択します。

②《**挿入**》タブ→《**リンク**》グループの  (リンク) をクリックします。

③《**ハイパーリンクの挿入**》ダイアログボックスが表示されます。

④《**リンク先**》の《**ファイル、Webページ**》をクリックします。

⑤《**アドレス**》に「**https://www.fom.fujitsu.com/goods/**」と入力します。

※アドレスを入力するとき、間違いがないか確認してください。

⑥《**ヒント設定**》をクリックします。

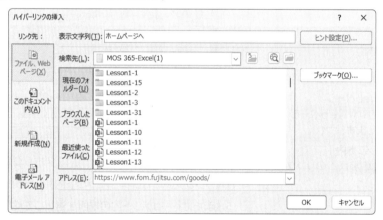

⑦《**ハイパーリンクのヒントの設定**》ダイアログボックスが表示されます。

⑧《**ヒントのテキスト**》に「**ホームページにジャンプ**」と入力します。

⑨《**OK**》をクリックします。

⑩《**ハイパーリンクの挿入**》ダイアログボックスに戻ります。

⑪《**OK**》をクリックします。

⑫ ハイパーリンクが挿入されます。

⑬ セル【D1】をポイントし、ヒントが表示されることを確認します。

※セル【D1】をクリックし、Webページが表示されることを確認しておきましょう。確認後、ブラウザーを閉じておきましょう。

求められるスキル

出題範囲1

出題範囲2

出題範囲3

出題範囲4

出題範囲5

確認問題 標準解答

! Point

ハイパーリンクの編集
挿入したハイパーリンクの内容をあとから変更する方法は、次のとおりです。

◆ハイパーリンクを設定したセルや図形などを右クリック→《ハイパーリンクの編集》

(3)

① シート「**注文書**」のセル【**F9**】を右クリックします。

②《**ハイパーリンクの削除**》をクリックします。

※表示されていない場合は、スクロールして調整します。

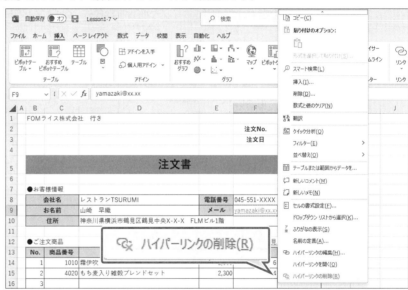

③ ハイパーリンクが削除されます。

34

3 | ワークシートやブックの書式を設定する

 理解度チェック

習得すべき機能	参照Lesson	学習前	学習後	試験直前
■用紙サイズや印刷の向き、余白などのページ設定を変更できる。	➡Lesson1-8	☑	☑	☑
■ヘッダーやフッターを挿入できる。	➡Lesson1-9	☑	☑	☑
■列の幅をデータの長さに合わせて自動調整できる。	➡Lesson1-10	☑	☑	☑
■行の高さを数値で指定できる。	➡Lesson1-10	☑	☑	☑

1 | ページ設定を変更する

解説

■ページ設定の変更

「ページ設定」とは、用紙サイズや印刷の向き、余白などワークシート全体の書式設定のことです。

操作 ◆《ページレイアウト》タブ→《ページ設定》グループのボタン

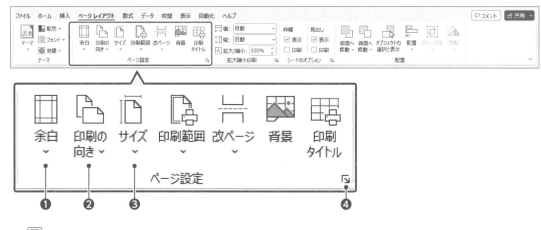

❶ （余白の調整）
《広い》、《狭い》などから選択します。余白の値を数値で設定することもできます。

❷ （ページの向きを変更）
用紙を縦方向にするか、横方向にするかを選択します。

❸ （ページサイズの選択）
用紙サイズを選択します。

❹ （ページ設定）
用紙サイズや印刷の向き、余白などを一度に設定します。また、余白の値を数値で設定したりページの中央に印刷したりするなど、詳細に設定できます。

Lesson 1-8

 ブック「Lesson1-8」を開いておきましょう。

次の操作を行いましょう。
(1) ページ設定を変更してください。用紙サイズを「A4」、印刷の向きを「横」、上下余白を「1.4cm」、水平方向の中央に印刷されるようにします。

(1)

①《ページレイアウト》タブ→《ページ設定》グループの[⤢]（ページ設定）をクリックします。

②《ページ設定》ダイアログボックスが表示されます。

③《ページ》タブを選択します。

④《印刷の向き》の《横》を◉にします。

⑤《用紙サイズ》の∨をクリックし、一覧から《A4》を選択します。

⑥《余白》タブを選択します。

⑦《上》と《下》を「1.4」に設定します。

※設定した数値の単位は「cm」になります。

⑧《ページ中央》の《水平》を☑にします。

⑨《OK》をクリックします。

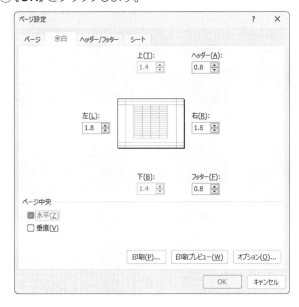

⑩ページ設定が変更されます。

※《ファイル》タブ→《印刷》をクリックし、印刷イメージを確認しておきましょう。

❗ Point

ヘッダーやフッターの位置

ヘッダーやフッターの用紙の端からの位置は、《ページ設定》ダイアログボックスの《余白》タブの《ヘッダー》《フッター》で設定できます。

❗ Point

改ページの表示

ページ設定を変更すると、1ページに印刷される領域がワークシート上に点線で表示されます。

❗ Point

プリンターの設定

プリンターの種類によって印刷できる範囲が異なるため、本書の記載のとおりに操作できない場合があります。本書の記載のとおりに操作する場合は、一時的に「Microsoft Print to PDF」をプリンターとして設定します。設定方法については、P.8を参照してください。

求められるスキル

出題範囲1

出題範囲2

出題範囲3

出題範囲4

出題範囲5

確認問題 標準解答

2 ヘッダーやフッターをカスタマイズする

解説 ■ヘッダーやフッターの挿入

「**ヘッダー**」はページの上部、「**フッター**」はページの下部にある余白部分の領域です。ヘッダーやフッターは、左側、中央、右側の3つの領域に分かれており、その領域内にページ番号や日付、シート名、会社のロゴマークなどを自由に表示できます。

ヘッダーやフッターはすべてのページに同じ内容が印刷されます。複数のページに共通する内容を挿入するとよいでしょう。

1ページ目

FOM			4月1日
No.	名前	住所	TEL
1	—	—	—
2	—	—	—
3	—	—	—
4	—	—	—
5	—	—	—
6	—	—	—
7	—	—	—
8	—	—	—

1

2ページ目

FOM			4月1日
No.	名前	住所	TEL
9	—	—	—
10	—	—	—
11	—	—	—
12	—	—	—
13	—	—	—
14	—	—	—
15	—	—	—
16	—	—	—

2

3ページ目

FOM			4月1日	─── ヘッダー
No.	名前	住所	TEL	
17	—	—	—	
18	—	—	—	
19	—	—	—	
20	—	—	—	
21	—	—	—	
22	—	—	—	

3 ─── フッター

操作 ◆《挿入》タブ→《テキスト》グループの (ヘッダーとフッター)

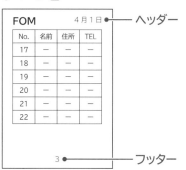

Lesson 1-9

OPEN ブック「Lesson1-9」を開いておきましょう。

次の操作を行いましょう。

(1) ヘッダーの左側に「関係者外秘」、ヘッダーの右側に現在の日付、フッターの中央に「ページ番号/ページ数」を挿入してください。「/」は半角で入力します。

Lesson 1-9 Answer

(1)

① 《挿入》タブ→《テキスト》グループの (ヘッダーとフッター) をクリックします。

その他の方法

ヘッダーやフッターの挿入

◆《ページレイアウト》タブ→《ページ設定》グループの (ページ設定)→《ヘッダー/フッター》タブ

◆ステータスバーの (ページレイアウト)→ヘッダーまたはフッターにカーソルを移動

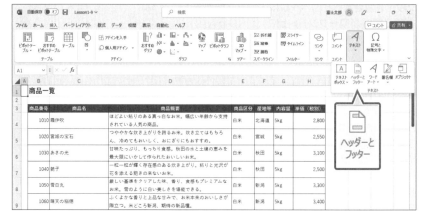

② 表示モードがページレイアウトに切り替わります。

③ ヘッダーの左側をクリックします。

④ **「関係者外秘」**と入力します。

⑤ ヘッダーの右側をクリックします。

⑥ 《ヘッダーとフッター》タブ→《ヘッダー/フッター要素》グループの ▣（現在の日付）
をクリックします。

※「&[日付]」と表示されます。

⑦ 《ヘッダーとフッター》タブ→《ナビゲーション》グループの ▣（フッターに移動）を
クリックします。

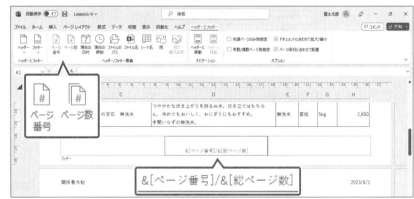

⑧ フッターの中央をクリックします。

⑨ 《ヘッダーとフッター》タブ→《ヘッダー/フッター要素》グループの ▣（ページ番号）
をクリックします。

※「&[ページ番号]」と表示されます。

⑩ 「&[ページ番号]」に続けて、「/」を入力します。

⑪ 《ヘッダーとフッター》タブ→《ヘッダー/フッター要素》グループの ▣（ページ数）を
クリックします。

※「&[ページ番号]/&[総ページ数]」と表示されます。

⑫ ヘッダー、フッター以外の場所をクリックします。

⑬ フッターが確定されます。

※各ページのヘッダー、フッターを確認しておきましょう。

⚠️ Point

《ヘッダーとフッター》タブ

ヘッダーまたはフッターが選択されているとき、《ヘッダーとフッター》タブが表示されます。このタブを使うと、様々な要素を追加できます。

❶ ▣（ヘッダー）
組み込みのヘッダーから選択します。

❷ ▣（フッター）
組み込みのフッターから選択します。

❸ ▣（ページ番号）
ページ番号を挿入します。

❹ ▣（ページ数）
総ページ数を挿入します。

❺ ▣（現在の日付）
現在の日付を挿入します。

❻ ▣（現在の時刻）
現在の時刻を挿入します。

❼ ▣（ファイルのパス）
保存場所のパスを含めてブック名を挿入します。

❽ ▣（ファイル名）
ブック名を挿入します。

❾ ▣（シート名）
シート名を挿入します。

❿ ▣（図）
画像を挿入します。

⓫ ▣（図の書式設定）
挿入した画像のサイズや明るさなどを設定します。

⚠️ Point

ヘッダーやフッター領域の移動

《ナビゲーション》グループの ▣（ヘッダーに移動）や ▣（フッターに移動）を使うと、カーソルを効率よく移動できます。

⚠️ Point

標準の表示モードに戻す

ヘッダーやフッターを挿入すると、表示モードがページレイアウトに切り替わります。
標準の表示モードに戻すには、ステータスバーの ▣（標準）をクリックします。

※ヘッダー、フッター以外の場所をクリックした状態で操作します。

解 説 ■行の高さや列の幅の調整

行番号や列番号の境界をドラッグすると、行の高さや列の幅を自由に変更できます。

行番号や列番号の境界をダブルクリックすると、文字の大きさやデータの長さに合わせて行の高さや列の幅を自動的に調整できます。

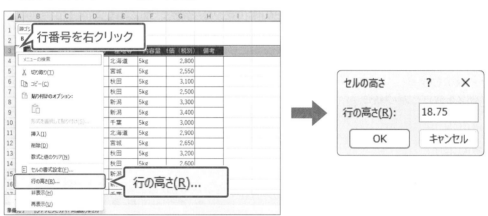

また、行の高さや列の幅を数値で正確に指定することもできます。

操作 ◆行番号を右クリック→《行の高さ》

操作 ◆列番号を右クリック→《列の幅》

Lesson 1-10

 ブック「Lesson1-10」を開いておきましょう。

次の操作を行いましょう。

(1)「商品名」「商品区分」「産地等」「内容量」「単価（税別）」「備考」の列の幅をデータの長さに合わせて自動調整してください。

(2) 表の項目名以外の行の高さを正確に「30」に設定してください。

Lesson 1-10 Answer

求められるスキル

出題範囲1

出題範囲2

出題範囲3

出題範囲4

出題範囲5

確認問題 標準解答

🖱 その他の方法

列の幅の自動調整

◆列を選択→《ホーム》タブ→《セル》グループの[田 書式▼](書式)→《列の幅の自動調整》

(1)

①列番号【C:H】を選択します。

②選択した列番号の右側の境界をポイントし、マウスポインターの形が✛に変わったら、ダブルクリックします。

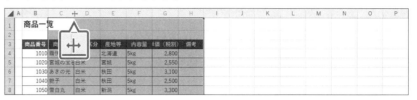

③入力されているデータの長さに合わせて列の幅が自動調整されます。

🖱 その他の方法

行の高さの設定

◆行を選択→《ホーム》タブ→《セル》グループの[田 書式▼](書式)→《行の高さ》

◆行番号の下側の境界をドラッグ

(2)

①行番号【4:22】を選択します。

②選択した範囲を右クリックします。

③《行の高さ》をクリックします。

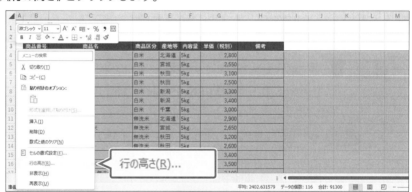

④《行の高さ》ダイアログボックスが表示されます。

⑤《行の高さ》に「30」と入力します。

⑥《OK》をクリックします。

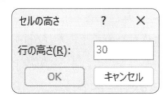

⑦行の高さが変更されます。

4 オプションと表示をカスタマイズする

☑ 理解度チェック	習得すべき機能	参照Lesson	学習前	学習後	試験直前
	■ 表示モードを切り替えることができる。	➡Lesson1-11	☑	☑	☑
	■ 改ページ位置を調整することができる。	➡Lesson1-11	☑	☑	☑
	■ ワークシートの行や列を固定できる。	➡Lesson1-12	☑	☑	☑
	■ ウィンドウを分割できる。	➡Lesson1-13	☑	☑	☑
	■ 新しいウィンドウを開くことができる。	➡Lesson1-14	☑	☑	☑
	■ ウィンドウを整列できる。	➡Lesson1-14 ➡Lesson1-15	☑	☑	☑
	■ ドキュメントのプロパティを設定できる。	➡Lesson1-16	☑	☑	☑
	■ ワークシート上に数式を表示できる。	➡Lesson1-17	☑	☑	☑
	■ クイックアクセスツールバーを表示し、位置を変更できる。	➡Lesson1-18	☑	☑	☑
	■ クイックアクセスツールバーにコマンドを登録できる。	➡Lesson1-19	☑	☑	☑

1 シートを異なるビューで表示する、変更する

解説 ■ 表示モードの切り替え

Excelには、「標準」「ページレイアウト」「改ページプレビュー」の3つの表示モードが用意されています。表示モードを切り替えるには、ステータスバーのボタンを使います。

操作 ◆ 田 (標準) ／ 回 (ページレイアウト) ／ 凹 (改ページプレビュー)

❶ 田 (標準)
標準の表示モードです。データを入力したり、表やグラフを作成したりする場合に使います。通常、この表示モードでブックを作成します。

❷ 回 (ページレイアウト)
印刷結果に近いイメージで表示するモードです。用紙にどのように印刷されるかを確認したり、ヘッダーやフッターを設定したりする場合に使います。

❸ 凹 (改ページプレビュー)
印刷範囲や改ページ位置を表示するモードです。1ページに印刷する範囲を調整したり、区切りのよい位置で改ページされるように位置を調整したりする場合に使います。

■ 改ページ位置の変更

改ページプレビューに切り替えると、自動的に改ページが挿入されます。印刷範囲には青い実線、ページの区切りには青い点線、ワークシート上にはページ番号が表示されます。青い実線や点線をドラッグすると、改ページ位置を変更できます。

操作 ◆ 改ページプレビューで表示→ページ区切りや印刷範囲の線をドラッグ

Lesson 1-11

 ブック「Lesson1-11」を開いておきましょう。

次の操作を行いましょう。

(1) 表示モードを改ページプレビューに切り替えてください。
次に、商品番号「1010」～「1070」が1ページ目、「2010」～「2070」が2ページ目、「3010」以降が3ページ目に印刷されるように改ページ位置を調整してください。

Lesson 1-11 Answer

その他の方法

表示モードの切り替え

◆《表示》タブ→《ブックの表示》グループの(改ページプレビュー)

その他の方法

改ページ位置の変更

◆改ページ位置を選択→《ページレイアウト》タブ→《ページ設定》グループの(改ページ)→《改ページの挿入》

※選択した行・列・セルの上側、左側に改ページが挿入されます。

Point

改ページの解除

設定した改ページの位置を解除する方法は、次のとおりです。

◆改ページ位置を選択→《ページレイアウト》タブ→《ページ設定》グループの(改ページ)→《改ページの解除》

(1)

① ステータスバーの 凹 (改ページプレビュー)をクリックします。

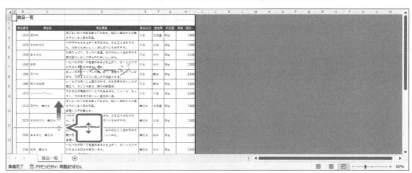

② 表示モードが改ページプレビューに切り替わります。

③ 12行目の下側の青い点線をポイントし、マウスポインターの形が ↕ に変わったら、図のように10行目の下側までドラッグします。

※ページ区切りが青い実線で表示されます。
※お使いの環境によっては、ページ区切り位置が異なる場合があります。

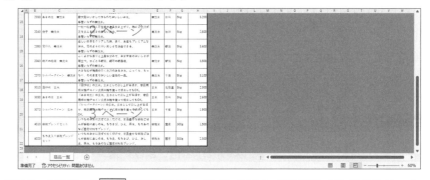

④ 同様に、18行目の下側の区切り位置を17行目の下側に変更します。

⑤ 改ページ位置が調整されます。

※ステータスバーの 囲 (標準)をクリックして、表示モードを標準に戻しておきましょう。

2 ｜ ワークシートの行や列を固定する

 解 説　■ウィンドウ枠の固定

大きな表の下側や右側を確認するために画面をスクロールすると、表の見出しが見えなく なることがあります。ウィンドウ枠を固定しておくと、スクロールしても常に見出しを表示し ておくことができます。

ウィンドウ枠の固定には、次の種類があります。

種類	説明
行の固定	選択した行の上側が固定されます。 例：4行目を選択して行を固定すると、1～3行目が固定される
列の固定	選択した列の左側が固定されます。 例：C列を選択して列を固定すると、A～B列が固定される
行列の固定	選択したセルの上側と左側が固定されます。 例：セル【C4】を選択して行列を固定すると、1～3行目とA～B列が固定される

操作　◆《表示》タブ→《ウィンドウ》グループの **ウィンドウ枠の固定 ▾** （ウィンドウ枠の固定）

Lesson 1-12

 ブック「Lesson1-12」を開いておきましょう。

次の操作を行いましょう。

(1) シート「棚卸」をスクロールしても、1～3行目が常に表示されるように設定し てください。

(2) シート「入出庫」をスクロールしても、1～4行目とA～D列が常に表示される ように設定してください。

(1)

①シート「**棚卸**」の1～3行目が表示されていることを確認します。

※固定する行を画面に表示しておく必要があります。

②行番号【4】を選択します。

③《**表示**》タブ→《**ウィンドウ**》グループの | ウィンドウ枠の固定 ▾ |（ウィンドウ枠の固定）
→《**ウィンドウ枠の固定**》をクリックします。

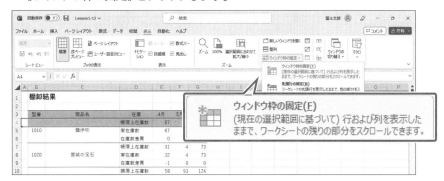

④1～3行目が固定されます。

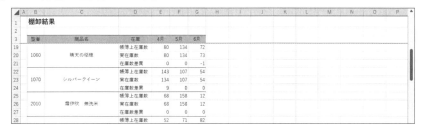

(2)

①シート「**入出庫**」の1～4行目とA～D列が表示されていることを確認します。

※固定する行と列を画面に表示しておく必要があります。

②セル【E5】を選択します。

③《**表示**》タブ→《**ウィンドウ**》グループの | ウィンドウ枠の固定 ▾ |（ウィンドウ枠の固定）
→《**ウィンドウ枠の固定**》をクリックします。

④1～4行目とA～D列が固定されます。

求められるスキル

出題範囲1

出題範囲2

出題範囲3

出題範囲4

出題範囲5

確認問題 標準解答

❶ Point

先頭行や先頭列の固定

画面に表示されている先頭行や先頭列を固定できます。

◆《**表示**》タブ→《**ウィンドウ**》グループの | ウィンドウ枠の固定 ▾ |（ウィンドウ枠の固定）→《**先頭行の固定**》／《**先頭列の固定**》

※アクティブセルの位置はどこでもかまいません。

❶ Point

ウィンドウ枠固定の解除

◆《**表示**》タブ→《**ウィンドウ**》グループの | ウィンドウ枠の固定 ▾ |（ウィンドウ枠の固定）→《**ウィンドウ枠固定の解除**》

※アクティブセルの位置はどこでもかまいません。

3 ウィンドウの表示を変更する

 解説　■ウィンドウの分割

ワークシートの作業領域を複数に分割できます。作業領域を分割すると、分割したウィンドウでそれぞれスクロールできます。大きな表の離れた場所にあるデータを一度に表示して比較するような場合に使います。

ウィンドウの分割には、次の種類があります。

種類	説明
上下2分割	選択した行の上側で分割されます。
左右2分割	選択した列の左側で分割されます。
上下左右4分割	選択したセルの上側と左側で分割されます。

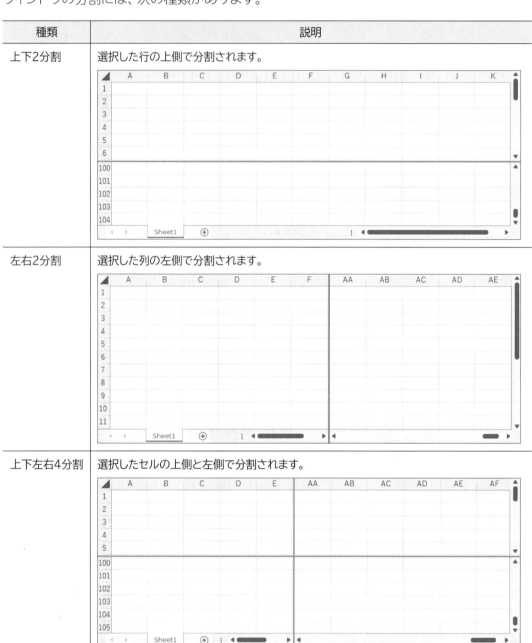

操作　◆《表示》タブ→《ウィンドウ》グループの □（分割）

Lesson 1-13

 ブック「Lesson1-13」を開いておきましょう。

次の操作を行いましょう。

(1) ウィンドウを左右2分割し、左側に5月合計、右側に6月合計を表示してください。

Lesson 1-13 Answer

(1)

①列番号【I】を選択します。

※画面中央あたりの任意の列番号を選択します。

②《表示》タブ→《ウィンドウ》グループの □ (分割) をクリックします。

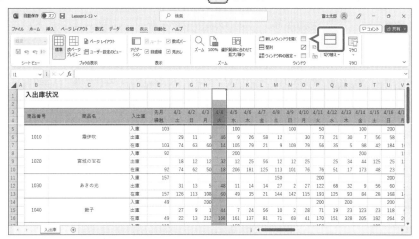

③I列の左側に分割バーが表示され、ウィンドウが左右に分割されます。

分割バー

④左側のウィンドウを列番号【BQ】までスクロールして、5月合計を表示します。

⑤右側のウィンドウを列番号【CW】までスクロールして、6月合計を表示します。

<!-- Point -->
Point

分割バーの調整

分割バーの位置を調整するには、分割バーをポイントし、マウスポインターの形が ↔ に変わったら、左右にドラッグします。

Point

分割の解除

◆《表示》タブ→《ウィンドウ》グループの □ (分割)

※ボタンが標準の色に戻ります。

求められるスキル

出題範囲1

出題範囲2

出題範囲3

出題範囲4

出題範囲5

確認問題 標準解答

解説 ■新しいウィンドウを開く

新しいウィンドウを開くと、同じブックを別のウィンドウに表示できます。同じブックの別の
シートを比較したり、同じシートの別の部分を比較したりするときに使います。同じブックを
複数のウィンドウで表示すると、タイトルバーのファイル名の後ろに「1」「2」のように連番が
表示されます。

操作 ◆《表示》タブ→《ウィンドウ》グループの 新しいウィンドウを開く （新しいウィンドウを開く）

■ウィンドウの整列

複数のウィンドウを開いて作業しているとき、左右に並べたり重ねて表示したりなど、ウィン
ドウを整列することができます。ブックの内容を比較するような場合に使います。

操作 ◆《表示》タブ→《ウィンドウ》グループの 整列 （整列）

Lesson 1-14

 ブック「Lesson1-14」を開いておきましょう。

次の操作を行いましょう。
(1) 新しいウィンドウを開いてください。
(2) ウィンドウを左右に並べて表示し、左側のウィンドウにシート「入出庫」、右側
のウィンドウにシート「棚卸」を表示してください。

Lesson 1-14 Answer

(1)

①《**表示**》タブ→《**ウィンドウ**》グループの 新しいウィンドウを開く （新しいウィンドウを開
く）をクリックします。

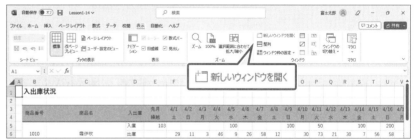

②新しいウィンドウが表示され、タイトルバーのファイル名に「**2**」と表示されます。

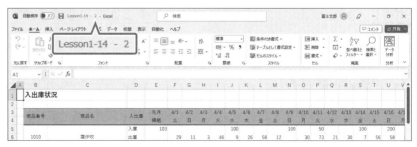

(2)

①《**表示**》タブ→《**ウィンドウ**》グループの 🗖整列 (整列) をクリックします。

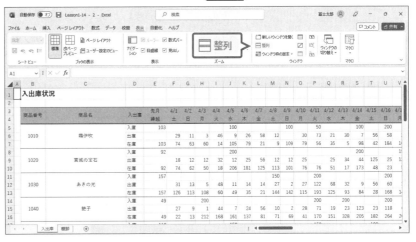

②《**ウィンドウの整列**》ダイアログボックスが表示されます。

③《**左右に並べて表示**》を ⦿ にします。

④《**OK**》をクリックします。

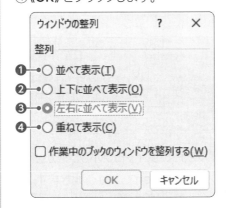

⑤ウィンドウが左右に並んで表示されます。

⑥右側のウィンドウ内をクリックします。

⑦右側のウィンドウのシート見出し「**棚卸**」をクリックします。

⑧左側のウィンドウにシート「**入出庫**」、右側のウィンドウにシート「**棚卸**」が表示されていることを確認します。

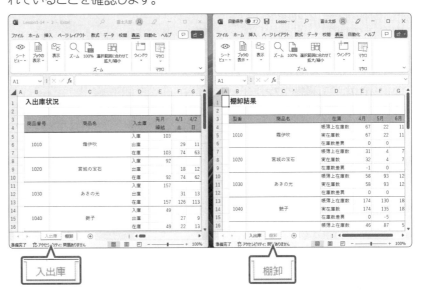

求められるスキル

出題範囲1

出題範囲2

出題範囲3

出題範囲4

出題範囲5

確認問題　標準解答

❗ Point

整列方法

ブックウィンドウの整列方法には、次の4通りがあります。

❶並べて表示

❷上下に並べて表示

ブック1
ブック2
ブック3

❸左右に並べて表示

ブック1	ブック2	ブック3

❹重ねて表示

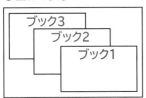

Lesson 1-15

 Excelを起動し、スタート画面を表示しておきましょう。

次の操作を行いましょう。

(1) フォルダー「Lesson1-15」のブック「入出庫4月」、ブック「入出庫5月」、ブック「入出庫6月」を開き、ウィンドウを左右に整列してください。

Lesson 1-15 Answer

(1)

① Excelのスタート画面が表示されていることを確認します。

② 《開く》をクリックします。

③ 《参照》をクリックします。

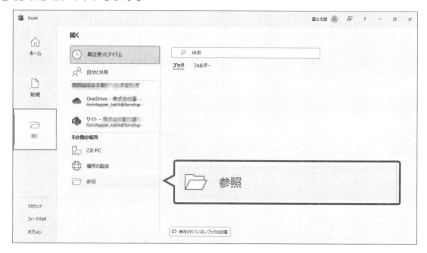

④ 《ファイルを開く》ダイアログボックスが表示されます。

⑤ フォルダー「**Lesson1-15**」を開きます。

※《ドキュメント》→「MOS 365-Excel(1)」→「Lesson1-15」を選択します。

⑥ 一覧から「**入出庫4月**」を選択します。

⑦ [Shift] を押しながら、一覧から「**入出庫6月**」を選択します。

⑧ 《開く》をクリックします。

⚠ Point

複数ファイルの選択

| 連続しないファイル |

◆ 1つ目のファイルをクリック→ [Ctrl] を押しながら、2つ目以降のファイルをクリック

| 連続するファイル |

◆ 先頭のファイルをクリック→ [Shift] を押しながら、最終のファイルをクリック

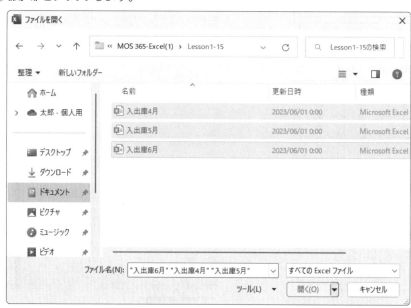

⑨3つのブックが開かれます。

⑩《表示》タブ→《ウィンドウ》グループの 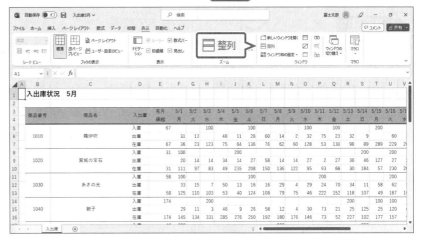 (整列) をクリックします。

⑪《ウィンドウの整列》ダイアログボックスが表示されます。

⑫《左右に並べて表示》を ● にします。

⑬《OK》をクリックします。

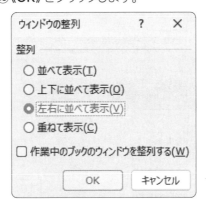

⑭ウィンドウが左右に並べて表示されます。

※お使いの環境によっては、ウィンドウの並びが異なる場合があります。

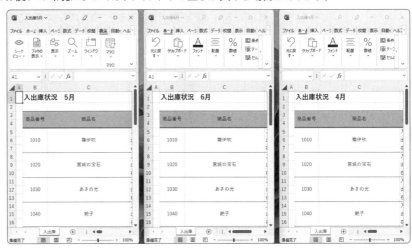

求められるスキル

出題範囲1

出題範囲2

出題範囲3

出題範囲4

出題範囲5

確認問題 標準解答

4 ブックの組み込みプロパティを変更する

解説 ■ドキュメントのプロパティの変更

「**プロパティ**」は一般に「**属性**」といわれ、性質や特性を表す言葉です。ブック（ドキュメント）のプロパティには、ブックのファイルサイズ、作成日時、最終更新日時などがあります。また、タイトルや分類、コメントなど、ユーザーが独自に設定できるプロパティもあります。ブックにプロパティを設定しておくとWindowsのエクスプローラーでプロパティの内容を表示したり、プロパティの値をもとにブックを検索したりできます。

操作 ◆《ファイル》タブ→《情報》

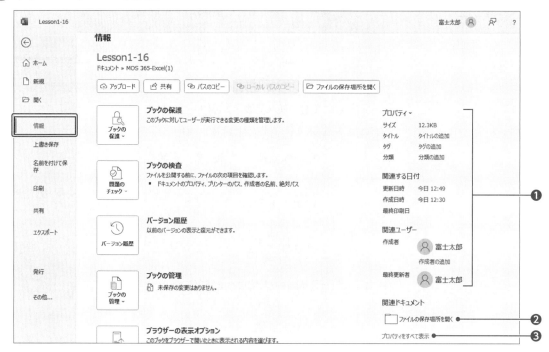

❶プロパティの一覧

主なプロパティを一覧で表示します。プロパティの値を設定するときは、直接入力します。

❷ファイルの保存場所を開く

ブックが保存されている場所を開きます。

❸プロパティをすべて表示

すべてのプロパティを表示します。

Lesson 1-16

 ブック「Lesson1-16」を開いておきましょう。

次の操作を行いましょう。

(1) ドキュメントのプロパティのタイトルに「注文書」、タグに「横浜」と「23110」、会社に「FOMライス株式会社」を設定してください。数字は半角で入力します。

(1)

①《ファイル》タブを選択します。

②《情報》→《プロパティをすべて表示》をクリックします。

※表示されていない場合は、スクロールして調整します。

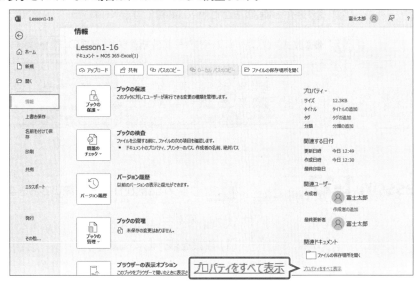

③《タイトルの追加》をクリックし、「注文書」と入力します。

④《タグの追加》をクリックし、「横浜;23110」と入力します。

※「;(セミコロン)」は半角で入力します。

⑤《会社名の指定》をクリックし、「FOMライズ株式会社」と入力します。

⑥《会社名の指定》以外の場所をクリックします。

※入力内容が確定されます。

⑦プロパティの一覧に設定したプロパティが表示されていることを確認します。

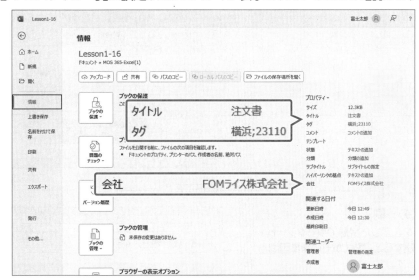

❗Point

複数の値の設定

タグや分類などのプロパティに、複数の値を設定する場合は、「;(セミコロン)」で区切って入力します。

❗Point

詳細プロパティ

プロパティの値は、《プロパティ》ダイアログボックスを使って変更することもできます。

《プロパティ》ダイアログボックスを表示する方法は、次のとおりです。

◆《ファイル》タブ→《情報》→《プロパティ》→《詳細プロパティ》

※《タグ》の内容は《キーワード》に表示されます。

❗Point

ワークシートの表示に戻す場合

プロパティを設定後、ワークシートの表示に戻すには[Esc]を押します。

求められるスキル 出題範囲1 出題範囲2 出題範囲3 出題範囲4 出題範囲5 確認問題 標準解答

5 　数式を表示する

解説　■数式の表示

通常、セルに数式を入力すると、ワークシートには計算結果が表示されます。数式の計算結果ではなく、入力されている数式をそのまま表示することもできます。数式が入力されている場所を確認するときに便利です。

操作　◆《数式》タブ→《ワークシート分析》グループの [fx 数式の表示] (数式の表示)

Lesson 1-17

 ブック「Lesson1-17」を開いておきましょう。

次の操作を行いましょう。
(1) 数式を表示してください。

Lesson 1-17 Answer

(1)

①《数式》タブ→《ワークシート分析》グループの [fx 数式の表示] (数式の表示) をクリックします。

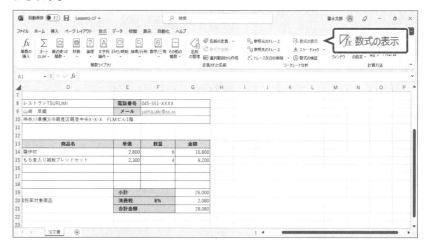

②数式が表示されます。

Point
数式の印刷
数式を表示した状態でワークシートを印刷すると、数式がそのまま印刷されます。

Point
数式の非表示
数式を計算結果の表示に戻すには、[fx 数式の表示] (数式の表示) を再度クリックします。
※ボタンが標準の色に戻ります。

6　クイックアクセスツールバーを管理する

解説

■クイックアクセスツールバーの表示／非表示

「クイックアクセスツールバー」に、ユーザーがよく使うコマンドを自由に登録できます。クイックアクセスツールバーは必要に応じて表示したり、非表示にしたりできます。

操作　◆リボンを右クリック→《クイックアクセスツールバーを表示する》／《クイックアクセスツールバーを非表示にする》

■クイックアクセスツールバーの位置の変更

クイックアクセスツールバーは、リボンの上または下に表示されます。表示する位置は変更できます。

●リボンの上

●リボンの下

操作　◆クイックアクセスツールバーを表示→クイックアクセスツールバーの　（クイックアクセスツールバーのユーザー設定）→《リボンの上に表示》／《リボンの下に表示》

Lesson 1-18

 ブック「Lesson1-18」を開いておきましょう。

次の操作を行いましょう。

(1) クイックアクセスツールバーを表示してください。

(2) クイックアクセスツールバーの位置を変更してください。リボンの上に表示されている場合は下に、下に表示されている場合は上に変更します。

Lesson 1-18 Answer

(1)

①リボンを右クリックします。

②《**クイックアクセスツールバーを表示する**》をクリックします。

③クイックアクセスツールバーが表示されます。

※お使いの環境によっては、表示位置が異なる場合があります。

(2)

①クイックアクセスツールバーの ✓ （クイックアクセスツールバーのユーザー設定）をクリックします。

②《**リボンの上に表示**》／《**リボンの下に表示**》をクリックします。

③クイックアクセスツールバーの位置が変更されます。

※クイックアクセスツールバーの位置を元に戻しておきましょう。

Hint

クイックアクセスツールバーが表示されている場合は、非表示にしてから、Lessonを行いましょう。

その他の方法

クイックアクセスツールバーの表示／非表示

◆《ファイル》タブ→《オプション》→左側の一覧から《クイックアクセスツールバー》を選択→《☑ クイックアクセスツールバーを表示する》／《☐ クイックアクセスツールバーを表示する》

その他の方法

クイックアクセスツールバーの位置の変更

◆《ファイル》タブ→《オプション》→左側の一覧から《クイックアクセスツールバー》を選択→《☑ クイックアクセスツールバーを表示する》→《ツールバーの位置》の ✓ →《リボンの下》／《リボンの上》

 **解 説** ■ **クイックアクセスツールバーのコマンドの登録**

クイックアクセスツールバーにコマンドを登録しておくと、リボンのタブを切り替えたり階層をたどったりする手間が省けるので、効率的です。

操作 ◆クイックアクセスツールバーの （クイックアクセスツールバーのユーザー設定）

Lesson 1-19

OPEN　ブック「Lesson1-19」を開いておきましょう。

次の操作を行いましょう。

(1) クイックアクセスツールバーに、コマンド「印刷プレビューと印刷」を登録してください。

(2) クイックアクセスツールバーに、コマンド「閉じる［ウィンドウを閉じる］」を登録してください。

Lesson 1-19 Answer

(1)

①クイックアクセスツールバーの ▽（クイックアクセスツールバーのユーザー設定）をクリックします。

※クイックアクセスツールバーが表示されていない場合は、表示しておきましょう。表示位置はどこでもかまいません。

※お使いの環境によっては、いくつかのコマンドが事前に登録されている場合があります。

②**《印刷プレビューと印刷》**をクリックします。

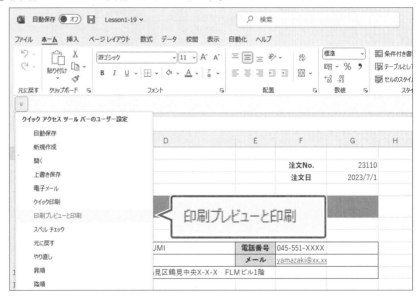

③クイックアクセスツールバーにコマンドが登録されます。

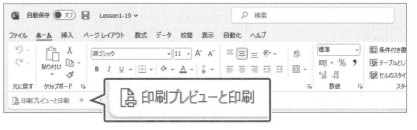

① Point

リボンの上に表示している場合

クイックアクセスツールバーをリボンの上に表示している場合は、コマンドのラベルは表示されず、ボタンだけが表示されます。

57

(!) Point

《Excelのオプション》の
《クイックアクセスツールバー》

❶コマンドの選択
コマンドの種類を選択します。

❷コマンドの一覧
追加するコマンドを選択します。

**❸クイックアクセスツールバーの
　ユーザー設定**
クイックアクセスツールバーの設定を
すべてのブックに適用するか、作業
中のブックだけに適用するかを選択
します。

**❹現在のクイックアクセスツール
　バーの設定**
現在の設定状況を表示します。

**❺クイックアクセスツールバーを
　表示する**
クイックアクセスツールバーの表示／
非表示を切り替えます。また、表示し
た場合の位置を設定します。

❻コマンドラベルを常に表示する
ボタンに表示されるラベルの表示／
非表示を切り替えます。✔にすると
常にコマンドラベルを表示します。
※コマンドラベルは、クイックアクセス
　ツールバーをリボンの下に配置し
　ているときにだけ表示されます。

❼追加
❷で選択したコマンドを追加します。

❽削除
❹で選択したコマンドを削除します。

❾リセット
カスタマイズした内容をリセットして、
元の状態に戻します。

❿インポート/エクスポート
クイックアクセスツールバーとリボン
に関する設定を保存したり、既存の
設定を取り込んだりします。

⓫上へ／下へ
クイックアクセスツールバー内のコ
マンドの順番を入れ替えます。

(!) Point

クイックアクセスツールバーの
コマンドの削除

◆削除するコマンドを右クリック→
　《クイックアクセスツールバーから
　削除》

---

(2)

①クイックアクセスツールバーの ▾ （クイックアクセスツールバーのユーザー設定）
　をクリックします。

②《その他のコマンド》をクリックします。

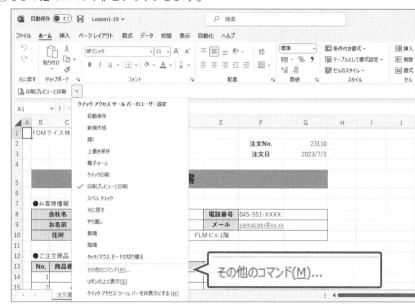

③《Excelのオプション》ダイアログボックスが表示されます。

④左側の一覧から《クイックアクセスツールバー》を選択します。

⑤《コマンドの選択》の ▾ をクリックし、一覧から《リボンにないコマンド》を選択します。

⑥コマンドの一覧から《閉じる[ウィンドウを閉じる]》を選択します。

⑦《追加》をクリックします。

⑧《OK》をクリックします。

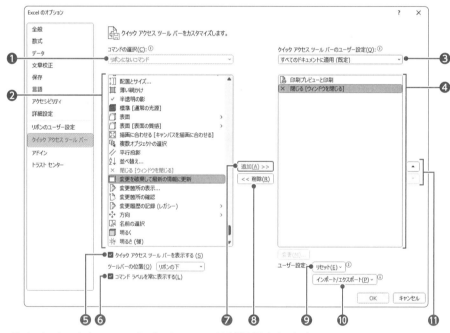

⑨クイックアクセスツールバーにコマンドが登録されます。

※クイックアクセスツールバーに追加したコマンドを削除し、クイックアクセスツールバーを元の
　表示に戻しておきましょう。

5 共同作業と配布のためにブックを準備する

☑ 理解度チェック

習得すべき機能	参照Lesson	学習前	学習後	試験直前
■ 印刷対象を設定できる。	➡Lesson1-20	☑	☑	☑
■ 拡大縮小印刷を設定できる。	➡Lesson1-21	☑	☑	☑
■ 印刷タイトルを設定できる。	➡Lesson1-21	☑	☑	☑
■ 印刷範囲を設定できる。	➡Lesson1-22	☑	☑	☑
■ ブックをテンプレートとして保存できる。	➡Lesson1-23	☑	☑	☑
■ ワークシートをPDFファイルとして保存できる。	➡Lesson1-24	☑	☑	☑
■ ワークシートをCSVファイルとして保存できる。	➡Lesson1-24	☑	☑	☑
■ ドキュメント検査ができる。	➡Lesson1-25	☑	☑	☑
■ アクセシビリティチェックができる。	➡Lesson1-26	☑	☑	☑
■ 互換性チェックができる。	➡Lesson1-27	☑	☑	☑
■ コメントを挿入・編集できる。	➡Lesson1-28	☑	☑	☑
■ コメントを閲覧・返信・解決できる。	➡Lesson1-29	☑	☑	☑
■ メモを挿入できる。	➡Lesson1-30	☑	☑	☑
■ メモをコメントに変換できる。	➡Lesson1-30	☑	☑	☑

1 印刷設定を行う

 **解説** ■印刷対象の設定

印刷対象を設定すると、作業中のシートやブック全体、選択したセル範囲だけを印刷できます。

操作 ◆《ファイル》タブ→《印刷》→ [作業中のシートを印刷 / 作業中のシートのみを印刷します]

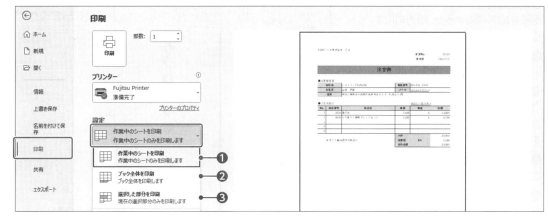

❶作業中のシートを印刷
現在選択しているシートを印刷します。

❷ブック全体を印刷
ブック内のすべてのシートを印刷します。

❸選択した部分を印刷
範囲選択した部分だけを印刷します。

Lesson 1-20

 ブック「Lesson1-20」を開いておきましょう。

次の操作を行いましょう。

(1) ブック内のすべてのシートを1部印刷してください。

Lesson 1-20 Answer

(1)

①《ファイル》タブを選択します。

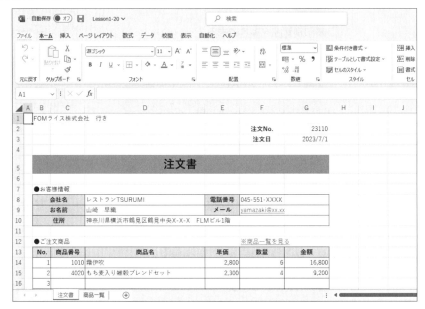

②《印刷》をクリックします。

③ 作業中のシートを印刷 / 作業中のシートのみを印刷します →《ブック全体を印刷》をクリックします。

④《部数》が「1」になっていることを確認します。

⑤《印刷》をクリックします。

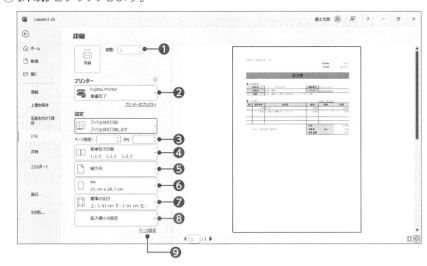

⑥ すべてのシートが1部ずつ印刷されます。

※印刷を実行すると、ワークシートの表示に自動的に戻ります。

🛑 Point

《印刷》

❶ 部数
印刷する部数を指定します。

❷ プリンター
印刷するプリンターを選択します。

❸ ページ指定
印刷するページを指定します。

❹ 部単位／ページ単位で印刷
印刷部数を複数にした場合、部単位で印刷するか、ページ単位で印刷するかを選択します。

❺ 印刷の向き
用紙を縦方向にするか、横方向にするかを選択します。

❻ 用紙サイズ
用紙のサイズを選択します。

❼ 余白
《広い》《狭い》などから余白を選択します。《ユーザー設定の余白》を選択すると、数値で余白を設定できます。

❽ 拡大縮小の設定
拡大または縮小印刷を設定します。

❾ ページ設定
《ページ設定》ダイアログボックスを表示して、ページ設定を変更します。

🛑 Point

印刷しない場合

印刷をしないでワークシートの表示に戻すには、[Esc]を押します。

解説　■拡大縮小印刷の設定

用紙に収まらない表を1ページに収まるように縮小したり、小さめの表を用紙全体に表示するように拡大したりして印刷できます。

拡大縮小印刷には、ページ数を指定する方法と印刷倍率を指定する方法があります。

操作　◆《ページレイアウト》タブ→《拡大縮小印刷》グループ

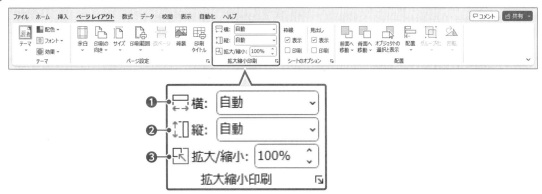

❶横

指定のページ数に収まるように、印刷結果の幅を縮小します。

❷縦

指定のページ数に収まるように、印刷結果の高さを縮小します。

❸拡大/縮小

倍率を指定して拡大したり縮小したりします。

■印刷タイトルの設定

複数ページに分かれて印刷される表では、2ページ目以降に行や列の項目名が入らない状態で印刷されます。**「印刷タイトル」**を設定すると、各ページに共通の見出しを付けて印刷できます。

操作　◆《ページレイアウト》タブ→《ページ設定》グループの　（印刷タイトル）

Lesson 1-21

 ブック「Lesson1-21」を開いておきましょう。

次の操作を行いましょう。

(1) 印刷したときにすべてのデータが横1ページに収まるように設定してください。

(2) 3行目がすべてのページに印刷されるように設定してください。

求められるスキル

出題範囲1

出題範囲2

出題範囲3

出題範囲4

出題範囲5

確認問題　標準解答

Lesson 1-21 Answer

●その他の方法

拡大縮小印刷の設定

◆《ページレイアウト》タブ→《拡大縮小印刷》グループの⬚(ページ設定)→《ページ》タブ→《拡大縮小印刷》の《◉次のページ数に合わせて印刷》→《横》を「1」に設定

◆《ファイル》タブ→《印刷》→《ページ設定》→《ページ》タブ→《拡大縮小印刷》の《◉次のページ数に合わせて印刷》→《横》を「1」に設定

◆《ファイル》タブ→《印刷》→《拡大縮小なし》の・→《すべての列を1ページに印刷》

●その他の方法

印刷タイトルの設定

◆《ページレイアウト》タブ→《ページ設定》グループの⬚(ページ設定)→《シート》タブ→《タイトル行》/《タイトル列》

(1)

①《ページレイアウト》タブ→《拡大縮小印刷》グループの⬚横:(横)の⌄→《1ページ》をクリックします。

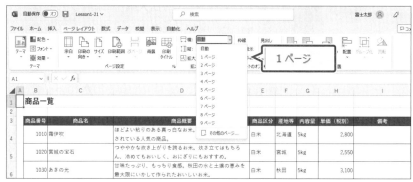

②横1ページに印刷結果の幅が収まるように縮小されます。

(2)

①《ページレイアウト》タブ→《ページ設定》グループの⬚(印刷タイトル)をクリックします。

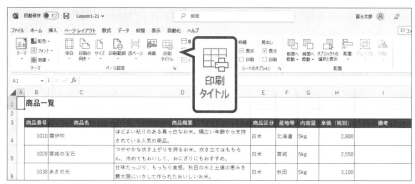

②《ページ設定》ダイアログボックスが表示されます。

③《シート》タブを選択します。

④《タイトル行》にカーソルを移動し、行番号【3】を選択します。

⑤《タイトル行》に「$3:$3」と表示されます。

⑥《OK》をクリックします。

⑦印刷タイトルが設定されます。

※《ファイル》タブ→《印刷》をクリックして、印刷イメージで確認しておきましょう。

2 | 印刷範囲を設定する

 解 説 ■印刷範囲の設定

初期の設定では、選択されているワークシートのデータがすべて印刷されます。印刷範囲を設定すると、設定した範囲だけを印刷できます。印刷範囲の設定はブックに保存されます。

操作 ◆《ページレイアウト》タブ→《ページ設定》グループの [印刷範囲] (印刷範囲)→《印刷範囲の設定》

Lesson 1-22

OPEN ブック「Lesson1-22」を開いておきましょう。

次の操作を行いましょう。

(1) タイトル「商品一覧」から、表の「内容量」の列の最終セルまでが印刷されるように設定してください。設定後、印刷イメージで確認してください。

Lesson 1-22 Answer

その他の方法
印刷範囲の設定

◆《ページレイアウト》タブ→《ページ設定》グループの [] (ページ設定)→《シート》タブ→《印刷範囲》

(1)

①セル範囲【B1:F22】を選択します。

②《ページレイアウト》タブ→《ページ設定》グループの [印刷範囲] (印刷範囲)→《印刷範囲の設定》をクリックします。

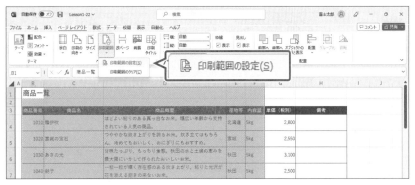

③《ファイル》タブを選択します。

④《印刷》をクリックします。

⑤印刷イメージに設定した範囲だけが表示されていることを確認します。

(!) Point
印刷範囲のクリア

◆《ページレイアウト》タブ→《ページ設定》グループの [印刷範囲] (印刷範囲)→《印刷範囲のクリア》

※アクティブセルの位置はどこでもかまいません。

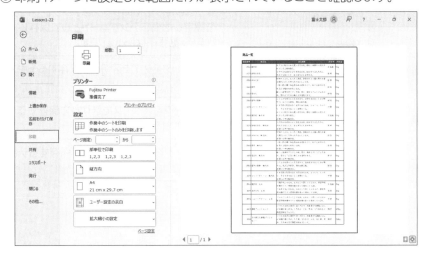

求められるスキル

出題範囲1

出題範囲2

出題範囲3

出題範囲4

出題範囲5

確認問題 標準解答

3 | 別のファイル形式でブックを保存する、エクスポートする

 解説 ■ 別のファイル形式での保存

Excelで作成したブックをPDFファイルや書式なしのテキストファイルなど、別のファイル形式で保存することを「**エクスポート**」といいます。

操作 ◆《ファイル》タブ→《エクスポート》

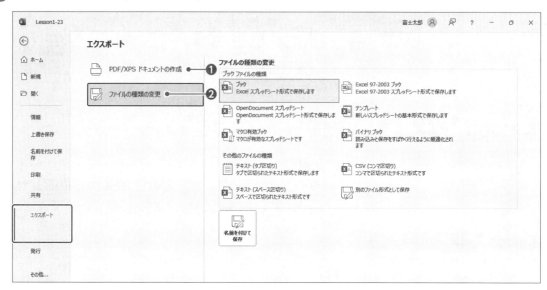

❶PDF/XPSドキュメントの作成

PDFファイルまたはXPSファイルとして保存します。

ファイルの種類	説明
PDFファイル	パソコンの機種や環境に関わらず、元のアプリで作成したとおりに正確に表示できるファイル形式です。拡張子は「.pdf」です。
XPSファイル	PDFファイルと同様にパソコンの機種や環境に関わらず、元のアプリで作成したとおりに正確に表示できるファイル形式です。拡張子は「.xps」です。

❷ファイルの種類の変更

ファイルの種類を変更して保存します。

ブックをテンプレートで保存したり、タブやスペース、カンマなどで区切ったテキストファイルで保存したりできます。

ファイルの種類	説明
テンプレート	繰り返し使う定型のブックをテンプレートとして保存するファイル形式です。数式や書式を設定した表をテンプレートとして保存しておくと、設定済みのブックが新規に作成されます。拡張子は「.xltx」です。
テキスト （タブ区切り）	文字データをタブで区切って保存するテキストファイルです。拡張子は「.txt」です。
テキスト （スペース区切り）	文字データをスペースで区切って保存するテキストファイルです。拡張子は「.prn」です。
CSV （カンマ区切り）	文字データをカンマで区切って保存するテキストファイルです。拡張子は「.csv」です。

Lesson 1-23

 ブック「Lesson1-23」を開いておきましょう。

次の操作を行いましょう。

(1) シート「注文書」をテンプレートとして「注文書テンプレート」という名前で
フォルダー「MOS 365-Excel（1）」に保存してください。

Lesson 1-23 Answer

🖱 その他の方法

テンプレートの作成

◆《ファイル》タブ→《名前を付けて
保存》→《参照》→保存先を選択→
《ファイル名》を入力→《ファイル
の種類》の▽→《Excelテンプ
レート》
◆ F12 →保存先を選択→《ファイ
ル名》を入力→《ファイルの種類》
の▽→《Excelテンプレート》

❗ Point

Officeのカスタムテンプレート

作成したテンプレートは、任意のフォ
ルダーに保存できますが、《ドキュ
メント》内の《Officeのカスタムテン
プレート》に保存すると、Excelのス
タート画面から利用できるようにな
ります。

❗ Point

**テンプレートを使ったブックの
作成**

保存したテンプレートを利用して新し
くブックを作成する方法は、次のと
おりです。
※テンプレートの保存先によって操
作が異なります。

保存先が任意のフォルダーの場合

◆エクスプローラーでテンプレートを
ダブルクリック

**保存先が《Officeのカスタムテン
プレート》の場合**

◆Excelのスタート画面→《新規》→
《個人用》→テンプレートを選択

(1)

①《ファイル》タブを選択します。

②《エクスポート》→《ファイルの種類の変更》→《ブックファイルの種類》の《テンプレー
ト》→《名前を付けて保存》をクリックします。

③《名前を付けて保存》ダイアログボックスが表示されます。

④フォルダー「**MOS 365-Excel（1）**」を開きます。

※《ドキュメント》→「MOS 365-Excel（1）」を選択します。

⑤《ファイル名》に「**注文書テンプレート**」と入力します。

⑥《ファイルの種類》が《**Excelテンプレート**》になっていることを確認します。

⑦《**保存**》をクリックします。

⑧テンプレートとして保存されます。

求められるスキル

出題範囲1

出題範囲2

出題範囲3

出題範囲4

出題範囲5

確認問題 標準解答

Lesson 1-24

 ブック「Lesson1-24」を開いておきましょう。

次の操作を行いましょう。

(1) シート「注文書」をPDFファイルとして「注文書」という名前でフォルダー「MOS 365-Excel(1)」に保存してください。保存後にファイルを開いて表示します。

(2) シート「商品一覧」をCSVファイルとして「商品一覧」という名前でフォルダー「MOS 365-Excel(1)」に保存してください。

Lesson 1-24 Answer

(1)

① シート「**注文書**」が表示されていることを確認します。

※PDFファイルで保存するワークシートを表示しておきます。

②《**ファイル**》タブを選択します。

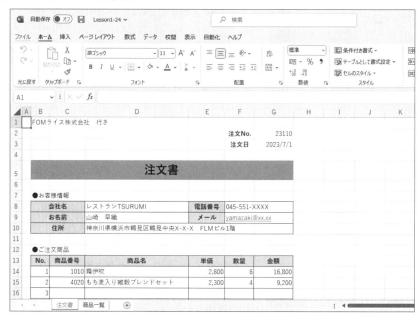

🖱 その他の方法

PDFファイルの作成

◆《ファイル》タブ→《名前を付けて保存》→《参照》→保存先を選択→《ファイル名》を入力→《ファイルの種類》の⏷→《PDF》

◆ F12 →保存先を選択→《ファイル名》を入力→《ファイルの種類》の⏷→《PDF》

③《**エクスポート**》→《**PDF/XPSドキュメントの作成**》→《**PDF/XPSの作成**》をクリックします。

❗ Point

複数シートをもとにしたPDFファイルの作成

複数のシートをグループにしてからエクスポートすると、1つのPDFファイルとして作成できます。

④《**PDFまたはXPS形式で発行**》ダイアログボックスが表示されます。

⑤フォルダー「**MOS 365-Excel(1)**」を開きます。

※《ドキュメント》→「MOS 365-Excel(1)」を選択します。

⑥《**ファイル名**》に「**注文書**」と入力します。

⑦《**ファイルの種類**》の⌄をクリックし、一覧から《**PDF**》を選択します。

⑧《**発行後にファイルを開く**》を☑にします。

⑨《**発行**》をクリックします。

Point

《PDFまたはXPS形式で発行》

❶ファイルの種類

作成するファイル形式を選択します。

❷発行後にファイルを開く

PDFファイルまたはXPSファイルとして保存したあとに、そのファイルを開いて表示する場合は、☑にします。

❸最適化

ファイルの用途に合わせて、ファイルのサイズを選択します。

ファイルをネットワーク上で表示する場合は、《標準》または《最小サイズ》を選択します。

ファイルを印刷する場合は、《標準》を選択します。

❹オプション

保存する範囲を設定したり、プロパティの情報を含めるかどうかを設定したりできます。

❺発行

PDFファイルまたはXPSファイルとして保存します。

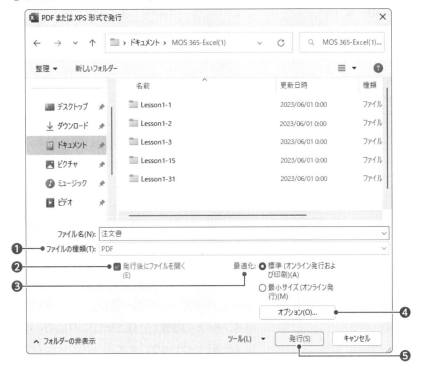

⑩PDFファイルを表示するアプリが起動し、PDFファイルが表示されます。

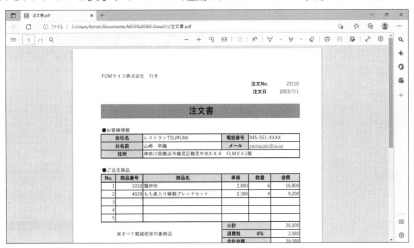

※PDFファイルを閉じておきましょう。

(2)

①シート「**商品一覧**」のシート見出しをクリックします。

※CSVファイルで保存するワークシートを表示しておきます。

②《**ファイル**》タブを選択します。

③《**エクスポート**》→《**ファイルの種類の変更**》→《**その他のファイルの種類**》の《**CSV（コンマ区切り）**》→《**名前を付けて保存**》をクリックします。

④《**名前を付けて保存**》ダイアログボックスが表示されます。

⑤フォルダー「**MOS 365-Excel（1）**」を開きます。

※《ドキュメント》→「MOS 365-Excel（1）」を選択します。

⑥《**ファイル名**》に「**商品一覧**」と入力します。

⑦《**ファイルの種類**》が《**CSV（コンマ区切り）**》になっていることを確認します。

⑧《**保存**》をクリックします。

⑨《**OK**》をクリックします。

⑩CSVファイルが作成されます。

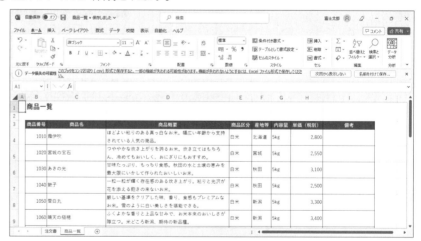

※情報バーに「データ損失の可能性」が表示された場合は、✕（このメッセージを閉じる）をクリックしておきましょう。

※CSVファイルをメモ帳で開いて、セルのデータが「,（カンマ）」で区切られていることを確認しておきましょう。

🖱 その他の方法

CSVファイルの作成

◆《ファイル》タブ→《名前を付けて保存》→《参照》→保存先を選択→《ファイル名》を入力→《ファイルの種類》の∨→《CSV（コンマ区切り）》

◆F12→保存先を選択→《ファイル名》を入力→《ファイルの種類》の∨→《CSV（コンマ区切り）》

❗ Point

CSVファイルの確認

CSVファイルをExcelで表示すると、「,（カンマ）」で区切られていることが確認できません。

「,（カンマ）」で区切られていることを確認するには、メモ帳で開きます。

4 ブックを検査して問題を修正する

 **解説**

■ドキュメント検査

「ドキュメント検査」を使うと、ブックに個人情報やプロパティなどが含まれていないかどうかをチェックして、必要に応じてそれらの情報を削除できます。作成したブックを社内で共有したり、顧客や取引先など社外の人に配布したりするような場合、事前にドキュメント検査を行うと、情報の漏えい防止につながります。
ドキュメント検査では、次のような内容をチェックできます。

内容	説明
コメント	コメントとメモには、それを入力したユーザー名や内容そのものが含まれています。 ※コメントとメモについては、P.73を参照してください。
プロパティ	ドキュメントのプロパティには、作成者の情報などが含まれています。
ヘッダー・フッター	ヘッダーやフッターには作成者の情報が含まれている可能性があります。
非表示の行・列 非表示のワークシート	行や列、ワークシートを非表示にしている場合、非表示の部分に知られたくない情報が含まれている可能性があります。

操作 ◆《ファイル》タブ→《情報》→《問題のチェック》→《ドキュメント検査》

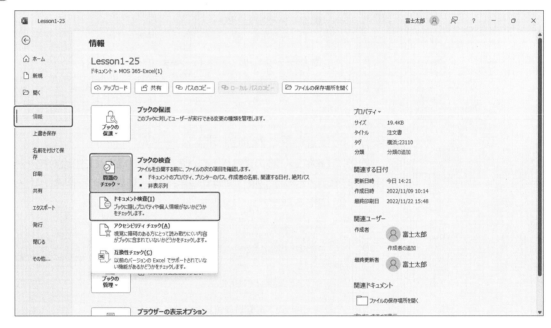

Lesson 1-25

 ブック「Lesson1-25」を開いておきましょう。

次の操作を行いましょう。

(1) すべての項目を対象にドキュメントを検査し、検査結果からプロパティと個人情報を削除してください。

(1)

①《ファイル》タブを選択します。

②《情報》→《問題のチェック》→《ドキュメント検査》をクリックします。

※ファイルの保存に関するメッセージが表示される場合は、《はい》をクリックしておきましょう。

③《ドキュメントの検査》ダイアログボックスが表示されます。

④すべての項目を☑にします。

⑤《検査》をクリックします。

⑥検査結果が表示されます。

⑦《ドキュメントのプロパティと個人情報》の《すべて削除》をクリックします。

※《非表示の行と列》は問題文に指示されていないので、削除しません。

⑧《閉じる》をクリックします。

⑨ドキュメントのプロパティと個人情報が削除されます。

 **解 説** ■アクセシビリティチェック

「**アクセシビリティ**」とは、すべての人が不自由なく情報を手に入れられるかどうか、使いこなせるかどうかを表す言葉です。

「**アクセシビリティチェック**」を使うと、視覚に障がいのある方などが、読み取りにくい情報や判別しにくい情報が含まれていないかどうかをチェックできます。

アクセシビリティチェックでは、次のような内容を検査します。

内容	説明
代替テキスト	グラフや図形、画像などのオブジェクトに代替テキストが設定されているかどうかをチェックします。オブジェクトの内容を代替テキストで示しておくと、情報を理解しやすくなります。
文字と背景のコントラスト	文字の色が背景の色と酷似していないかどうかをチェックします。コントラストの差を付けることで、文字が読み取りやすくなります。
テーブルの列見出し	テーブルに列見出しが設定されているかどうかをチェックします。列見出しに適切な項目名を付けると、表の内容を理解しやすくなります。
表の構造	表に結合されたセルが含まれていないかどうかなどをチェックします。音声読み上げソフト（スクリーンリーダー）を利用するときに、作成者の意図したとおりにデータが読み上げられ、表の内容を理解しやすくなります。
負の数値の色	正と負の数値に、色だけで区別（色を排他的に使用）した表示形式が設定されていないかどうかをチェックします。表示形式に記号なども付けると、情報を理解しやすくなります。

操作 ◆《ファイル》タブ→《情報》→《問題のチェック》→《アクセシビリティチェック》

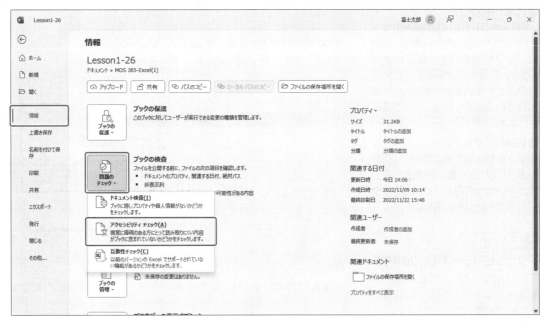

Lesson 1-26

 ブック「Lesson1-26」を開いておきましょう。

次の操作を行いましょう。

(1) アクセシビリティチェックを実行し、おすすめアクションから、代替テキストがないオブジェクトに「ロゴマーク」と設定してください。

求められるスキル

出題範囲1

出題範囲2

出題範囲3

出題範囲4

出題範囲5

確認問題 標準解答

🖱 その他の方法

アクセシビリティチェック

◆《校閲》タブ→《アクセシビリティ》グループの　（アクセシビリティチェック）

◆ステータスバーの《アクセシビリティ》

❗ Point

《代替テキスト》

❶ 代替テキスト

「代替テキスト」は、音声読み上げソフト（スクリーンリーダー）がブック内のグラフや図形、画像などのオブジェクトの代わりに読み上げる文字列のことです。代替テキストが設定されていないと、エラーとして表示されます。

❷ 装飾用にする

見栄えを整えるために使用し、音声読み上げソフトで特に読み上げる必要がない線や図形などのオブジェクトは、装飾用として設定します。

❗ Point

アクセシビリティチェックの結果

アクセシビリティチェックを実行して、問題があった場合には、次の3つのレベルに分類して表示されます。

レベル	説明
エラー	障がいがある方にとって、理解が難しい、または理解できないことを意味します。
警告	障がいがある方にとって、理解できない可能性が高いことを意味します。
ヒント	障がいがある方にとって、理解はできるが改善した方がよいことを意味します。

(1)

①《ファイル》タブを選択します。

②《情報》→《問題のチェック》→《アクセシビリティチェック》をクリックします。

③アクセシビリティチェックが実行され、《アクセシビリティ》作業ウィンドウに検査結果が表示されます。

※エラーが1つ表示されます。

④《エラー》の《不足オブジェクトの説明》をクリックします。

※お使いの環境によっては、《代替テキストがありません》と表示される場合があります。

⑤《図1（納品書）》をクリックします。

※「（納品書）」はシート名を表します。

⑥シート「納品書」の図1が選択されていることを確認します。

⑦《おすすめアクション》の《説明を追加》をクリックします。

⑧《代替テキスト》作業ウィンドウが表示されます。

⑨ボックスに「ロゴマーク」と入力します。

⑩　（アクセシビリティ）をクリックします。

⑪《アクセシビリティ》作業ウィンドウからエラーの表示がなくなったことを確認します。

※《アクセシビリティ》と《代替テキスト》作業ウィンドウを閉じておきましょう。

解 説 ■互換性チェック

ほかのユーザーとファイルをやり取りしたり、複数のパソコンでファイルをやり取りしたりする場合、ファイルの互換性を考慮する必要があります。

「互換性チェック」を使うと、作成したブックに、以前のバージョンのExcelでサポートされていない機能が含まれているかどうかをチェックできます。

操作 ◆《ファイル》タブ→《情報》→《問題のチェック》→《互換性チェック》

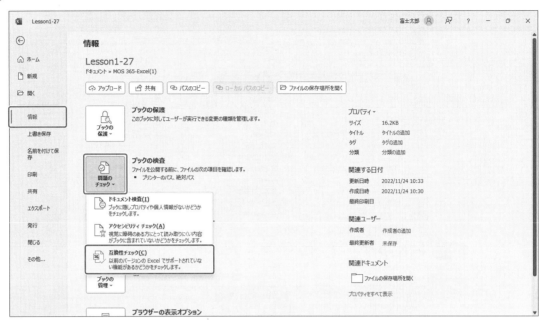

Lesson 1-27

 ブック「Lesson1-27」を開いておきましょう。

次の操作を行いましょう。
(1) ブックの互換性をチェックしてください。

Lesson 1-27 Answer

(1)
①《ファイル》タブを選択します。
②《情報》→《問題のチェック》→《互換性チェック》をクリックします。
③《Microsoft Excel-互換性チェック》ダイアログボックスが表示されます。
④《概要》のサポートされていない機能を確認します。
⑤《OK》をクリックします。

🛈 Point

《Microsoft Excel-互換性チェック》

❶表示するバージョンを選択
✔の付いているバージョンでサポートされていない機能を確認します。

❷概要・出現数
チェック結果の概要とブック内の該当箇所の数を表示します。

❸新しいシートにコピー
新しいワークシートに互換性レポートを作成します。

🛈 Point

ファイル保存時の互換性チェック
作成したブックをExcel 97-2003ブックの形式で保存すると、自動的に互換性がチェックされます。

求められるスキル

出題範囲1

出題範囲2

出題範囲3

出題範囲4

出題範囲5

確認問題 標準解答

5 ｜ コメントとメモを管理する

解説

■コメント

「**コメント**」を使うと、セルに注釈を付けることができます。コメントが挿入されたセルの右上には、　　　　　　（インジケーター）が表示されます。ポイントするとコメントが表示され、内容を確認できます。コメントは、複数のユーザー間で会話のようにやり取りできるスレッド形式で表示されます。

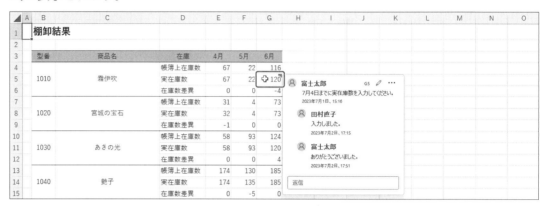

操作　◆《校閲》タブ→《コメント》グループのボタン

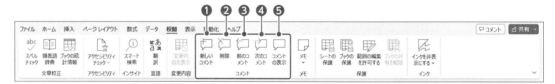

❶ （**新しいコメント**）
選択したセルに新しいコメントを挿入します。

❷ （**コメントの削除**）
選択したセルのコメントを削除します。

❸ （**前のコメント**）
前のコメントへ移動します。

❹ （**次のコメント**）
次のコメントへ移動します。

❺ （**コメントの表示**）
《コメント》作業ウィンドウを表示します。
《コメント》作業ウィンドウを表示すると、ワークシート内のすべてのコメントを確認できます。

■コメントの入力・編集

コメントを入力後、![アイコン]をクリックすると確定されます。コメントを確定したあとでも、編集できます。また、コメントに対して「**返信**」したり、スレッドを解決済みにしたりできます。

●コメント入力中・編集中

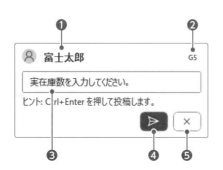

●コメント確定後

❶ユーザー名

ユーザー名が表示されます。

❷セル番地

コメントのセル番地が表示されます。

❸コメント

コメントの内容を入力します。

❹ ▷ (コメントを投稿する)

入力したコメントを確定します。
※編集中は ✓ で表示されます。

❺ × (キャンセル)

入力したコメントをキャンセルします。

❻返信

挿入されているコメントに対して返信します。

❼ ✎ (コメントを編集)

コメントを編集状態にします。

❽スレッドの削除

スレッドを削除します。

❾スレッドを解決する

スレッドを解決済みにします。解決済みにすると、コメントがグレーで表示されます。

Lesson 1-28

OPEN ブック「Lesson1-28」を開いておきましょう。

次の操作を行いましょう。

(1) セル【G5】のコメントを編集して、「7月4日までに実在庫数を入力してください。」にしてください。

(2) セル【G12】に、「原因を調査してください。」というコメントを挿入してください。

Lesson 1-28 Answer

(1)

①セル【G5】にインジケーターが表示されていることを確認します。

②セル【G5】をポイントします。

③コメントが表示されます。

④ ✎ (コメントを編集) をクリックします。

⑤「**7月4日までに実在庫数を入力してください。**」に修正します。

⑥ ✓ (コメントを投稿する) をクリックします。

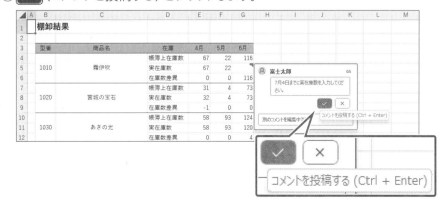

その他の方法

コメントの投稿

◆ Ctrl + Enter

求められるスキル

出題範囲1

出題範囲2

出題範囲3

出題範囲4

出題範囲5

確認問題 標準解答

⑦コメントが確定されます。

(2)

①セル【G12】を選択します。

②《校閲》タブ→《コメント》グループ→ 新しいコメント (新しいコメント) をクリックします。

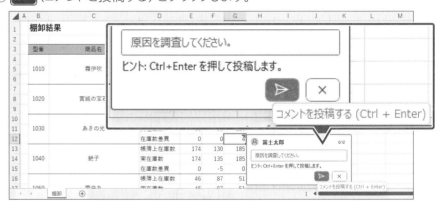

③コメントが表示されます。

④「原因を調査してください。」と入力します。

⑤ ➤ (コメントを投稿する) をクリックします。

⑥コメントが確定されます。

その他の方法

コメントの挿入

◆セルを右クリック→《新しいコメント》

◆ Ctrl + Shift + F2

◆《コメント》作業ウィンドウの 新規 (新しいコメント)

Lesson 1-29

 ブック「Lesson1-29」を開いておきましょう。

次の操作を行いましょう。

(1) ブック内の2つ目のコメントに移動し、「パッケージの破損分でした。」と返信
してください。
次に、ブック内の3つ目のコメントに移動し、コメントのスレッドを解決してく
ださい。

Lesson 1-29 Answer

(1)

①シート「**棚卸**」のセル【A1】が選択されていることを確認します。

②《**校閲**》タブ→《**コメント**》グループの[次のコメント]（次のコメント）を2回クリックします。

③2つ目のコメントに移動します。

※セル【G12】が選択されます。

④《**返信**》をクリックします。

求められるスキル

出題範囲1

出題範囲2

出題範囲3

出題範囲4

出題範囲5

確認問題 標準解答

その他の方法

コメントへの返信

◆コメントが挿入されているセルを
右クリック→《コメントに返信する》

◆コメントが挿入されているセルを
選択→ Ctrl + Shift + F2

Point

《コメント》

《コメント》作業ウィンドウを表示する
と、シート内のすべてのコメントを一
覧で表示できます。
また、《コメント》作業ウィンドウでは、
シート内と同様に、コメントを挿入し
たり、返信したり、スレッドを解決した
りすることもできます。
《コメント》作業ウィンドウを表示する
方法は、次のとおりです。

◆《校閲》タブ→《コメント》グループ
の[コメントの表示]（コメントの表示）

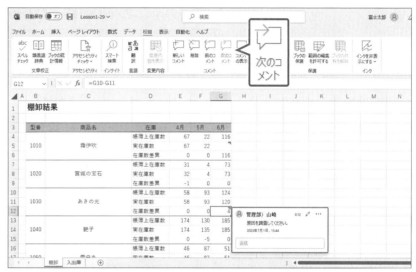

⑤「**パッケージの破損分でした。**」と入力します。

⑥ ▷ （返信を投稿する）をクリックします。

⑦返信が確定されます。

⑧《校閲》タブ→《コメント》グループの 次のコメントをクリックします。

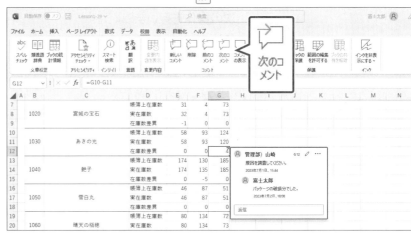

⑨3つ目のコメントに移動します。

※シート「入出庫」のセル【C3】が選択されます。

⑩ →《スレッドを解決する》をクリックします。

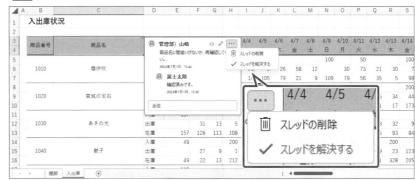

⑪コメントに《解決済み》と表示されます。

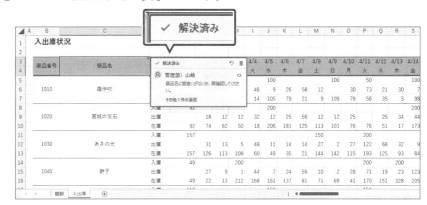

⚠ Point

解決済みのスレッドを元に戻す

解決済みのコメントを元の状態に戻すには、をクリックします。

⚠ Point

宛名付きコメント

「@(メンション)」を使うと、宛先を指定してコメントを投稿できます。宛先のユーザーには、コメントへのリンクが挿入されたメールが届きます。

※Microsoft 365にサインインし、SharePointライブラリ、または共有のOneDriveにブックが保存されている必要があります。

解説 ■メモ

「**メモ**」を使うと、セルに注釈を付けることができます。メモが挿入されたセルの右上には、□□□（インジケーター）が表示され、ポイントするとメモの内容を確認できます。メモは、セルに対する付せんのように表示されます。コメントのように返信や解決などスレッド形式でやり取りすることはできません。

A	B	C	D	E	F	G	H	I	J	K	L
3	型番	商品名	在庫	4月	5月	6月					
4			帳簿上在庫数	67	22	116					
5	1010	霜伊吹	実在庫数	67	22						
6			在庫数差異	0	0	116					
7			帳簿上在庫数	31	4	73					
8	1020	宮城の宝石	実在庫数	32	4	73					
9			在庫数差異	-1	0	0					
10			帳簿上在庫数	58	93	124					
11	1030	あきの光	実在庫数	58	93	120	富士太郎:				
12			在庫数差異	0	0	4	パッケージの破損分でした。				
13			帳簿上在庫数	174	130	185					
14	1040	艶子	実在庫数	174	135	185					
15			在庫数差異	0	-5	0					
16			帳簿上在庫数	46	87	51					
17	1050	雪白丸	実在庫数	46	87	51					
18			在庫数差異	0	0	0					
19			帳簿上在庫数	80	134	72					

棚卸　入出庫　⊕

操作 ◆《校閲》タブ→《メモ》グループの□メモ（メモ）

① 新しいメモ
② 前のメモ
③ 次のメモ
④ メモの表示/非表示
⑤ すべてのメモを表示
⑥ コメントに変換

❶新しいメモ

選択したセルに新しいメモを挿入します。

❷前のメモ

前のメモへ移動します。

❸次のメモ

次のメモへ移動します。

❹メモの表示/非表示

選択したセルのメモの表示／非表示を切り替えます。

❺すべてのメモを表示

ブック内のすべてのメモを表示します。

❻コメントに変換

ブック内のすべてのメモをコメントに変換します。
メモ内の画像や書式設定は削除されます。

Lesson 1-30

 ブック「Lesson1-30」を開いておきましょう。

次の操作を行いましょう。

(1) シート「棚卸」のセル【G12】に、「パッケージの破損分でした。」という新しいメモを挿入してください。

(2) ブック内のすべてのメモをコメントに変換してください。

Lesson 1-30 Answer

(1)

①シート「**棚卸**」のセル【**G12**】を選択します。

②《**校閲**》タブ→《**メモ**》グループの 📝 (メモ) →《**新しいメモ**》をクリックします。

③メモが表示されます。

④「**パッケージの破損分でした。**」と入力します。

⑤メモ以外の場所をクリックします。

⑥メモが確定されます。

🖱 その他の方法

メモの挿入

◆ セルを右クリック→《新しいメモ》

◆ [Shift]+[F2]

(2)

①《校閲》タブ→《メモ》グループの ▢(メモ)→《コメントに変換》をクリックします。

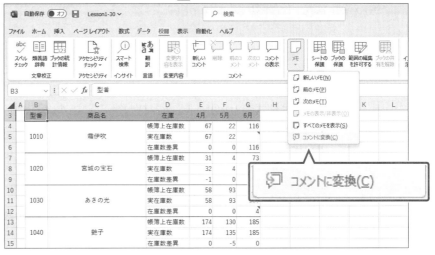

②メッセージを確認し、《すべてのメモを変換》をクリックします。

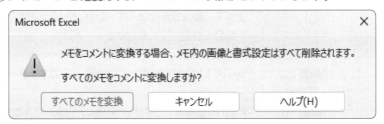

③シート「棚卸」のセル【G5】、セル【G12】、シート「入出庫」のセル【C3】のメモがコメントに変換されます。

④シート「棚卸」のセル【G5】をポイントし、コメントが表示されることを確認します。

求められるスキル

出題範囲1

出題範囲2

出題範囲3

出題範囲4

出題範囲5

確認問題 標準解答

Point

メモの編集

入力済みのメモに文字列を追加したり、変更したりできます。

◆メモが挿入されているセルを右クリック→《メモの編集》

Point

メモの削除

◆メモが挿入されているセルを右クリック→《メモの削除》

Exercise 確認問題

Lesson 1-31

 ブック「Lesson1-31」を開いておきましょう。

あなたは株式会社FOMリビングに勤務しています。家具の売上データをもとに、売上や顧客情報を管理します。
次の操作を行いましょう。

問題(1)	シート「10月」の数式を表示し、「金額」の列の数式を確認してください。確認後、数式を非表示にしてください。
問題(2)	シート「11月」の印刷の向きを「横」に設定してください。次に、改ページプレビューを使って、No.25までが1ページ目、No.26からが2ページ目に印刷されるように、改ページ位置を調整してください。
問題(3)	シート「11月」のフッターに、組み込みのフッター「1 / ?ページ」を挿入してください。
問題(4)	名前「商品概要」に移動し、範囲の先頭のセルのデータをクリアしてください。
問題(5)	シート「顧客一覧」のセル【B3】を開始位置として、フォルダー「Lesson1-31」にあるテキストファイル「顧客データ」のデータをテーブルとしてインポートしてください。データソースの先頭行をテーブルの見出しとして使用します。
問題(6)	シート「顧客一覧」のセル【C4】にハイパーリンクを挿入してください。文字列「山の手デパート」を表示し、リンク先は「https://www.yamanote.xx.xx/」、ヒントに「ウェブサイトを表示」と表示されるようにします。
問題(7)	シート「顧客一覧」のテーブルの「顧客名」から「電話番号」の最終セルまで印刷されるように設定してください。
問題(8)	シート「商品一覧」のセル【D1】に、「第4四半期に単価改定」という新しいメモを挿入してください。
問題(9)	シート「商品一覧」をスクロールしても、1行目が常に表示されるように設定してください。
問題(10)	ドキュメントのプロパティのタイトルに「2023年度月別売上」、タグに「第3四半期」、会社に「株式会社FOMリビング」を設定してください。
問題(11)	アクセシビリティチェックを実行し、エラーを修正してください。おすすめアクションから、負の数値の表示形式をマイナス符号付きの黒字に設定します。
問題(12)	新しいウィンドウを開いてください。 次に、ウィンドウを左右に並べて表示し、左側のウィンドウにシート「10月」、右側のウィンドウにシート「11月」をそれぞれ表示してください。

出題範囲 2

セルやセル範囲のデータの管理

1 シートのデータを操作する

☑ 理解度チェック	習得すべき機能	参照Lesson	学習前	学習後	試験直前
■	形式を選択してセルのデータや書式を貼り付けることができる。	➡Lesson2-1 ➡Lesson2-2	☑	☑	☑
■	複数の列や行を挿入したり削除したりできる。	➡Lesson2-3	☑	☑	☑
■	セルを挿入したり削除したりできる。	➡Lesson2-4	☑	☑	☑
■	オートフィルを使って、連続データを入力したり数式をコピーしたりできる。	➡Lesson2-5	☑	☑	☑
■	オートフィルを使って、書式なしでデータをコピーできる。	➡Lesson2-6	☑	☑	☑
■	RANDBETWEEN関数を使うことができる。	➡Lesson2-7	☑	☑	☑
■	SEQUENCE関数を使うことができる。	➡Lesson2-8	☑	☑	☑

1 形式を選択してデータを貼り付ける

解説

■形式を選択して貼り付け

セルをコピーして貼り付けると、データや書式を含めてセルの内容がすべて貼り付けられます。セルに入力されている数式ではなく計算結果の値をコピーする場合や、セルに設定されている書式だけをコピーする場合は、形式を選択して貼り付けます。

操作 ◆《ホーム》タブ→《クリップボード》グループの （貼り付け） の

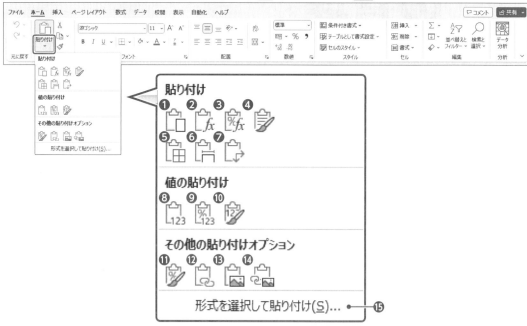

❶ （貼り付け）
書式やデータをすべて貼り付けます。
※ （貼り付け）をクリックすると、この形式で貼り付けられます。

❷ （数式）
数式だけを貼り付けます。

❸ （数式と数値の書式）
数式と数値の書式を貼り付けます。

❹ （元の書式を保持）
コピー元の書式でデータを貼り付けます。

❺ （罫線なし）
コピー元の罫線以外の書式とデータを貼り付けます。

❻ （元の列幅を保持）
コピー元の列幅を含めてすべて貼り付けます。

❼ （行/列の入れ替え）

コピー元の行の項目と列の項目を入れ替えて、すべて貼り付けます。

❽ 📋（値）

セルに表示されている値だけを貼り付けます。セルに数式が入力されている場合は、計算結果が貼り付けられます。

❾ 📋（値と数値の書式）

セルに表示されている値と数値の書式を貼り付けます。

❿ 📋（値と元の書式）

セルに表示されている値と書式を貼り付けます。

⓫ 📝（書式設定）

書式だけを貼り付けます。

⓬ 📋（リンク貼り付け）

コピー元のセルとリンクしてデータを貼り付けます。セルを参照する数式が作成されます。

⓭ 📋（図）

コピー元のセルの表示のまま、図として貼り付けます。

⓮ 📋（リンクされた図）

コピー元のセルとリンクして書式やデータを図として貼り付けます。セルを参照する数式が作成されます。

⓯ 形式を選択して貼り付け

《形式を選択して貼り付け》ダイアログボックスを表示して、貼り付ける形式や操作を選択します。

Lesson 2-1

📂 OPEN ブック「Lesson2-1」を開いておきましょう。

次の操作を行いましょう。

(1) シート「上期」の営業所名を、シート「年間」の「営業所名」に列幅を保持したまま貼り付けてください。次に、シート「上期」の「上期合計」とシート「下期」の「下期合計」の値を、シート「年間」の「上期実績」と「下期実績」に貼り付けてください。

(2) シート「上期」のセル範囲【D4:I12】を、シート「月別」のセル【C4】を開始位置として行列を入れ替えて貼り付けてください。次に、シート「下期」のセル範囲【D4:I12】をシート「月別」のセル【C10】を、開始位置として行列を入れ替えて貼り付けてください。

Lesson 2-1 Answer

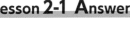 **その他の方法**

形式を選択して貼り付け

◆ セルをコピー→《ホーム》タブ→《クリップボード》グループの（貼り付け）の → 《形式を選択して貼り付け》→形式を選択

◆ セルをコピー→コピー先のセルを右クリック→《貼り付けのオプション》の一覧から選択

❗ Point

貼り付けのオプション

貼り付け後に表示される 📋(Ctrl)▾（貼り付けのオプション）を使うと、形式をあとから選択できます。

❗ Point

貼り付けのプレビュー

📋（貼り付け）の をクリックして表示される一覧のボタンをポイントすると、結果がプレビューされ、貼り付け前に結果を確認できます。

(1)

① シート「**上期**」のセル範囲【B4:B12】を選択します。

② 《ホーム》タブ→《クリップボード》グループの 📋 （コピー）をクリックします。

③ シート「**年間**」のセル【B4】を選択します。

④ 《ホーム》タブ→《クリップボード》グループの 📋 （貼り付け）の → 《貼り付け》の 📋 （元の列幅を保持）をクリックします。

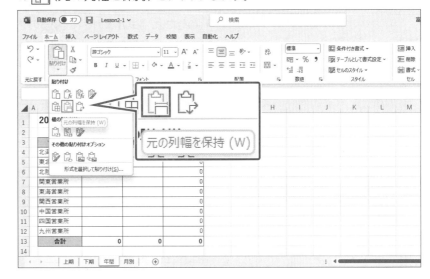

求められるスキル

出題範囲1

出題範囲2

出題範囲3

出題範囲4

出題範囲5

確認問題　標準解答

⚠ Point

▢ (エラーインジケーター)

数式にエラーの可能性があるセルに⚠(エラーチェック)と▢(エラーインジケーター)が表示されます。⚠(エラーチェック)をクリックすると表示される一覧から、エラーを確認したり、エラーを非表示にしたりできます。

9月	上期合計	達成率	前同
⚠	6,545	93.50%	124.
数式は隣接したセルを使用していません			2
数式を更新してセルを含める(U)			05.
このエラーに関するヘルプ(H)			30.
エラーを無視する(I)			94.
数式バーで編集(F)			7.
エラー チェック オプション(O)...			3.
770	4,440	88.80%	99.

⑤ 列幅を含めて営業所名が貼り付けられます。

⑥ シート「**上期**」のセル範囲【J4:J12】を選択します。

⑦ 《**ホーム**》タブ→《**クリップボード**》グループの 📋 (コピー) をクリックします。

⑧ シート「**年間**」のセル【C4】を選択します。

⑨ 《**ホーム**》タブ→《**クリップボード**》グループの 📋 (貼り付け) の 📋→《値の貼り付け》の 📋 (値) をクリックします。

⑩ 値が貼り付けられます。

※「上期実績」の列には、桁区切りスタイルの表示形式が設定されています。

※「合計」の列と行には、数式が入力されているので、自動的に合計が表示されます。

⑪ 同様に、シート「**下期**」のセル範囲【J4:J12】の値をシート「**年間**」のセル【D4】を開始位置として貼り付けます。

	A	B	C	D	E	F	G	H	I	J	K	L	M
1		2022年度年間売上実績			単位：千円								
2													
3		営業所名	上期実績	下期実績	合計								
4		北海道営業所	6,545	4,880	11,425								
5		東北営業所	5,060	5,105	10,165								
6		北陸営業所	4,445	5,155	9,600								
7		関東営業所	15,840	18,595	34,435								
8		東海営業所	10,370	12,910	23,280								
9		関西営業所	15,290	11,980	27,270								
10		中国営業所	8,745	6,890	15,635								
11		四国営業所	4,440	6,100	10,540								
12		九州営業所	8,460	7,785	16,245								
13		合計	79,195	79,400	158,595								
14													

(2)

① シート「**上期**」のセル範囲【D4:I12】を選択します。

② 《**ホーム**》タブ→《**クリップボード**》グループの 📋 (コピー) をクリックします。

③ シート「**月別**」のセル【C4】を選択します。

④ 《**ホーム**》タブ→《**クリップボード**》グループの 📋 (貼り付け) の 📋→《貼り付け》の 📋 (行/列の入れ替え) をクリックします。

⑤ 行列が入れ替わってデータが貼り付けられます。

※「合計」の行には、数式が入力されているので、自動的に合計が表示されます。

⑥ 同様に、シート「**下期**」のセル範囲【D4:I12】をシート「**月別**」のセル【C10】を開始位置として行列を入れ替えて貼り付けます。

Lesson 2-2

 ブック「Lesson2-2」を開いておきましょう。

次の操作を行いましょう。

(1) D列の列幅をコピーして、B、E、L列に貼り付けてください。

Lesson 2-2 Answer

(1)

① 列番号【D】を選択します。

② 《ホーム》タブ→《クリップボード》グループの <kbd>(コピー)</kbd> をクリックします。

③ 列番号【B】を選択します。

④ <kbd>Ctrl</kbd> を押しながら、列番号【E】と列番号【L】を選択します。

⑤ 《ホーム》タブ→《クリップボード》グループの <kbd>(貼り付け)</kbd> の <kbd>貼り付け</kbd> →《形式を選択して貼り付け》をクリックします。

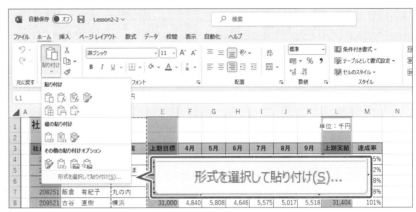

⑥ 《形式を選択して貼り付け》ダイアログボックスが表示されます。

⑦ 《列幅》を ⦿ にします。

⑧ 《OK》をクリックします。

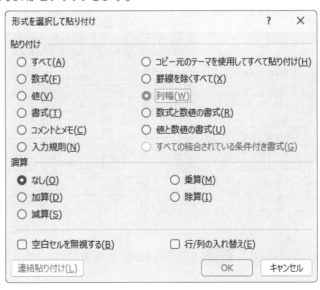

⑨ D列の列幅がB、E、L列に貼り付けられます。

	A	B	C	D	E	F	G	H	I	J	K	L	M	N
1		社員別売上実績										単位：千円		
2														
3		社員番号	氏名	支店	上期目標	4月	5月	6月	7月	8月	9月	上期実績	達成率	
4		204587	鈴木　典彦	新宿	28,000	4,083	4,899	3,919	4,702	4,231	4,654	26,488	95%	
5		206541	清水　彩音	さいたま	32,000	5,020	6,024	4,819	5,782	5,203	5,723	32,571	102%	
6		208111	新田　光一郎	新宿	29,000	4,816	5,779	4,623	5,547	4,992	5,491	31,248	108%	
7		208251	飯倉　有紀子	丸の内	29,000	4,805	5,766	4,612	5,534	4,980	5,478	31,175	108%	
8		209521	古谷　直樹	横浜	31,000	4,840	5,808	4,646	5,575	5,017	5,518	31,404	101%	

Point

複数の列や行の選択

【連続しない列や行】

◆ 1つ目の列番号や行番号をクリック→ <kbd>Ctrl</kbd> を押しながら、2つ目以降の列番号や行番号をクリック

【連続する列や行】

◆ 先頭の列番号や行番号をクリック→ <kbd>Shift</kbd> を押しながら、最終の列番号や行番号をクリック

求められるスキル

出題範囲1

出題範囲2

出題範囲3

出題範囲4

出題範囲5

確認問題　標準解答

2　複数の列や行を挿入する、削除する

 解説　■複数の列や行の挿入

表に列や行が足りない場合には、列や行を挿入します。複数の列や行をまとめて挿入することもできます。

操作　◆挿入する列数や行数と同じ数だけ範囲を選択→選択した範囲内で右クリック→《挿入》

選択した範囲内で右クリック

■複数の列や行の削除

表に余分な列や行がある場合には、列や行を削除します。複数の列や行をまとめて削除することもできます。

操作　◆削除する列や行を選択→選択した範囲内で右クリック→《削除》

選択した範囲内で右クリック

Lesson 2-3

 ブック「Lesson2-3」を開いておきましょう。

次の操作を行いましょう。

(1)「支店」と「上期目標」の列を削除してください。

(2) 表の2件目に2行挿入して、次のデータを入力してください。

社員番号	氏名	4月	5月	6月
205213	塩田　智	4135	4514	4844
205520	高橋　遼	5021	4857	4985

Lesson 2-3 Answer

🖱 その他の方法

複数の列の削除

◆ 複数の列を選択→《ホーム》タブ→《セル》グループの 📟削除 (セルの削除)

🖱 その他の方法

複数の行の挿入

◆ 複数の行を選択→《ホーム》タブ→《セル》グループの 📟挿入 (セルの挿入)

❗ Point

挿入オプション

挿入した直後に表示される 🖌 (挿入オプション)を使うと、左側／右側、上側／下側のどちらと同じ書式を適用するのか、または書式を適用しないのかを選択できます。

---

(1)

① 列番号【D:E】を選択します。

② 選択した範囲内で右クリックします。

③ 《削除》をクリックします。

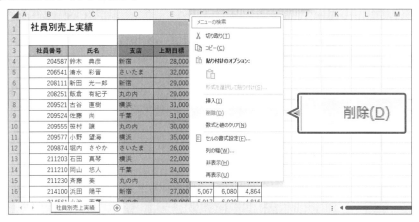

④ D列とE列がまとめて削除されます。

(2)

① 行番号【5:6】を選択します。

② 選択した範囲内で右クリックします。

③ 《挿入》をクリックします。

④ 5行目と6行目がまとめて挿入されます。

※挿入された行には、上の行と同じ表示形式が設定されます。

⑤ データを入力します。

			4月	5月	6月
	社員別売上実績			単位：千円	
社員番号	**氏名**		4月	5月	6月
204587	鈴木　典彦		4,083	4,899	3,919
205213	塩田　智		4,135	4,514	4,844
205520	高橋　遼		5,021	4,857	4,985
206541	清水　彩音		5,020	6,024	4,819
208111	新田　光一郎		4,816	5,779	4,623
208251	飯倉　有紀子		4,805	5,766	4,612
209521	古谷　直樹		4,840	5,808	4,646
209524	佐藤　尚		4,472	5,366	4,292

3 | セルを挿入する、削除する

解説

■セルの挿入

表に記入欄が足りない場合には、セルを挿入します。セルの挿入は、行や列の挿入と異なり、隣接するセルはそのままで、対象のセルだけ右方向または下方向にシフトします。ワークシートに複数の表を作成していて、一方の表だけセルを追加するような場合に使います。

操作 ◆セルまたはセル範囲を選択→選択した範囲内で右クリック→《挿入》

■セルの削除

表に余分な記入欄がある場合には、セルを削除します。セルの削除は、行や列の削除と異なり、隣接するセルはそのままで、対象のセルだけ左方向または上方向にシフトします。ワークシートに複数の表を作成していて、一方の表だけセルを削除するような場合に使います。

操作 ◆セルまたはセル範囲を選択→選択した範囲内で右クリック→《削除》

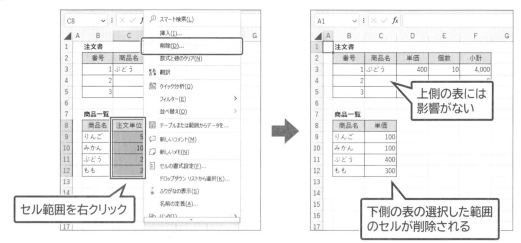

Lesson 2-4

 ブック「Lesson2-4」を開いておきましょう。

次の操作を行いましょう。

(1) 上側の表の「営業所名」と「4月」の間にセルを挿入して、「上期目標」の列を作成してください。「4月」の列と同じ書式を適用します。

(2) 下側の表の「2019上期」の列を削除してください。

出題範囲2　セルやセル範囲のデータの管理

(1)

①セル範囲【C3:C13】を選択します。

②選択した範囲内で右クリックします。

③《挿入》をクリックします。

求められるスキル

出題範囲1

出題範囲2

出題範囲3

出題範囲4

出題範囲5

確認問題 標準解答

その他の方法

セルの挿入

◆セルを選択→《ホーム》タブ→《セル》グループの［挿入▾］(セルの挿入)の［▾］→《セルの挿入》

④《挿入》ダイアログボックスが表示されます。

⑤《右方向にシフト》を◉にします。

⑥《OK》をクリックします。

Point

《挿入》

❶右方向にシフト
選択した範囲を右方向にシフトし、選択した範囲分だけセルを挿入します。

❷下方向にシフト
選択した範囲を下方向にシフトし、選択した範囲分だけセルを挿入します。

❸行全体
選択した範囲分だけ行を挿入します。

❹列全体
選択した範囲分だけ列を挿入します。

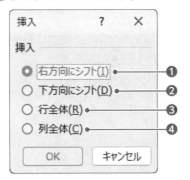

⑦セルが挿入されます。

※挿入されたセルには、左側のセルと同じ書式が適用されます。

⑧ ［◇▾］(挿入オプション) をクリックします。

※ ◇ をポイントすると、 ◇▾ になります。

⑨《右側と同じ書式を適用》をクリックします。

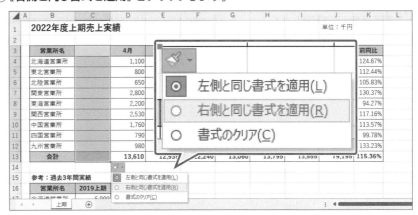

⑩ 右側のセルと同じ書式が適用されます。

⑪ セル【C3】に「上期目標」と入力します。

	営業所名	上期目標	4月	5月	6月	7月	8月	9月	上期合計	前同比
1	2022年度上期売上実績									単位：千円
2										
3	営業所名	上期目標	4月	5月	6月	7月	8月	9月	上期合計	前同比
4	北海道営業所		1,100	1,155	990	880	1,045	1,375	6,545	124.67%
5	東北営業所		800	795	810	825	890	940	5,060	112.44%
6	北陸営業所		650	760	770	810	755	700	4,445	105.83%
7	関東営業所		2,800	3,030	2,310	2,400	3,100	2,200	15,840	130.37%
8	東海営業所		2,200	2,035	1,560	1,655	1,400	1,520	10,370	94.27%
9	関西営業所		2,530	2,145	2,860	2,200	2,585	2,970	15,290	117.16%
10	中国営業所		1,760	1,375	1,045	1,595	1,815	1,155	8,745	113.57%
11	四国営業所		790	650	740	770	720	770	4,440	99.78%
12	九州営業所		980	990	1,155	1,925	1,485	1,925	8,460	133.23%
13	合計		13,610	12,935	12,240	13,060	13,795	13,555	79,195	115.36%
14										
15	参考：過去3年間実績									
16	営業所名	2019上期	2020上期	2021上期						

(2)

① セル範囲【C16:C26】を選択します。

② 選択した範囲内で右クリックします。

③ 《削除》をクリックします。

④ 《削除》ダイアログボックスが表示されます。

⑤ 《左方向にシフト》を⦿にします。

⑥ 《OK》をクリックします。

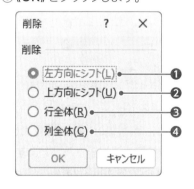

⑦ セルが削除されます。

	営業所名		2020上期	2021上期					上期合計	前同比
13	合計		13,610	12,935	12,240	13,060	13,795	13,555	79,195	115.36%
14										
15	参考：過去3年間実績									
16	営業所名	2020上期	2021上期							
17	北海道営業所	4,625	5,250							
18	東北営業所	3,725	4,500							
19	北陸営業所	3,815	4,200							
20	関東営業所	10,335	12,150							
21	東海営業所	10,600	11,000							
22	関西営業所	11,545	13,050							
23	中国営業所	6,730	7,700							
24	四国営業所	4,005	4,450							
25	九州営業所	6,115	6,350							
26	合計	61,495	68,650							

🖱 その他の方法

セルの削除

◆ セルを選択→《ホーム》タブ→《セル》グループの（セルの削除）の｜▽｜→《セルの削除》

⚠ Point

《削除》

❶ **左方向にシフト**
選択した範囲を削除し、右にあるセルを左方向にシフトします。

❷ **上方向にシフト**
選択した範囲を削除し、下にあるセルを上方向にシフトします。

❸ **行全体**
選択した範囲分だけ行を削除します。

❹ **列全体**
選択した範囲分だけ列を削除します。

 **解説**

■オートフィル

「オートフィル」は、セル右下の■（フィルハンドル）を使って、隣接するセルにデータを入力する機能です。数式をコピーしたり、数値や日付、時刻を規則的に増減させるような連続データを入力したりできます。

操作 ◆セル右下の■（フィルハンドル）をドラッグ

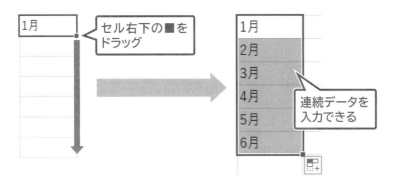

■連続データの増減値

数値を入力した2つのセルを選択してオートフィルを実行すると、1つ目のセルの数値と2つ目のセルの数値の差分をもとに、連続データが入力されます。

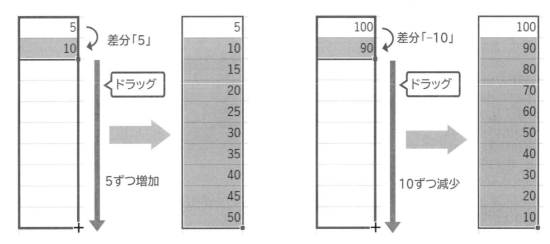

■オートフィルオプション

オートフィルを実行すると、[オートフィルオプション]が表示されます。クリックして表示される一覧から、セルのコピーを連続データの入力に変更したり、書式の有無を指定したりできます。

○ セルのコピー(C)

◉ 連続データ(S)

○ 書式のみコピー (フィル)(F)

○ 書式なしコピー (フィル)(O)

○ 連続データ (月単位)(M)

○ フラッシュ フィル(F)

Lesson 2-5

 ブック「Lesson2-5」を開いておきましょう。

次の操作を行いましょう。

(1) オートフィルを使って、表の項目に5月から9月までの連続データを入力してください。

(2) オートフィルを使って、数式をコピーし、「上期実績」と「達成率」を表示してください。

(3) オートフィルを使って、「No.」に連番を入力してください。

Lesson 2-5 Answer

その他の方法

オートフィル

◆連続データを入力する範囲を選択→《ホーム》タブ→《編集》グループの □▾ (フィル)→《連続データの作成》→《 ◉ オートフィル》

Point

入力できる連続データ

オートフィルで入力できる連続データには、次のようなものがあります。

● 日曜日、月曜日、火曜日、水曜日、木曜日、金曜日、土曜日

● 1月、2月、3月、4月、5月、6月、7月、8月、9月、10月、11月、12月

● 第1四半期、第2四半期、第3四半期、第4四半期

● 10:00、10:30、11:00、11:30…

● 第1回、第2回、第3回…

※数字と文字列を組み合わせたデータは連続データとして入力できます。

Point

ダブルクリックでのオートフィル

■ (フィルハンドル)をダブルクリックすると、表内のデータの最終行を自動的に認識してデータが入力されます。

※縦方向へデータを入力する場合に利用できます。

---

(1)

① セル【G3】を選択し、セル右下の■ (フィルハンドル)を、図のようにセル【L3】までドラッグします。

	A	B	C	D	E	F	G	H	I	J	K	L	M
1		社員別売上実績											単位:千円
2													
3		No.	社員番号	氏名		支店	上期目標	4月					上期実績
4		1	204587	鈴木	典彦	新宿	28,000	4,083	4,899	3,919	4,702	4,231	4,654	26,488
5			206541	清水	彩音	さいたま			6,024	4,819	5,782	5,203	5,723	
6			208111	新田	光一郎	新宿			5,779	4,623	5,547	4,992	5,491	
7			208251	飯倉	有紀子	丸の内			5,766	4,612	5,534	4,980	5,478	
8			209521	古谷	直樹	横浜			5,808	4,646	5,575	5,017	5,518	
9			209524	佐藤	尚	千葉	31,000	4,472	5,366	4,292	5,150	4,635	5,098	
10			209555	笹村	譲	丸の内	30,000	3,909	4,690	3,752	4,502	4,051	4,456	

② 連続データが入力されます。

	A	B	C	D	E	F	G	H	I	J	K	L	M
1		社員別売上実績											単位:千円
2													
3		No.	社員番号	氏名		支店	上期目標	4月	5月	6月	7月	8月	9月	上期実績
4		1	204587	鈴木	典彦	新宿	28,000	4,083	4,899	3,919	4,702	4,231	4,654	26,488
5			206541	清水	彩音	さいたま	32,000	5,020	6,024	4,819	5,782	5,203	5,723	
6			208111	新田	光一郎	新宿	29,000	4,816	5,779	4,623	5,547	4,992	5,491	
7			208251	飯倉	有紀子	丸の内	29,000	4,805	5,766	4,612	5,534	4,980	5,478	
8			209521	古谷	直樹	横浜	31,000	4,840	5,808	4,646	5,575	5,017	5,518	
9			209524	佐藤	尚	千葉	31,000	4,472	5,366	4,292	5,150	4,635	5,098	
10			209555	笹村	譲	丸の内	30,000	3,909	4,690	3,752	4,502	4,051	4,456	

(2)

① セル範囲【M4:N4】を選択し、セル範囲右下の■ (フィルハンドル)をダブルクリックします。

	A	B	C	D	E	F	G	H	I	J	K	L	M	N	O
1		社員別売上実績												単位:千円	
2															
3		No.	社員番号	氏名		支店	上期目標	4月	5月	6月	7月	8月	9月	上期実績	達成率	
4		1	204587	鈴木	典彦	新宿	28,000	4,083	4,899	3,919	4,702	4,231	4,654	26,488	95%	
5			206541	清水	彩音	さいたま	32,000	5,020	6,024	4,819	5,782	5,203	5,723			
6			208111	新田	光一郎	新宿	29,000	4,816	5,779	4,623	5,547	4,992	5,491			
7			208251	飯倉	有紀子	丸の内	29,000	4,805	5,766	4,612	5,534	4,980	5,478			
8			209521	古谷	直樹	横浜	31,000	4,840	5,808	4,646	5,575	5,017	5,518			
9			209524	佐藤	尚	千葉	31,000	4,472	5,366	4,292	5,150	4,635	5,098			
10			209555	笹村	譲	丸の内	30,000	3,909	4,690	3,752	4,502	4,051	4,456			

② 数式がコピーされます。

	A	B	C	D	E	F	G	H	I	J	K	L	M	N	O
1		社員別売上実績												単位:千円	
2															
3		No.	社員番号	氏名		支店	上期目標	4月	5月	6月	7月	8月	9月	上期実績	達成率	
4		1	204587	鈴木	典彦	新宿	28,000	4,083	4,899	3,919	4,702	4,231	4,654	26,488	95%	
5			206541	清水	彩音	さいたま	32,000	5,020	6,024	4,819	5,782	5,203	5,723	32,571	102%	
6			208111	新田	光一郎	新宿	29,000	4,816	5,779	4,623	5,547	4,992	5,491	31,248	108%	
7			208251	飯倉	有紀子	丸の内	29,000	4,805	5,766	4,612	5,534	4,980	5,478	31,175	108%	
8			209521	古谷	直樹	横浜	31,000	4,840	5,808	4,646	5,575	5,017	5,518	31,404	101%	
9			209524	佐藤	尚	千葉	31,000	4,472	5,366	4,292	5,150	4,635	5,098	29,013	94%	
10			209555	笹村	譲	丸の内	30,000	3,909	4,690	3,752	4,502	4,051	4,456	25,360	85%	
11			209577	小野	望海	横浜	35,000	5,761	6,913	5,530	6,636	5,972	6,569	37,381	107%	
12			209874	堀内	さやか	さいたま	26,000	3,842	4,610	3,688	4,425	3,982	4,380	24,927	96%	
13			211203	石田	真琴	横浜	22,000	3,663	4,395	3,516	4,219	3,797	4,176	23,766	108%	
14			211210	岡山	悠人	千葉	24,000	4,558	5,469	4,375	5,250	4,725	5,197	29,574	123%	
15			211230	斉藤	英	丸の内	28,000	5,020	6,024	4,819	5,782	5,203	5,723	32,571	116%	
16			214100	浜田	陽平	新宿	27,000	5,067	6,080	4,864	5,836	5,252	5,777	32,876	122%	

(3)

① セル【B4】を選択し、セル右下の■（フィルハンドル）をダブルクリックします。

② データがコピーされます。

③ ■▼（オートフィルオプション）をクリックします。

※ ■ をポイントすると、■▼になります。

④《連続データ》をクリックします。

⑤ 入力されていたデータが、連続データに変更されます。

Lesson 2-6

 ブック「Lesson2-6」を開いておきましょう。

次の操作を行いましょう。

(1) オートフィルを使って、北海道営業所の「合計」の数式をコピーし、ほかの営業所の「合計」を表示してください。書式は変更しないようにします。

Lesson 2-6 Answer

(1)

①セル【E4】を選択し、セル右下の■（フィルハンドル）をダブルクリックします。

	A	B	C	D	E	F	G	H	I
1		2022年度年間売上実績			単位：千円				
2									
3		営業所名	上期実績	下期実績	合計				
4		北海道営業所	6,545	4,880	11,425				
5		東北営業所	5,060	5,105					
6		北陸営業所	4,445	5,155					
7		関東営業所	15,840	18,595					
8		東海営業所	10,370	12,910					
9		関西営業所	15,290	11,980					
10		中国営業所	8,745	6,890					
11		四国営業所	4,440	6,100					
12		九州営業所	8,460	7,785					
13		合計	79,195	79,400	158,595				

②数式と書式が貼り付けられます。

③ （オートフィルオプション）をクリックします。

※ をポイントすると、 になります。

④《書式なしコピー（フィル）》をクリックします。

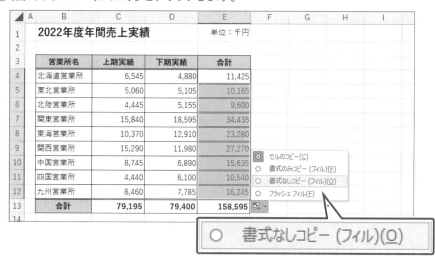

	A	B	C	D	E	F	G	H	I
1		2022年度年間売上実績			単位：千円				
2									
3		営業所名	上期実績	下期実績	合計				
4		北海道営業所	6,545	4,880	11,425				
5		東北営業所	5,060	5,105	10,165				
6		北陸営業所	4,445	5,155	9,600				
7		関東営業所	15,840	18,595	34,435				
8		東海営業所	10,370	12,910	23,280				
9		関西営業所	15,290	11,980	27,270				
10		中国営業所	8,745	6,890	15,635				
11		四国営業所	4,440	6,100	10,540				
12		九州営業所	8,460	7,785	16,245				
13		合計	79,195	79,400	158,595				

○ セルのコピー(C)
○ 書式のみコピー (フィル)(F)
○ 書式なしコピー (フィル)(O)
○ フラッシュ フィル(F)

○ 書式なしコピー (フィル)(O)

⑤数式だけが貼り付けられます。

	A	B	C	D	E	F	G	H	I
1		2022年度年間売上実績			単位：千円				
2									
3		営業所名	上期実績	下期実績	合計				
4		北海道営業所	6,545	4,880	11,425				
5		東北営業所	5,060	5,105	10,165				
6		北陸営業所	4,445	5,155	9,600				
7		関東営業所	15,840	18,595	34,435				
8		東海営業所	10,370	12,910	23,280				
9		関西営業所	15,290	11,980	27,270				
10		中国営業所	8,745	6,890	15,635				
11		四国営業所	4,440	6,100	10,540				
12		九州営業所	8,460	7,785	16,245				
13		合計	79,195	79,400	158,595				

5 RANDBETWEEN関数とSEQUENCE関数を使用して数値データを生成する

 解 説 ■RANDBETWEEN関数

指定した範囲内の整数から、乱数を表示することができます。

セルにデータを入力したり、編集したりしてワークシートの内容を変更すると、自動で再計算され、新しい整数の乱数が表示されます。また、F9 を押すと、再計算されます。

=RANDBETWEEN(最小値, 最大値)

※引数には、数値または対象のセルやセル範囲などを指定します。
※関数については、P.179を参照してください。

Lesson 2-7

 ブック「Lesson2-7」を開いておきましょう。

次の操作を行いましょう。

(1) 関数を使って、「グループ分け」の列に、1から10までのランダムな数値を表示してください。数値が重複する場合もあります。

Lesson 2-7 Answer

(1)

① セル【E4】に「=RANDBETWEEN(1, 10)」と入力します。

SUM	=RANDBETWEEN(1,10)

	A	B	C	D	E	F	G	H	I
1		ワークショップ参加者リスト			2023年度				
2									
3		No.	氏名	フリガナ	グループ分け				
4		2301	赤井 佳実	アカイ ヨシミ	=RANDBETWEEN(1,10)				
5		2302	池ヶ谷 凜	イケガヤ リン					
6		2303	井上 麻奈美	イノウエ マナミ					
7		2304	上田 弘	ウエダ ヒロシ					
8		2305	大村 美央	オオムラ ミオ					
9		2306	小田 晴馬	オダ ハルマ					
10		2307	筧 沙妃子	カケイ サキコ					
11		2308	菊池 匠太	キクチ ショウタ					
12		2309	桜田 涼平	サクラダ リョウヘイ					
13		2310	佐々木 里帆	ササキ リホ					
14		2311	佐田 和歌子	サダ ワカコ					
15		2312	繁田 未希	シゲタ ミキ					
16		2313	島崎 伸彦	シマザキ ノブヒコ					

=RANDBETWEEN(1,10)

② セル【E4】に範囲内の任意の整数が表示されます。

③ セル【E4】を選択し、セル右下の■（フィルハンドル）をダブルクリックします。

④ 数式がコピーされます。

	A	B	C	D	E	F	G	H	I
1		ワークショップ参加者リスト			2023年度				
2									
3		No.	氏名	フリガナ	グループ分け				
4		2301	赤井 佳実	アカイ ヨシミ	4				
5		2302	池ヶ谷 凜	イケガヤ リン	10				
6		2303	井上 麻奈美	イノウエ マナミ	2				
7		2304	上田 弘	ウエダ ヒロシ	1				
8		2305	大村 美央	オオムラ ミオ	2				
9		2306	小田 晴馬	オダ ハルマ	10				
10		2307	筧 沙妃子	カケイ サキコ	10				
11		2308	菊池 匠太	キクチ ショウタ	8				
12		2309	桜田 涼平	サクラダ リョウヘイ	2				
13		2310	佐々木 里帆	ササキ リホ	5				
14		2311	佐田 和歌子	サダ ワカコ	7				
15		2312	繁田 未希	シゲタ ミキ	7				
16		2313	島崎 伸彦	シマザキ ノブヒコ	4				

! Point

関数の直接入力

「=」に続けて英字を入力すると、その英字で始まる関数名が一覧で表示されます。一覧の関数名をクリックすると、ポップヒントに関数の説明が表示されます。一覧の関数名をダブルクリックすると関数を入力できます。

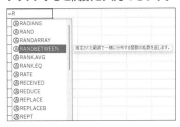

その他の方法

RANDBETWEEN関数の入力

◆《数式》タブ→《関数ライブラリ》グループの（数学/三角）→《RANDBETWEEN》

◆ fx（関数の挿入）→《関数の分類》の▽→《数学/三角》→《関数名》の一覧から《RANDBETWEEN》

 **解説** ■SEQUENCE関数

連続する数値を生成することができます。SEQUENCE関数はスピルに対応しており、関数を入力したセルを開始位置として、結果が表示されます。

※SEQUENCE関数は、テーブル内では使えません。テーブルについては、P.149を参照してください。

$$= SEQUENCE(行, 列, 開始, 目盛り)$$
❶　❷　❸　❹

❶行

結果を返す行の数を指定します。

省略すると「1」を指定したことになります。

❷列

結果を返す列の数を指定します。

省略すると「1」を指定したことになります。

❸開始

開始値を指定します。

省略すると「1」を指定したことになります。

❹目盛り

増分値を指定します。

省略すると「1」を指定したことになります。

例：
=SEQUENCE(4, 5)

行数4、列数5、開始値1、増分値1のデータを生成します。

	A	B	C	D	E	F	G
1		●行数4、列数5、開始値1、増分値1					
2		1	2	3	4	5	
3		6	7	8	9	10	
4		11	12	13	14	15	
5		16	17	18	19	20	
6							
7							

例：
=SEQUENCE(5, , 0, 2)

行数5、列数1、開始値0、増分値2のデータを生成します。

	A	B	C	D	E	F	G
1		●行数5、列数1、開始値0、増分値2					
2		0					
3		2					
4		4					
5		6					
6		8					
7							

Lesson 2-8

 ブック「Lesson2-8」を開いておきましょう。

次の操作を行いましょう。

(1) 関数を使って、シート「参加者リスト」の「No.」の列に、「2301」「2302」…と25行分入力してください。

(2) 関数を使って、シート「ワークショップ日程」に、東京Aコースの第1回を「2023/10/5」として、7日ごとの日付を入力してください。東京Aコースの第1回〜第5回、東京Bコースの第1回〜第5回、…、大阪Bコースの第1回〜第5回の順になるようにします。

Lesson 2-8 Answer

その他の方法

SEQUENCE関数の入力

◆《数式》タブ→《関数ライブラリ》グループの（数学/三角）→《SEQUENCE》

◆ (関数の挿入)→《関数の分類》の →《数学/三角》→《関数名》の一覧から《SEQUENCE》

(1)

①シート「参加者リスト」のセル【B4】に「=SEQUENCE(25, , 2301)」と入力します。

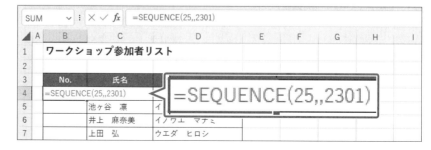

求められるスキル

出題範囲1

出題範囲2

出題範囲3

出題範囲4

出題範囲5

確認問題　標準解答

❗ Point

スピルを使った数式

「スピル」とは、1つの数式を入力するだけで隣接するセル範囲にも結果を表示する機能です。スピルを使った数式は、複数のセルの結果が得られるように、数式内でセル範囲を参照する必要があります。

スピルによって結果が表示されたセル範囲を「スピル範囲」といい、青い枠線で囲まれます。

スピルを使った数式を修正・削除するには、範囲の先頭セルの数式を修正・削除します。

❗ Point

目盛り

SEQUENCE関数の引数「目盛り」を時間単位で設定することもできます。時間単位で設定する場合は、時刻のシリアル値を利用します。

例：9時から30分単位で開始時間を4行分表示

=SEQUENCE(4,,9,0.5)/24

グループ	開始時間
Aグループ	9:00
Bグループ	9:30
Cグループ	10:00
Dグループ	10:30

※開始時間の列には時刻の表示形式が設定されています。

❗ Point

時刻のシリアル値

時刻は1日（24時間）を「1」とするシリアル値で管理されています。1時間単位で指定するときは、24で除算します。

❗ Point

スピルのエラー

スピル範囲にデータが入力されていたり、スピル範囲のセルが結合されていたりするとスピルの結果が正しく表示されず、エラー「＃スピル!」が表示されます。

※お使いの環境によっては、「＃スピル!」は「＃SPILL!」と表示される場合があります。

②セル範囲【B4:B28】に連続データが表示されます。

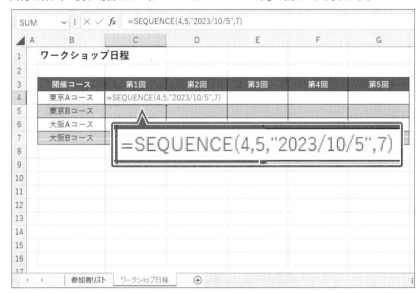

(2)

①シート「ワークショップ日程」のセル【C4】に「=SEQUENCE(4, 5, "2023/10/5", 7)」と入力します。

※日付を数式で使う場合は、「"（ダブルクォーテーション）」で囲んで入力します。

②セル範囲【C4:G7】に連続データが表示されます。

※セル範囲【C4:G7】には、日付の表示形式が設定されています。

2 セルやセル範囲の書式を設定する

☑ 理解度チェック	習得すべき機能	参照Lesson	学習前	学習後	試験直前
	■ セル内の配置を設定できる。	➡Lesson2-9	☑	☑	☑
	■ セル内の文字列の方向を変更できる。	➡Lesson2-10	☑	☑	☑
	■ セル内の文字列を折り返して表示できる。	➡Lesson2-11	☑	☑	☑
	■ セルを結合したり、セルの結合を解除したりできる。	➡Lesson2-12	☑	☑	☑
	■ 数値の表示形式を設定できる。	➡Lesson2-13	☑	☑	☑
	■《セルの書式設定》ダイアログボックスからセルの書式を設定できる。	➡Lesson2-14 ➡Lesson2-15	☑	☑	☑
	■ セルの書式をコピーできる。	➡Lesson2-16	☑	☑	☑
	■ セルのスタイルを適用できる。	➡Lesson2-17	☑	☑	☑
	■ セルの書式設定をクリアできる。	➡Lesson2-18	☑	☑	☑
	■ 複数のシートをグループにしたり、グループを解除したりできる。	➡Lesson2-19	☑	☑	☑

1 セルの配置、文字列の方向、インデントを変更する

解説

■セル内のデータの配置

データを入力すると、文字は左揃え、数値は右揃えでセル内に表示されます。セル内のデータの配置や方向、インデントなどは自由に設定できます。

操作 ◆《ホーム》タブ→《配置》グループのボタン

❶ ≡（上揃え）
セル内で上端に揃えて配置します。

❷ ≡（上下中央揃え）
セル内の上下中央に配置します。

❸ ≡（下揃え）
セル内で下端に揃えて配置します。

❹ ◈▾（方向）
セル内のデータを回転したり、縦書きにしたりします。

❺ ≡（左揃え）
セル内で左端に揃えて配置します。

❻ ≡（中央揃え）
セル内の左右中央に配置します。

❼ ≡（右揃え）
セル内で右端に揃えて配置します。

❽ ⫷（インデントを減らす）
ボタンを1回クリックすると、1文字分のインデントを解除します。

❾ ⫸（インデントを増やす）
ボタンを1回クリックすると、1文字分のインデントを設定します。

❿ ⤡（配置の設定）
データの配置の詳細を設定できます。セル内で均等に割り付けたり、縮小して表示したりします。

Lesson 2-9

 ブック「Lesson2-9」を開いておきましょう。

次の操作を行いましょう。

(1) 表の1行目の項目名をセル内の左右中央に配置してください。

(2) セル範囲【B5：B6】とセル範囲【B9：B11】の項目名に、1文字分の左詰めインデントを設定してください。

(3) セル【B7】とセル範囲【B12：B14】の項目名を右揃えにし、さらに1文字分の右詰めインデントを設定してください。

Lesson 2-9 Answer

(1)

① セル範囲【B3：E3】を選択します。

② 《ホーム》タブ→《配置》グループの （中央揃え）をクリックします。

③ 中央揃えが設定されます。

求められるスキル

出題範囲1

出題範囲2

出題範囲3

出題範囲4

出題範囲5

確認問題 標準解答

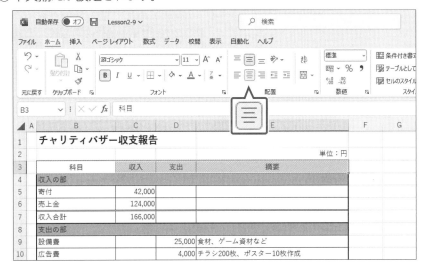

● その他の方法

セル内のデータの配置の設定

◆《ホーム》タブ→《配置》グループの （配置の設定）→《配置》タブ→《文字の配置》

◆セルを右クリック→《セルの書式設定》→《配置》タブ→《文字の配置》

◆ Ctrl + i → 《配置》タブ→《文字の配置》

(2)

① セル範囲【B5：B6】を選択します。

② Ctrl を押しながら、セル範囲【B9：B11】を選択します。

※ Ctrl を使うと、離れた場所にあるセルを選択できます。

③ 《ホーム》タブ→《配置》グループの （インデントを増やす）をクリックします。

④ インデントが設定されます。

● Point

インデント

「インデント」とは、データの先頭をセル内で字下げすることです。インデントを設定して表示位置を変更しても、データに空白が挿入されているわけではないので、計算や並べ替えなどに影響しません。

● その他の方法

インデントの設定

◆《ホーム》タブ→《配置》グループの （配置の設定）→《配置》タブ→《インデント》

◆セルを右クリック→《セルの書式設定》→《配置》タブ→《インデント》

◆ Ctrl + i → 《配置》タブ→《インデント》

● Point

インデントの解除

 （インデントを減らす）をクリックすると、設定したインデントを解除できます。

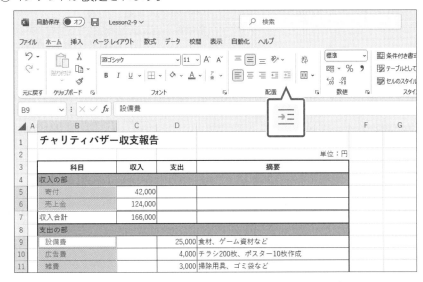

(3)

① セル【B7】を選択します。

② ［Ctrl］を押しながら、セル範囲【B12:B14】を選択します。

③《ホーム》タブ→《配置》グループの $\equiv$（右揃え）をクリックします。

④ 右揃えが設定されます。

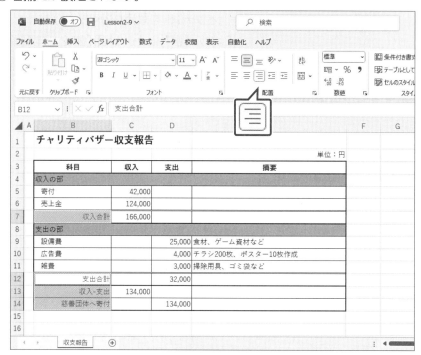

⑤《ホーム》タブ→《配置》グループの $\overline{\overline{\equiv}}$（インデントを増やす）をクリックします。

⑥ インデントが設定されます。

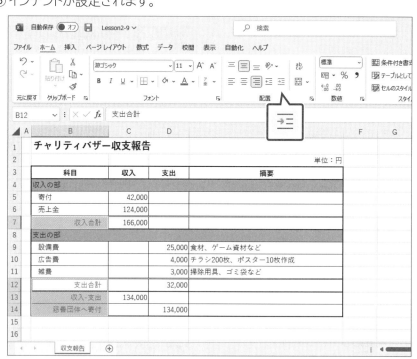

① Point

右詰めインデントの設定

文字列が右揃えされているセルで、$\overline{\overline{\equiv}}$（インデントを増やす）をクリックすると、セルの右側にインデントが設定されます。

① Point

均等割り付けの設定

文字列をセルの幅に合わせて均等に配置できます。

◆《ホーム》タブ→《配置》グループの $\boxed{\triangleright}$（配置の設定）→《配置》タブ→《横位置》の $\boxed{\vee}$→《均等割り付け（インデント）》

※半角英数字は、均等割り付けされません。

 **Lesson 2-10**

 ブック「Lesson2-10」を開いておきましょう。

次の操作を行いましょう。
(1)「収入の部」と「支出の部」の文字列を縦書きにしてください。

Lesson 2-10 Answer

求められるスキル

出題範囲1

出題範囲2

出題範囲3

出題範囲4

出題範囲5

確認問題 標準解答

🖱 **その他の方法**

セル内の文字列の方向の設定

◆《ホーム》タブ→《配置》グループの⬜(配置の設定)→《配置》タブ→《方向》

◆セルを右クリック→《セルの書式設定》→《配置》タブ→《方向》

◆ Ctrl + 🔲 →《配置》タブ→《方向》

(1)

①セル範囲【B4:B10】を選択します。

②《ホーム》タブ→《配置》グループの 🔷▾ (方向)→《縦書き》をクリックします。

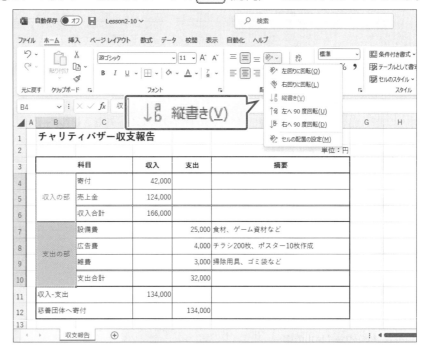

③文字列が縦書きになります。

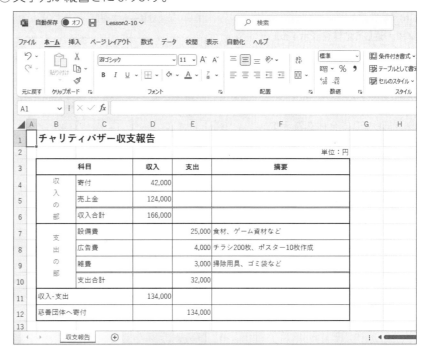

2　セル内のテキストを折り返して表示する

解説　■セル内の文字列を折り返して表示

セルの幅より長い文字列を入力すると、右隣のセル上に表示されますが、セル内で折り返して文字列全体を表示することもできます。

操作　◆《ホーム》タブ→《配置》グループの［折り返して全体を表示する］

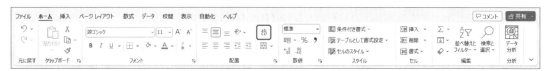

Lesson 2-11

OPEN　ブック「Lesson2-11」を開いておきましょう。

次の操作を行いましょう。
(1) セル【E10】の文字列を、セル内で折り返して表示してください。

Lesson 2-11 Answer

(1)
① セル【E10】を選択します。

② 《ホーム》タブ→《配置》グループの （折り返して全体を表示する）をクリックします。

③ 文字列がセル内で折り返して表示されます。
※行の高さが自動的に調整されます。
※ボタンが濃い灰色になります。

🖱 **その他の方法**

文字列を折り返して表示

◆《ホーム》タブ→《配置》グループの［配置の設定］→《配置》タブ→《☑折り返して全体を表示する》

◆セルを右クリック→《セルの書式設定》→《配置》タブ→《☑折り返して全体を表示する》

◆ [Ctrl]＋[1] →《配置》タブ→《☑折り返して全体を表示する》

❗ **Point**

文字列の折り返しの解除

文字列の折り返しを解除するには、再度［折り返して全体を表示する］をクリックします。
※ボタンが標準の色に戻ります。

❗ **Point**

縮小して全体を表示

セルの幅より長い文字列を縮小して全体を表示できます。

◆《ホーム》タブ→《配置》グループの［配置の設定］→《配置》タブ→《☑縮小して全体を表示する》

	求められるスキル
	出題範囲1
	出題範囲2
	出題範囲3
	出題範囲4
	出題範囲5
	確認問題 標準解答

3 | セルを結合する、セルの結合を解除する

 **解 説**

■セルの結合

複数のセルを結合して、1つのセルとして扱うことができます。複数のセルを結合するときに、データの配置や結合する方向を指定することもできます。

操作 ◆《ホーム》タブ→《配置》グループの ![セルを結合して中央揃え] （セルを結合して中央揃え）

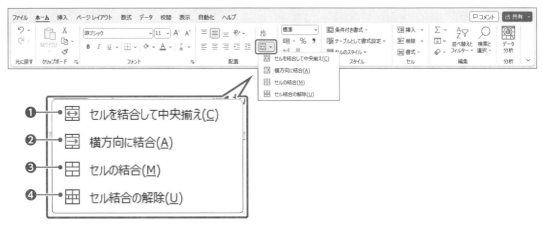

❶セルを結合して中央揃え

複数のセルを結合して、結合したセルの中央にデータを配置します。

❷横方向に結合

選択したセル範囲を横方向に結合します。データの配置は元のままで、変更されません。複数行をまとめて実行すると、行ごとにセルが結合されます。

❸セルの結合

複数のセルを結合します。データの配置は元のままで、変更されません。

❹セル結合の解除

セルの結合を解除します。データの配置は元のままで、変更されません。

Lesson 2-12

 ブック「Lesson2-12」を開いておきましょう。

次の操作を行いましょう。

(1) セル範囲【B3：C3】、セル範囲【B4：B6】、セル範囲【B7：B10】をそれぞれ結合してください。文字列は結合したセルの中央に配置します。

(2) セル範囲【B11：C12】を横方向に結合してください。文字列の配置は変更しないようにします。

(3) 表のタイトル「チャリティバザー収支報告」が入力されているセルの結合と文字列の配置を解除してください。

その他の方法

セルの結合

◆《ホーム》タブ→《配置》グループの⬚(配置の設定)→《配置》タブ→《☑セルを結合する》

◆セル範囲を右クリック→《セルの書式設定》→《配置》タブ→《☑セルを結合する》

◆ Ctrl + ⬚ →《配置》タブ→《☑セルを結合する》

※セルを結合しても、セル内の配置は変更されません。

🔴 **Point**

結合したセルのセル番地

セルを結合すると、そのセルは結合した範囲の左上のセル番地になります。また、結合した範囲の左上のセルのデータは保持されますが、それ以外のセルにデータが入力されていると、そのデータは削除されます。

---

(1)

① セル範囲【B3:C3】を選択します。

② Ctrl を押しながら、セル範囲【B4:B6】とセル範囲【B7:B10】を選択します。

③《ホーム》タブ→《配置》グループの⬚(セルを結合して中央揃え)をクリックします。

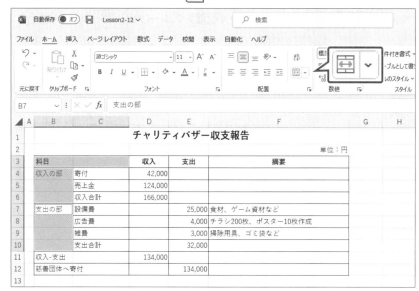

④ セルが結合され、文字列が結合したセルの中央に配置されます。

※ボタンが濃い灰色になります。

(2)

① セル範囲【B11:C12】を選択します。

②《ホーム》タブ→《配置》グループの⬚ (セルを結合して中央揃え) の⬚→《横方向に結合》をクリックします。

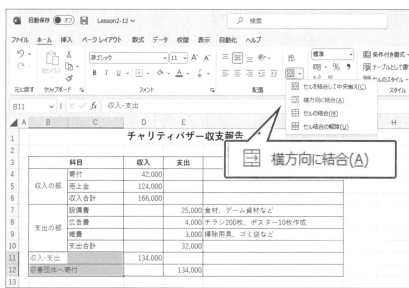

③行ごとにセルが結合されます。

	科目	収入	支出	摘要
				チャリティバザー収支報告
				単位：円
収入の部	寄付	42,000		
	売上金	124,000		
	収入合計	166,000		
支出の部	設備費		25,000	食材、ゲーム資材など
	広告費		4,000	チラシ200枚、ポスター10枚作成
	雑費		3,000	掃除用具、ゴミ袋など
	支出合計		32,000	
収入-支出		134,000		
慈善団体へ寄付			134,000	

(3)

①セル【B1】を選択します。

※結合されたセルを選択すると、🔲(セルを結合して中央揃え)のボタンが濃い灰色になります。

②《ホーム》タブ→《配置》グループの🔲(セルを結合して中央揃え)をクリックします。

③セルの結合と文字列の配置が解除されます。

※ボタンが標準の色に戻ります。

💡 Point

セルを結合して中央揃えの解除

セルを結合して中央揃えを設定すると、🔲(セルを結合して中央揃え)のボタンが濃い灰色で表示されます。再度クリックすると、セルの結合と中央揃えが解除され、ボタンが標準の色に戻ります。

🖱 その他の方法

セル結合の解除

◆《ホーム》タブ→《配置》グループの🔲(セルを結合して中央揃え)の▽→《セル結合の解除》
◆《ホーム》タブ→《配置》グループの🔲(配置の設定)→《配置》タブ→《☐セルを結合する》
◆セルを右クリック→《セルの書式設定》→《配置》タブ→《☐セルを結合する》
◆[Ctrl]+[1ぬ]→《配置》タブ→《☐セルを結合する》

※セルの結合を解除しても、セル内の配置は解除されません。

求められるスキル

出題範囲1

出題範囲2

出題範囲3

出題範囲4

出題範囲5

確認問題 標準解答

4 数値の書式を適用する

解説 ■数値の表示形式

セルに格納されている数値に3桁区切りカンマや通貨記号を付けたり、小数点以下の表示桁数を設定したりして、ワークシート上の表示形式を変更できます。
表示形式を設定しても、セルに格納されている数値は変更されません。

操作 ◆《ホーム》タブ→《数値》グループのボタン

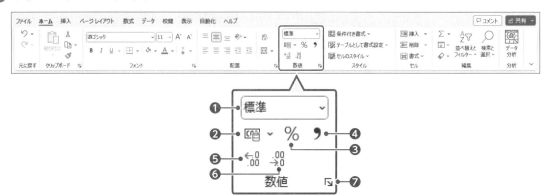

❶ 標準 ▼ (数値の書式)

通貨や会計、日付、時刻など数値の表示形式を選択します。

❷ (通貨表示形式)

通貨の表示形式を設定します。

❸ % (パーセントスタイル)

数値をパーセントで表示します。

❹ , (桁区切りスタイル)

3桁区切りカンマを設定します。

❺ (小数点以下の表示桁数を増やす)

小数点以下の表示桁数を1桁ずつ増やします。

❻ (小数点以下の表示桁数を減らす)

小数点以下の表示桁数を1桁ずつ減らします。

❼ (表示形式)

日付を和暦で表示したり、マイナスを▲で表示したりなど、表示形式の詳細を設定します。また、オリジナルの表示形式を定義することもできます。

Lesson 2-13

 ブック「Lesson2-13」を開いておきましょう。

次の操作を行いましょう。

(1)「予算」から「上期合計」までの数値に3桁区切りカンマを設定してください。

(2)「達成率」と「前同比」をパーセントで表示してください。小数点以下2桁まで表示します。

Lesson 2-13 Answer

(1)

①セル範囲【C4:J13】を選択します。

②《ホーム》タブ→《数値》グループの , (桁区切りスタイル)をクリックします。

その他の方法

数値の表示形式

◆《ホーム》タブ→《数値》グループの (表示形式)→《表示形式》タブ

◆セルを右クリック→《セルの書式設定》→《表示形式》タブ

◆ Ctrl + 1 →《表示形式》タブ

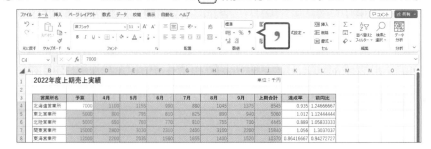

③桁区切りスタイルが設定されます。

	B	C	D	E	F	G	H	I	J	K	L	M
1	2022年度上期売上実績								単位：千円			
3	営業所名	予算	4月	5月	6月	7月	8月	9月	上期合計	達成率	前同比	
4	北海道営業所	7,000	1,100	1,155	990	880	1,045	1,375	6,545	0.935	1.24666667	
5	東北営業所	5,000	800	795	810	825	890	940	5,060	1.012	1.12444444	
6	北陸営業所	5,000	650	760	770	810	755	700	4,445	0.889	1.05833333	
7	関東営業所	15,000	2,800	3,030	2,310	2,400	3,100	2,200	15,840	1.056	1.3037037	
8	東海営業所	12,000	2,200	2,035	1,560	1,655	1,400	1,520	10,370	0.86416667	0.94272727	
9	関西営業所	14,000	2,530	2,145	2,860	2,200	2,585	2,970	15,290	1.09214286	1.17164751	
10	中国営業所	8,000	1,760	1,375	1,045	1,595	1,815	1,155	8,745	1.093125	1.13571429	
11	四国営業所	5,000	790	650	740	770	720	770	4,440	0.888	0.99775281	
12	九州営業所	8,000	980	990	1,155	1,925	1,485	1,925	8,460	1.0575	1.33228346	
13	合計	79,000	13,610	12,935	12,240	13,060	13,795	13,555	79,195	1.002468	1.153605	

(2)

①セル範囲【K4：L13】を選択します。

②《ホーム》タブ→《数値》グループの ％（パーセントスタイル）をクリックします。

③《ホーム》タブ→《数値》グループの 🔘（小数点以下の表示桁数を増やす）を2回クリックします。

④小数点以下2桁までのパーセントの表示形式が設定されます。

	B	C	D	E	F	G	H	I	J	K	L	M
1	2022年度上期売上実績								単位：千円			
3	営業所名	予算	4月	5月	6月	7月	8月	9月	上期合計	達成率	前同比	
4	北海道営業所	7,000	1,100	1,155	990	880	1,045	1,375	6,545	93.50%	124.67%	
5	東北営業所	5,000	800	795	810	825	890	940	5,060	101.20%	112.44%	
6	北陸営業所	5,000	650	760	770	810	755	700	4,445	88.90%	105.83%	
7	関東営業所	15,000	2,800	3,030	2,310	2,400	3,100	2,200	15,840	105.60%	130.37%	
8	東海営業所	12,000	2,200	2,035	1,560	1,655	1,400	1,520	10,370	86.42%	94.27%	
9	関西営業所	14,000	2,530	2,145	2,860	2,200	2,585	2,970	15,290	109.21%	117.16%	
10	中国営業所	8,000	1,760	1,375	1,045	1,595	1,815	1,155	8,745	109.31%	113.57%	
11	四国営業所	5,000	790	650	740	770	720	770	4,440	88.80%	99.78%	
12	九州営業所	8,000	980	990	1,155	1,925	1,485	1,925	8,460	105.75%	133.23%	
13	合計	79,000	13,610	12,935	12,240	13,060	13,795	13,555	79,195	100.25%	115.36%	

5 《セルの書式設定》ダイアログボックスからセルの書式を適用する

 解説 ■《セルの書式設定》ダイアログボックスの表示

《セルの書式設定》ダイアログボックスを使うと、セルの書式をまとめて設定したり、詳細な書式設定をしたりできます。

《セルの書式設定》ダイアログボックスは、《**表示形式**》タブ、《**配置**》タブ、《**フォント**》タブ、《**罫線**》タブ、《**塗りつぶし**》タブ、《**保護**》タブの6つのタブが用意されています。

操作 ◆《ホーム》タブ→《フォント》グループの ⬛ (フォントの設定)

◆《ホーム》タブ→《配置》グループの ⬛ (配置の設定)

◆《ホーム》タブ→《数値》グループの ⬛ (表示形式)

Lesson 2-14

 ブック「Lesson2-14」を開いておきましょう。

次の操作を行いましょう。

(1)《セルの書式設定》ダイアログボックスを使って、表の1行目の項目に、次の書式を設定してください。

```
配置(横位置) ：中央揃え
フォント名    ：Meiryo UI
スタイル     ：太字
下罫線      ：二重線
背景色      ：任意の薄い水色
```

Lesson 2-14 Answer

その他の方法

《セルの書式設定》ダイアログ
ボックスの表示

◆《ホーム》タブ→《セル》グループ
の 田書式▾(書式)→《セルの書式
設定》

◆セルを右クリック→《セルの書式
設定》

◆ Ctrl + ぬ

(1)

①セル範囲【B3:F3】を選択します。

②《ホーム》タブ→《配置》グループの ⬛ (配置の設定) をクリックします。

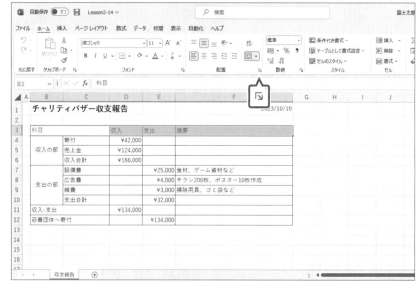

求められるスキル

出題範囲1

出題範囲2

出題範囲3

出題範囲4

出題範囲5

確認問題 標準解答

③《セルの書式設定》ダイアログボックスが表示されます。

④《配置》タブを選択します。

⑤《横位置》の ☑ をクリックし、一覧から《中央揃え》を選択します。

🔵 Point

文字の配置（横位置）

❶左詰め（インデント）
セル内で左端に揃えて配置します。

❷中央揃え
セル内の左右中央に配置します。

❸右詰め（インデント）
セル内で右端に揃えて配置します。

❹繰り返し
セル内でデータを繰り返し表示します。

❺両端揃え
セルの幅より長い文字列を、セルの幅の両端に揃えて折り返して表示します。

❻選択範囲内で中央
セルを結合せずに、選択した複数のセルの左右中央に配置します。

❼均等割り付け（インデント）
セルの幅に合わせて均等に配置します。

⑥《フォント》タブを選択します。

⑦《フォント名》の一覧から《Meiryo UI》を選択します。

※表示されていない場合は、スクロールして調整します。

⑧《スタイル》の一覧から《太字》を選択します。

⑨《罫線》タブを選択します。

⑩《スタイル》の一覧から《━━━━━》を選択します。

⑪《罫線》の 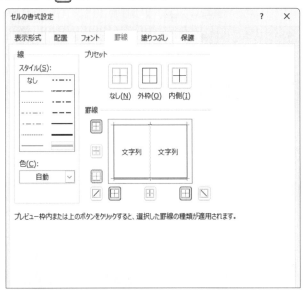 をクリックします。

⑫《塗りつぶし》タブを選択します。

⑬《背景色》の任意の薄い水色をクリックします。

⑭《OK》をクリックします。

⑮書式が設定されます。

	A	B	C	D	E	F	G	H
1		チャリティバザー収支報告					2023/10/10	
2								
3		科目		収入	支出	摘要		
4		収入の部	寄付	¥42,000				
5			売上金	¥124,000				
6			収入合計	¥166,000				
7		支出の部	設備費		¥25,000	食材、ゲーム資材など		
8			広告費		¥4,000	チラシ200枚、ポスター10枚作成		
9			雑費		¥3,000	掃除用具、ゴミ袋など		
10			支出合計		¥32,000			
11		収入-支出		¥134,000				
12		慈善団体へ寄付			¥134,000			
13								

Lesson 2-15

 ブック「Lesson2-15」を開いておきましょう。

次の操作を行いましょう。
(1) 表の右上の日付が「2023年10月」と表示されるように、表示形式を設定してください。

Lesson 2-15 Answer

(1)
①セル【F1】を選択します。
②《ホーム》タブ→《数値》グループの 🔽 (表示形式)をクリックします。

③《セルの書式設定》ダイアログボックスが表示されます。
④《表示形式》タブを選択します。
⑤《分類》の一覧から《日付》が選択されていることを確認します。
⑥《ロケール(国または地域)》が《日本語》になっていることを確認します。
⑦《種類》の一覧から《2012年3月》を選択します。
⑧《サンプル》に設定した表示形式で表示されていることを確認します。
⑨《OK》をクリックします。

① Point

日付の表示形式

❶分類
表示形式の分類を指定します。

❷サンプル
設定した表示形式を確認できます。

❸種類
表示形式の種類を指定します。

❹ロケール(国または地域)
言語や国を指定します。言語や国に合わせた表示形式が《種類》に表示されます。

❺カレンダーの種類
カレンダーの種類を指定します。カレンダーの種類に合わせた表示形式が《種類》に表示されます。
《和暦》を選択すると、「R5.4.1」や「令和5年4月1日」のように、和暦で表示されます。

⑩表示形式が設定されます。

求められるスキル

出題範囲1

出題範囲2

出題範囲3

出題範囲4

出題範囲5

確認問題 標準解答

6 | 書式のコピー/貼り付け機能を使用してセルに書式を設定する

解説 ■書式のコピー/貼り付け

セルに設定されたフォントや表示形式などの書式だけをコピーすることができます。

操作 ◆《ホーム》タブ→《クリップボード》グループの 🖌 （書式のコピー/貼り付け）

Lesson 2-16

 ブック「Lesson2-16」を開いておきましょう。

次の操作を行いましょう。

(1) シート「上期」のセル【B3】の書式を、セル【B13】にコピーしてください。
(2) シート「上期」の表の書式を、シート「下期」の表にコピーしてください。

Lesson 2-16 Answer

(1)

① シート「**上期**」のセル【**B3**】を選択します。

② 《**ホーム**》タブ→《**クリップボード**》グループの 🖌 （書式のコピー/貼り付け）をクリックします。

※マウスポインターの形が 🖌 に変わります。

営業所名	予算	4月	5月	6月	7月	8月	9月	上期合計	達成率
北海道営業所	7,000	1,100	1,155	990	880	1,045	1,375	6,545	93.50%
東北営業所	5,000	800	795	810	825	890	940	5,060	101.20%
北陸営業所	5,000	650	760	770	810	755	700	4,445	88.90%
関東営業所	15,000	2,800	3,030	2,310	2,400	3,100	2,200	15,840	105.60%
東海営業所	12,000	2,200	2,035	1,560	1,655	1,400	1,520	10,370	86.42%
関西営業所	14,000	2,530	2,145	2,860	2,200	2,585	2,970	15,290	109.21%
中国営業所	8,000	1,760	1,375	1,045	1,595	1,815	1,155	8,745	109.31%
四国営業所	5,000	790	650	740	770	720	770	4,440	88.80%
九州営業所	8,000	980	990	1,155	1,925	1,485	1,925	8,460	105.75%
合計	79,000	13,610	12,935	12,240	13,060	13,795	13,555	79,195	100.25%

2022年度上期売上実績　　単位：千円

③ セル【**B13**】を選択します。

④ 書式がコピーされます。

(2)

①シート「上期」のセル範囲【B3:K13】を選択します。

②《ホーム》タブ→《クリップボード》グループの（書式のコピー/貼り付け）をクリックします。

※マウスポインターの形が　に変わります。

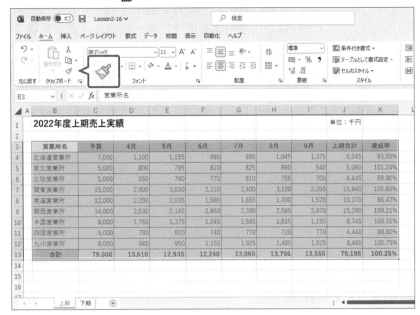

③シート「下期」のセル【B3】を選択します。

④書式がコピーされます。

求められるスキル
出題範囲1
出題範囲2
出題範囲3
出題範囲4
出題範囲5
確認問題 標準解答

Point

書式の連続コピー

セルの書式を複数の箇所に連続してコピーするには、（書式のコピー/貼り付け）をダブルクリックして、貼り付け先のセルを選択します。

書式のコピーを終了するには、（書式のコピー/貼り付け）を再度クリックするか、Escを押します。

7　セルのスタイルを適用する

解説　■セルのスタイルの適用

フォントやフォントの色、塗りつぶしの色など複数の書式をまとめて登録し、名前を付けたものを「**スタイル**」といいます。適用されているテーマに応じたスタイルが用意されているので、一覧から選択するだけで統一感のある書式を設定することができます。

操作　◆《ホーム》タブ→《スタイル》グループの　セルのスタイル ∨　（セルのスタイル）

Lesson 2-17

OPEN　ブック「Lesson2-17」を開いておきましょう。

次の操作を行いましょう。

(1) セル【B1】に「タイトル」、セル範囲【B3:K3】に「見出し2」、セル範囲【B13:K13】に「集計」のセルのスタイルを適用してください。

Lesson 2-17 Answer

(1)

①セル【B1】を選択します。

②《ホーム》タブ→《スタイル》グループの　セルのスタイル ∨　（セルのスタイル）→《タイトルと見出し》の《タイトル》をクリックします。

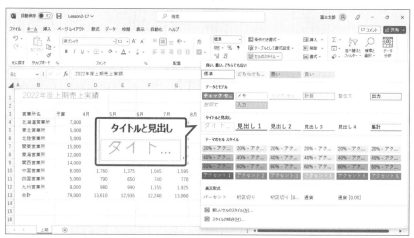

③セルのスタイルが適用されます。

④同様に、セル範囲【B3:K3】にスタイル「**見出し2**」を適用します。

⑤同様に、セル範囲【B13:K13】にスタイル「**集計**」を適用します。

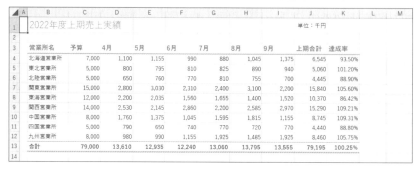

! Point

セルのスタイルの解除

◆《ホーム》タブ→《スタイル》グループの　セルのスタイル ∨　（セルのスタイル）→《標準》

8 セルの書式設定をクリアする

解 説 ■書式のクリア

セルに設定した書式をまとめてクリアできます。書式が設定されていないデータだけの状態に戻す場合に使います。

操作 ◆《ホーム》タブ→《編集》グループの 🔷▾ (クリア) →《書式のクリア》

Lesson 2-18

OPEN ブック「Lesson2-18」を開いておきましょう。

次の操作を行いましょう。
(1) 表に設定されているすべての書式をクリアしてください。

Lesson 2-18 Answer

(1)
①セル範囲【B3:E14】を選択します。
②《ホーム》タブ→《編集》グループの 🔷▾ (クリア) →《書式のクリア》をクリックします。

① Point

書式のクリア
🔷▾ (クリア) を使うと、書式以外に
データだけをクリアしたり、データと
書式のすべてをクリアしたりすること
もできます。

③すべての書式がクリアされます。

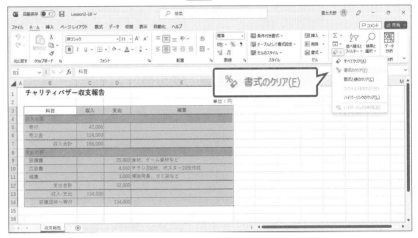

9 　複数のシートをグループ化して書式設定する

解説　■グループの設定

「**グループ**」を設定すると、複数のシートに対してまとめてデータを入力したり、書式を設定したりできます。グループを設定しているときは、タイトルバーに**《グループ》**と表示されます。

連続するシート

操作　◆先頭のシート見出しをクリック→[Shift]を押しながら、最終のシート見出しをクリック

連続しないシート

操作　◆1つ目のシート見出しをクリック→[Ctrl]を押しながら、2つ目以降のシート見出しをクリック

ブック内のすべてのシート

操作　◆シート見出しを右クリック→《すべてのシートを選択》

■グループの解除

複数のシートに対する操作が終了したら、グループを解除します。

すべてのシートがグループの場合

操作　◆一番手前のシート以外のシート見出しをクリック

「第1四半期」以外のシート見出しをクリック

一部のシートがグループの場合

操作　◆グループ以外のシートのシート見出しをクリック

13	合計	13610	12935	12240	38785	
14						
15						
16						
17						

第1四半期　第2四半期　第3四半期　第4四半期　年間　⊕

「第1四半期」「第2四半期」以外のシート見出しをクリック

Lesson 2-19

 ブック「Lesson2-19」を開いておきましょう。

次の操作を行いましょう。

(1) シート「第1四半期」からシート「第4四半期」までをグループにし、次の書式を設定してください。

　　　セル範囲【B3:F3】とセル【B13】：塗りつぶしの色「緑、アクセント6、
　　　　　　　　　　　　　　　　　　　　　　　白＋基本色80％」
　　　セル範囲【C4:F13】　　　　　　　：桁区切りスタイル

(2) グループを解除してください。

Lesson 2-19 Answer

(1)

①シート「**第1四半期**」のシート見出しをクリックします。

▲ A	B	C	D	E	F	G	H	I	J	K
1	第1四半期売上実績				単位：千円					
2										
3	営業所名	4月	5月	6月	第1四半期合計					
4	北海道営業所	1100	1155	990	3245					
5	東北営業所	800	795	810	2405					
6	北陸営業所	650	760	770	2180					
7	関東営業所	2800	3030	2310	8140					
8	東海営業所	2200	2035	1560	5795					
9	関西営業所	2530	2145	2860	7535					
10	中国営業所	1760	1375	1045	4180					
11	四国営業所	790	650	740	2180					
12	九州営業所	980	990	1155	3125					
13		12935	12240	38785						
14	第1四半期									

第1四半期　第2四半期　第3四半期　第4四半期　年間　⊕

②《Shift》を押しながら、シート「**第4四半期**」のシート見出しをクリックします。

③4枚のシートが選択され、グループが設定されます。

④タイトルバーに《**グループ**》と表示されていることを確認します。

※お使いの環境によっては、《グループ》の文字が途中までしか表示されない場合があります。

⑤セル範囲【B3:F3】を選択します。

⑥《Ctrl》を押しながら、セル【B13】を選択します。

⑦《ホーム》タブ→《フォント》グループの ⌗ ⊽ （塗りつぶしの色）の ⊽ →《テーマの色》の《緑、アクセント6、白+基本色80%》をクリックします。

⑧塗りつぶしの色が設定されます。

グループ

⑨セル範囲【C4:F13】を選択します。

⑩《ホーム》タブ→《数値》グループの **9** （桁区切りスタイル）をクリックします。

⑪桁区切りスタイルが設定されます。

※セル【A1】をアクティブセルにしておきましょう。

求められるスキル

出題範囲1

出題範囲2

出題範囲3

出題範囲4

出題範囲5

確認問題 標準解答

その他の方法

グループの解除

◆グループに設定されているシート見出しを右クリック→《シートのグループ解除》

(2)

①シート「**年間**」のシート見出しをクリックします。

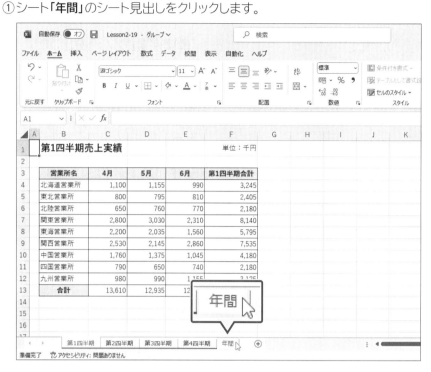

②グループが解除され、シート「**年間**」に切り替わります。

③タイトルバーに《**グループ**》と表示されていないことを確認します。

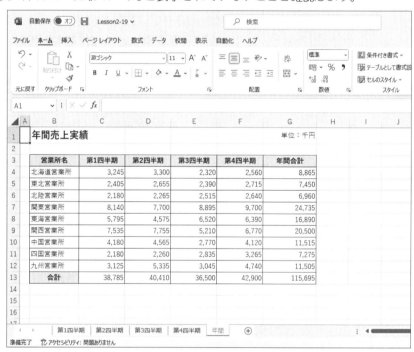

※シートを切り替えて、書式設定が反映されていることを確認しておきましょう。

出題範囲2　セルやセル範囲のデータの管理

名前付き範囲を定義する、参照する

理解度チェック

習得すべき機能	参照Lesson	学習前	学習後	試験直前
■セルやセル範囲に名前を定義できる。	➡Lesson2-20	☑	☑	☑
■見出し名を使って、名前を定義できる。	➡Lesson2-21	☑	☑	☑
■名前や名前の参照範囲を変更できる。	➡Lesson2-22	☑	☑	☑
■名前付き範囲を使って数式を入力できる。	➡Lesson2-23	☑	☑	☑

1　名前付き範囲を定義する

解説

■名前の定義

セルやセル範囲に**「名前」**を付けておくと、データを扱いやすくなります。定義した名前を使って、セルやセル範囲を選択したり数式に引用したりできます。

操作　◆名前ボックスに名前を入力

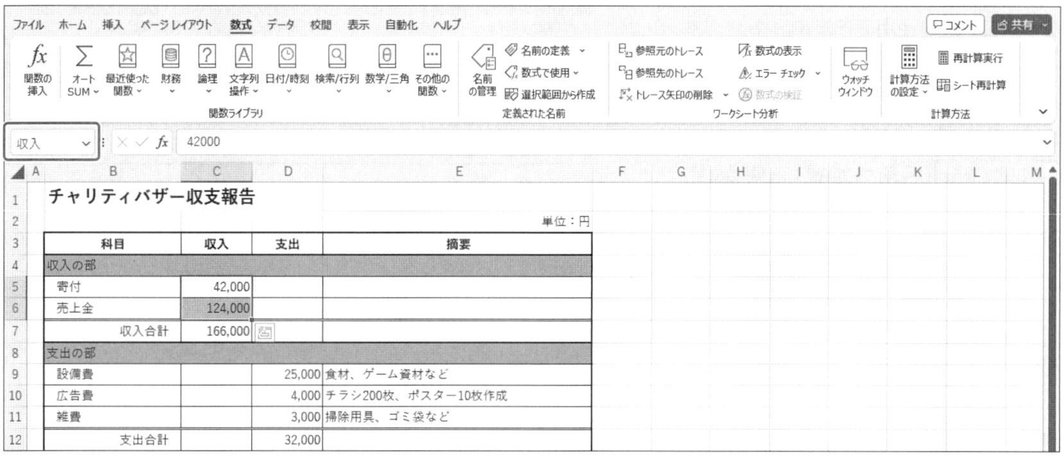

■見出し名を使った名前の定義

表の先頭行や先頭列に入力された見出し名を、一括で名前に定義することもできます。

操作　◆《数式》タブ→《定義された名前》グループの 選択範囲から作成 （選択範囲から作成）

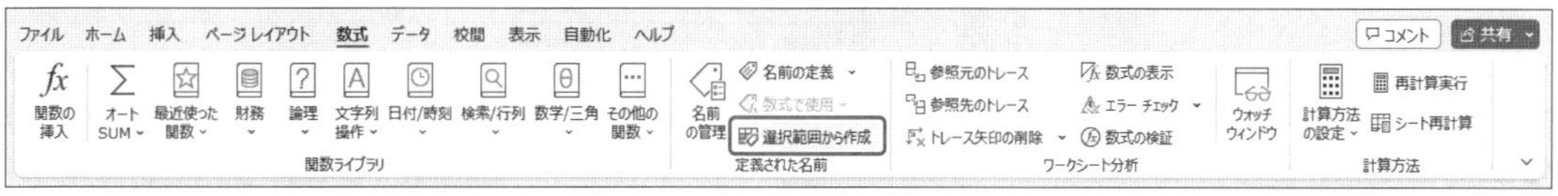

■名前付き範囲の変更

名前を付けたセル範囲は、あとから名前やセル範囲を変更できます。

操作　◆《数式》タブ→《定義された名前》グループの 名前の管理 （名前の管理）

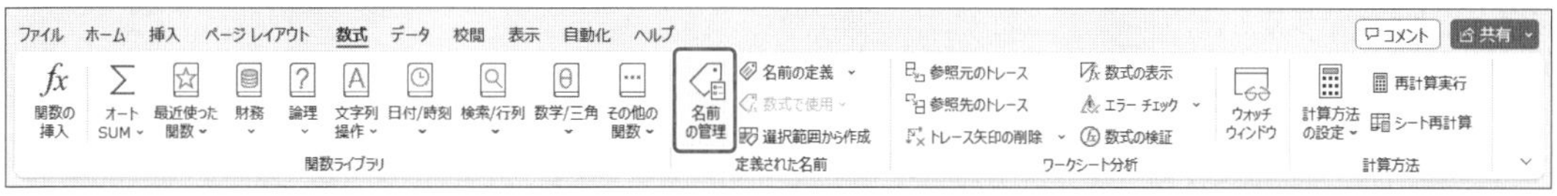

求められるスキル
出題範囲1
出題範囲2
出題範囲3
出題範囲4
出題範囲5
確認問題 標準解答

Lesson 2-20

 ブック「Lesson2-20」を開いておきましょう。

次の操作を行いましょう。

(1) セル範囲【C5:C6】に名前「収入」、セル範囲【D9:D11】に名前「支出」をそれぞれ定義してください。

Lesson 2-20 Answer

その他の方法

名前の定義

◆《数式》タブ→《定義された名前》グループの〔 名前の定義 〕（名前の定義）

◆セルまたはセル範囲を右クリック→《名前の定義》

! Point

名前に使用できる文字

名前の先頭は文字列または「_（アンダースコア）」、2文字目以降は文字列、数字、ピリオド、および「_（アンダースコア）」を使用できます。

! Point

名前の定義

〔 名前の定義 〕（名前の定義）を使うと、利用できる範囲や説明などの詳細を設定できます。

❶**名前**
定義する名前を指定します。

❷**範囲**
定義する名前を利用する範囲を指定します。
・ブック　：ブック全体で利用
・シート名：指定したシートで利用

❸**コメント**
範囲にコメントを指定します。コメントを指定しておくと、名前の管理の一覧で表示されます。

❹**参照範囲**
名前を定義するセルまたはセル範囲を指定します。定義済みの範囲を変更することもできます。

(1)

① セル範囲【C5:C6】を選択します。

② 名前ボックスに「**収入**」と入力し、[Enter]を押します。

③ 名前が定義されます。

④ 同様に、セル範囲【D9:D11】に名前「**支出**」を定義します。

Lesson 2-21

📂 ブック「Lesson2-21」を開いておきましょう。

次の操作を行いましょう。

(1) 表内のすべての列に名前を定義してください。名前は、それぞれの列見出しを使います。

(2) 名前「氏名」のセル範囲を選択してください。

Lesson 2-21 Answer

(1)

①セル範囲【B3:L25】を選択します。

②《**数式**》タブ→《**定義された名前**》グループの ⊞️ 選択範囲から作成 （選択範囲から作成）をクリックします。

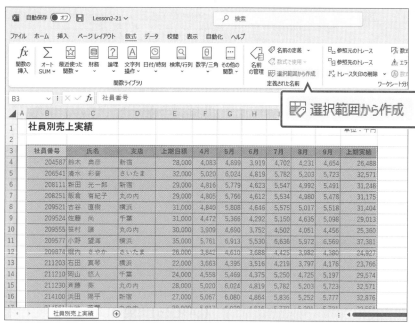

③《**選択範囲から名前を作成**》ダイアログボックスが表示されます。

④《**上端行**》を☑にします。

⑤《**OK**》をクリックします。

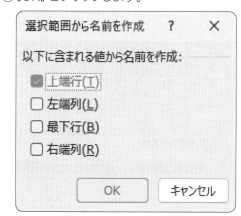

⑥各列に名前が定義されます。

求められるスキル

出題範囲1

出題範囲2

出題範囲3

出題範囲4

出題範囲5

確認問題 標準解答

Point

名前の範囲選択

名前ボックスの⌄をクリックすると、定義されている名前が一覧で表示されます。一覧から名前を選択すると、対応するセル範囲を選択できます。

(2)

①名前ボックスの⌄をクリックし、一覧から「**氏名**」を選択します。

※列見出しの先頭が数字の場合は、名前の先頭に「_（アンダースコア）」が自動的に付きます。

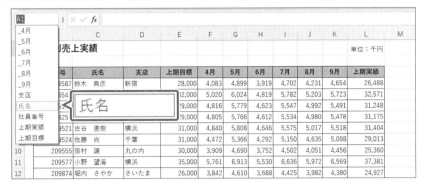

②名前「**氏名**」のセル範囲が選択されます。

Lesson 2-22

 ブック「Lesson2-22」を開いておきましょう。

次の操作を行いましょう。

(1) 名前「_4月」の名前を「売上4月」、名前「上期実績」の参照範囲をセル範囲【L4:L25】に変更してください。

Lesson 2-22 Answer

(1)

①《**数式**》タブ→《**定義された名前**》グループの（名前の管理）をクリックします。

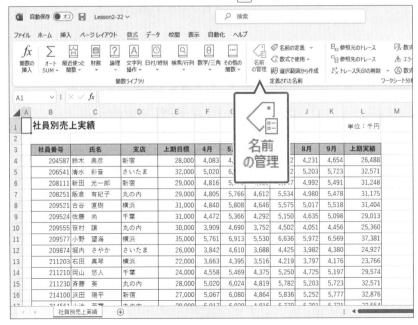

②《名前の管理》ダイアログボックスが表示されます。

③一覧から《_4月》を選択します。

④《編集》をクリックします。

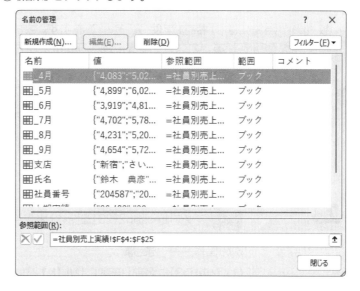

⑤《名前の編集》ダイアログボックスが表示されます。

⑥《名前》の「_4月」を「売上4月」に修正します。

⑦《OK》をクリックします。

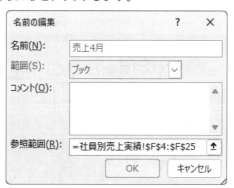

⑧《名前の管理》ダイアログボックスに戻ります。

⑨一覧から《上期実績》を選択します。

⑩《編集》をクリックします。

⑪《名前の編集》ダイアログボックスが表示されます。

⑫《名前》に「上期実績」と表示されていることを確認します。

⑬《参照範囲》を「=社員別売上実績!$L$4:$L$25」に修正します。

⑭《OK》をクリックします。

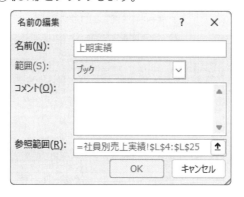

⑮《名前の管理》ダイアログボックスに戻ります。

⑯《閉じる》をクリックします。

Point

名前の削除

◆《数式》タブ→《定義された名前》グループの（名前の管理）→削除する名前を選択→《削除》

求められるスキル

出題範囲1

出題範囲2

出題範囲3

出題範囲4

出題範囲5

確認問題 標準解答

124

2 名前付き範囲を参照する

解説 ■名前付き範囲の参照

数式の参照先には、「**名前**」を使うことができます。数式で名前を指定すると、その名前の参照範囲を使って計算されます。名前の参照範囲を変更した場合でも、自動的に再計算されるので数式を変更する必要がありません。

操作 ◆《数式》タブ→《定義された名前》グループの〔数式で使用 ✓〕（数式で使用）

Lesson 2-23

OPEN ブック「Lesson2-23」を開いておきましょう。

次の操作を行いましょう。

(1) セル【D3】に名前「倍率」、セル【K12】に名前「上期実績計」を定義してください。次に、名前を使って、セル【B4】に「支店下期目標」を求める数式を入力してください。「支店下期目標」は、「上期実績計」に「倍率」を乗算して求めます。

Lesson 2-23 Answer

(1)

① セル【D3】を選択します。

② 名前ボックスに「**倍率**」と入力し、Enterを押します。

③ 名前が定義されます。

④ 同様に、セル【K12】に名前「**上期実績計**」を定義します。

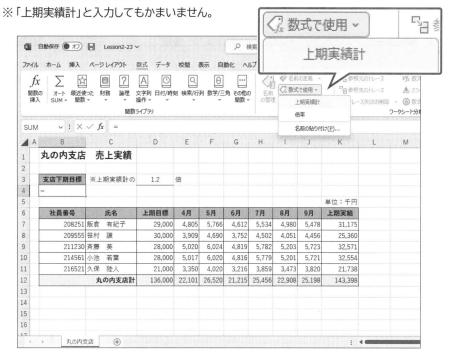
⑤セル【B4】に「=」と入力します。

⑥《数式》タブ→《定義された名前》グループの （数式で使用）→《上期
実績計》をクリックします。

※「上期実績計」と入力してもかまいません。

⑦続けて、「*」を入力します。

⑧《数式》タブ→《定義された名前》グループの （数式で使用）→《倍
率》をクリックします。

※「倍率」と入力してもかまいません。

⑨数式バーに「**=上期実績計*倍率**」と表示されていることを確認します。

⑩ Enter を押します。

⑪計算結果が表示されます。

126

4 データを視覚的にまとめる

☑ 理解度チェック	習得すべき機能	参照Lesson	学習前	学習後	試験直前
	■ スパークラインを作成できる。	➡Lesson2-24 ➡Lesson2-25	☑	☑	☑
	■ 条件付き書式を適用できる。	➡Lesson2-26	☑	☑	☑
	■ カラースケール、データバー、アイコンセットを設定できる。	➡Lesson2-27	☑	☑	☑
	■ 条件付き書式を削除できる。	➡Lesson2-28 ➡Lesson2-29	☑	☑	☑

1 スパークラインを挿入する

 **解説**

■ スパークラインの挿入

「**スパークライン**」を使うと、複数のセルに入力された数値をもとに、セル内に小さなグラフを作成でき、データの傾向を視覚的に確認できます。

操作 ◆《挿入》タブ→《スパークライン》グループのボタン

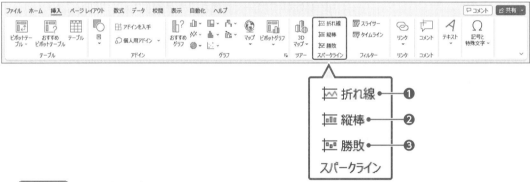

❶ 折れ線（折れ線スパークライン）

時間の経過によるデータの推移を表現します。

A市の年間気温												単位：℃
月	1月	2月	3月	4月	5月	6月	7月	8月	9月	10月	11月	12月	傾向
最高気温	6	4	9	16	23	28	34	36	30	24	12	8	

❷ 縦棒（縦棒スパークライン）

データの大小関係を表現します。

新聞折り込みちらしによるWebアクセス効果							単位：回
月日	10/1(土)	10/2(日)	10/3(月)	10/4(火)	10/5(水)	10/6(木)	10/7(金)	傾向
商品案内	1,459	1,532	1,323	1,282	1,172	1,314	1,204	

❸ 勝敗（勝敗スパークライン）

データの正負を表現します。

人口増減数（転入－転出）比較						単位：人
市名	2017年	2018年	2019年	2020年	2021年	2022年	傾向
A市	364	-89	289	430	367	-36	

■スパークラインの書式設定

スパークラインを作成後に軸を設定したり、マーカーを変更したり、スタイルを適用したりして、書式を設定することができます。

操作 ◆《スパークライン》タブ→《表示》/《スタイル》/《グループ》の各グループ

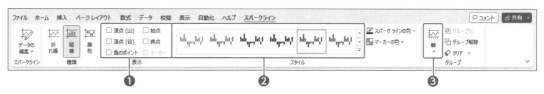

❶スパークラインの強調
スパークラインの最大値や最小値を強調します。

❷スパークラインのスタイル
スパークラインやマーカーの色など、スパークライン全体のデザインを設定します。

❸スパークラインの軸
スパークラインの横軸や縦軸のオプションを設定します。

Lesson 2-24

 ブック「Lesson2-24」を開いておきましょう。

次の操作を行いましょう。

(1)「推移」の列に各営業所の売上実績の大小関係を表す縦棒スパークラインを作成してください。
(2)(1)で作成した縦棒スパークラインの縦軸の最小値を「0」、縦軸の最大値を「すべてのスパークラインで同じ値」に設定してください。

Lesson 2-24 Answer

(1)
①セル範囲【C4:H12】を選択します。
※スパークラインのもとになるセル範囲を選択します。
②《挿入》タブ→《スパークライン》グループの [縦棒] (縦棒スパークライン) をクリックします。

求められるスキル

出題範囲1

出題範囲2

出題範囲3

出題範囲4

出題範囲5

確認問題 標準解答

③《スパークラインの作成》ダイアログボックスが表示されます。

④《データ範囲》に「C4:H12」と表示されていることを確認します。

⑤《場所の範囲》にカーソルが表示されていることを確認します。

⑥セル範囲【J4:J12】を選択します。

⑦《場所の範囲》に「$J$4:$J$12」と表示されます。

⑧《OK》をクリックします。

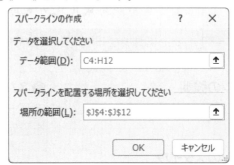

⑨縦棒スパークラインが挿入されます。

営業所名	4月	5月	6月	7月	8月	9月	上期合計	推移
北海道営業所	1,100	1,155	990	880	1,045	1,375	6,545	
東北営業所	800	795	810	825	890	940	5,060	
北陸営業所	650	760	770	810	755	700	4,445	
関東営業所	2,800	3,030	2,310	2,400	3,100	2,200	15,840	
東海営業所	2,200	2,035	1,560	1,655	1,400	1,520	10,370	
関西営業所	2,530	2,145	2,860	2,200	2,585	2,970	15,290	
中国営業所	1,760	1,375	1,045	1,595	1,815	1,155	8,745	
四国営業所	790	650	740	770	720	770	4,440	
九州営業所	980	990	1,155	1,925	1,485	1,925	8,460	
合計	13,610	12,935	12,240	13,060	13,795	13,555	79,195	

表の上部には「2022年度上期売上実績」「単位：千円」と表示されています。

(2)

①セル【J4】を選択します。

※セル範囲【J4:J12】内であれば、どこでもかまいません。

②《スパークライン》タブ→《グループ》グループの　（スパークラインの軸）→《縦軸の最小値のオプション》の《ユーザー設定値》をクリックします。

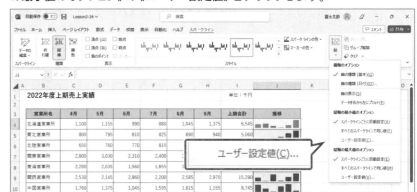

③《スパークラインの縦軸の設定》ダイアログボックスが表示されます。

④《縦軸の最小値を入力してください》に「0.0」と表示されていることを確認します。

⑤《OK》をクリックします。

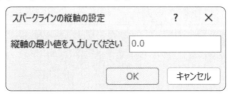

Point

スパークラインのグループ化

スパークラインは、グループ化されます。1つのスパークラインをクリックすると、すべてのスパークラインが選択されるので、まとめて書式を設定できます。

Point

ユーザー設定値

ユーザーが縦軸の最大値や最小値を設定する場合は、《ユーザー設定値》を選択します。

Point

すべてのスパークラインで同じ値

スパークラインを作成すると、それぞれのデータにあわせて縦軸の最大値と最小値が自動的に設定されます。すべてのデータから最大値や最小値を認識させるには、《すべてのスパークラインで同じ値》に変更します。

⑥《スパークライン》タブ→《グループ》グループの （スパークラインの軸）→《縦軸の最大値のオプション》の《すべてのスパークラインで同じ値》をクリックします。

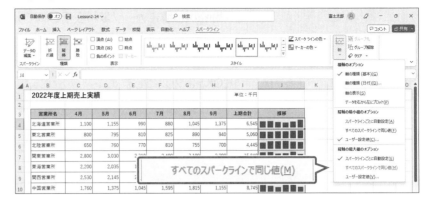

⑦すべてのスパークラインの最大値と最小値が設定されます。

Lesson 2-25

OPEN　ブック「Lesson2-25」を開いておきましょう。

次の操作を行いましょう。

(1) シート「上期」の「推移」の列に、各営業所の売上実績の推移を表す折れ線スパークラインを作成してください。

(2) (1)で作成した折れ線スパークラインにスタイル「緑, スパークライン スタイル アクセント6, (基本色)」を適用し、マーカーを表示してください。

(3) シート「前年比較」の「増減」の列に、各営業所の前年度との売上の増減を表す勝敗スパークラインを作成してください。

Lesson 2-25 Answer

(1)

①シート「上期」のセル範囲【C4:H12】を選択します。

※スパークラインのもとになるセル範囲を選択します。

②《挿入》タブ→《スパークライン》グループの 折れ線 （折れ線スパークライン）をクリックします。

③《スパークラインの作成》ダイアログボックスが表示されます。

④《データ範囲》に「C4：H12」と表示されていることを確認します。

⑤《場所の範囲》にカーソルが表示されていることを確認します。

⑥セル範囲【J4：J12】を選択します。

⑦《場所の範囲》に「$J$4：$J$12」と表示されます。

⑧《OK》をクリックします。

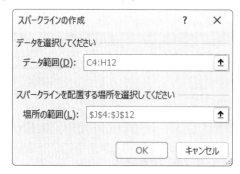

⑨折れ線スパークラインが挿入されます。

(2)

①シート「上期」のセル【J4】を選択します。

※スパークラインのグループの範囲内であれば、どこでもかまいません。

②《スパークライン》タブ→《スタイル》グループの ⯆ →《緑, スパークライン スタイル アクセント6、(基本色)》をクリックします。

③スパークラインのスタイルが適用されます。

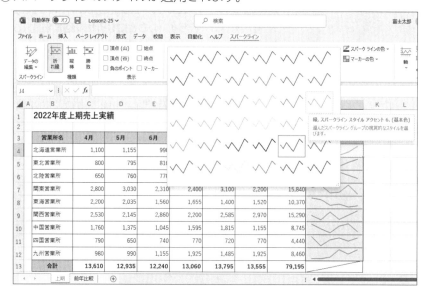

求められるスキル

出題範囲1

出題範囲2

出題範囲3

出題範囲4

出題範囲5

確認問題 標準解答

④《スパークライン》タブ→《表示》グループの《マーカー》を☑にします。

⑤マーカーが表示されます。

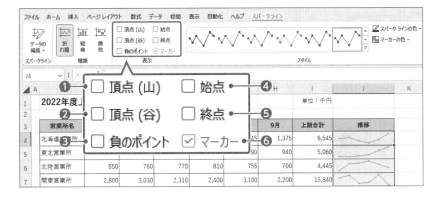

① Point

スパークラインの強調

❶頂点(山)
データの最大値を強調します。

❷頂点(谷)
データの最小値を強調します。

❸負のポイント
負の値を強調します。

❹始点
最初のデータを強調します。

❺終点
最終のデータを強調します。

❻マーカー
折れ線スパークラインでマーカーを表示します。

(3)

①シート「**前年比較**」のセル範囲【**C4:H12**】を選択します。

※スパークラインのもとになるセル範囲を選択します。

②《**挿入**》タブ→《**スパークライン**》グループの（勝敗スパークライン）をクリックします。

③《**スパークラインの作成**》ダイアログボックスが表示されます。

④《**データ範囲**》に「**C4:H12**」と表示されていることを確認します。

⑤《**場所の範囲**》にカーソルが表示されていることを確認します。

⑥セル範囲【**J4:J12**】を選択します。

⑦《**場所の範囲**》に「**$J$4:$J$12**」と表示されます。

⑧《**OK**》をクリックします。

⑨勝敗スパークラインが挿入されます。

① Point

スパークラインの削除

◆スパークラインのセルを選択→《スパークライン》タブ→《グループ》グループの（選択したスパークラインのクリア）の→《選択したスパークラインのクリア》/《選択したスパークライングループのクリア》

2　組み込みの条件付き書式を適用する

解説　■条件付き書式の適用

「**条件付き書式**」を使うと、ルール（条件）に基づいてセルに特定の書式を設定したり、数値の大小関係が視覚的にわかるように装飾したりできます。条件付き書式を適用しておくと、数値が変更されたときに、書式が自動的に更新されるので、いつでも条件を満たすデータを視覚的に確認することができます。

操作　◆《ホーム》タブ→《スタイル》グループの 条件付き書式 ∨ （条件付き書式）

❶セルの強調表示ルール

「指定の値より大きい」「指定の範囲内」「指定の値に等しい」などのルールに基づいて、該当するセルに特定の書式を設定します。

❷上位/下位ルール

「上位10項目」「下位10%」「平均より上」などのルールに基づいて、該当するセルに特定の書式を設定します。

❸データバー

数値の大小関係を比較して、バーの長さで表示します。

❹カラースケール

数値の大小関係を比較して、段階的に色分けして表示します。

❺アイコンセット

数値の大小関係を比較して、アイコンの図柄で表示します。

❻ルールの管理

条件付き書式のルールを編集します。

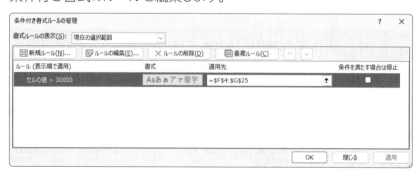

Lesson 2-26

 ブック「Lesson2-26」を開いておきましょう。

次の操作を行いましょう。

(1)「上期実績」と「下期実績」のセルの値が30,000より大きい場合に、「濃い緑の文字、緑の背景」の条件付き書式を設定してください。

(2)「年間実績」のセルの値が平均値以上の場合に、セルの背景色を任意のオレンジにする条件付き書式を設定してください。

(3)「達成率」のセルの値のうち、上位5件に濃い赤の太字の条件付き書式を設定してください。

(4)「上期実績」と「下期実績」に設定した条件を、セルの値が30,000以上の場合に変更してください。

Lesson 2-26 Answer

(1)

①セル範囲【F4:G25】を選択します。

②《ホーム》タブ→《スタイル》グループの〔条件付き書式〕（条件付き書式）→《セルの強調表示ルール》→《指定の値より大きい》をクリックします。

③《指定の値より大きい》ダイアログボックスが表示されます。

④《次の値より大きいセルを書式設定》に「30000」と入力します。

⑤《書式》の∨をクリックし、一覧から《濃い緑の文字、緑の背景》を選択します。

⑥《OK》をクリックします。

⑦30,000より大きいセルに書式が設定されます。

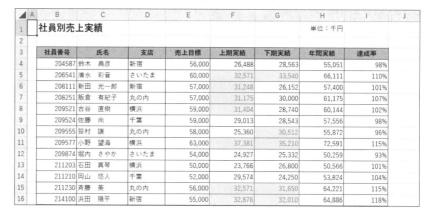

(2)

①セル範囲【H4：H25】を選択します。

②《ホーム》タブ→《スタイル》グループの[条件付き書式 ∨]（条件付き書式）→《上位/下位ルール》→《その他のルール》をクリックします。

※「平均値以上」というコマンドがないので、《その他のルール》を選択します。

③《新しい書式ルール》ダイアログボックスが表示されます。

④《ルールの種類を選択してください》の《平均より上または下の値だけを書式設定》をクリックします。

⑤《次の値を書式設定》の《選択範囲の平均値》の[∨]をクリックし、一覧から《以上》を選択します。

⑥《書式》をクリックします。

Point

《新しい書式ルール》

❶ルールの種類を選択してください
ルールの種類を選択します。「～以上」「～以下」などの条件を設定する場合は、《指定の値を含むセルだけを書式設定》を選択します。

❷ルールの内容を編集してください
ルールと書式を設定します。❶で選択するルールの種類に応じて、表示される項目が異なります。

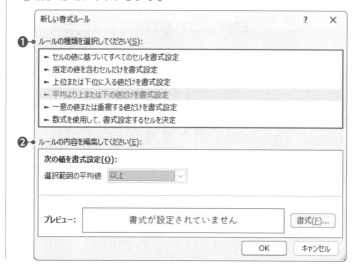

⑦《セルの書式設定》ダイアログボックスが表示されます。

⑧《塗りつぶし》タブを選択します。

⑨《背景色》の任意のオレンジを選択します。

⑩《OK》をクリックします。

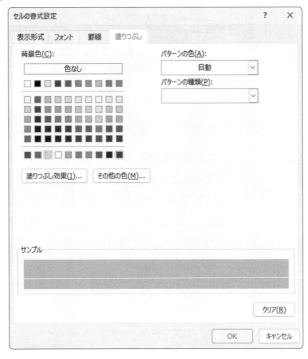

⑪《新しい書式ルール》ダイアログボックスに戻ります。

⑫《OK》をクリックします。

⑬平均値以上のセルに書式が設定されます。

	社員番号	氏名	支店	売上目標	上期実績	下期実績	年間実績	達成率
4	204587	鈴木 典彦	新宿	56,000	26,488	28,563	55,051	98%
5	206541	清水 彩音	さいたま	60,000	32,571	33,540	66,111	110%
6	208111	新田 光一郎	新宿	57,000	31,248	26,152	57,400	101%
7	208251	飯倉 有紀子	丸の内	57,000	31,175	30,000	61,175	107%
8	209521	古谷 直樹	横浜	59,000	31,404	28,740	60,144	102%
9	209524	佐藤 尚	千葉	59,000	29,013	28,543	57,556	98%
10	209555	笹村 譲	丸の内	58,000	25,360	30,512	55,872	96%
11	209577	小野 望海	横浜	63,000	37,381	35,210	72,591	115%
12	209874	堀内 さやか	さいたま	54,000	24,927	25,332	50,259	93%
13	211203	石田 真琴	横浜	50,000	23,766	26,800	50,566	101%
14	211210	岡山 悠人	千葉	52,000	29,574	24,250	53,824	104%
15	211230	斉藤 葵	丸の内	56,000	32,571	31,650	64,221	115%
16	214100	浜田 陽平	新宿	55,000	32,876	32,010	64,886	118%

社員別売上実績　　　　単位：千円

(3)

①セル範囲【I4：I25】を選択します。

②《ホーム》タブ→《スタイル》グループの【条件付き書式】（条件付き書式）→《上位/下位ルール》→《上位10項目》をクリックします。

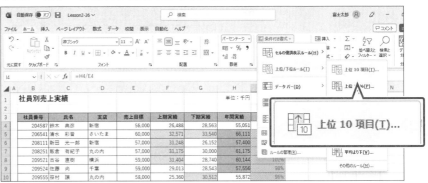

求められるスキル

出題範囲1

出題範囲2

出題範囲3

出題範囲4

出題範囲5

確認問題 標準解答

③《上位10項目》ダイアログボックスが表示されます。

④左側のボックスを「5」に設定します。

⑤《書式》の 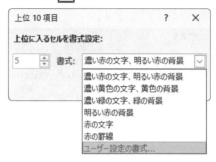 をクリックし、一覧から《ユーザー設定の書式》を選択します。

⑥《セルの書式設定》ダイアログボックスが表示されます。

⑦《フォント》タブを選択します。

⑧《スタイル》の一覧から《太字》を選択します。

⑨《色》の をクリックし、一覧から《標準の色》の《濃い赤》を選択します。

⑩《OK》をクリックします。

⑪《上位10項目》ダイアログボックスに戻ります。

⑫《OK》をクリックします。

⑬上位5件のセルに書式が設定されます。

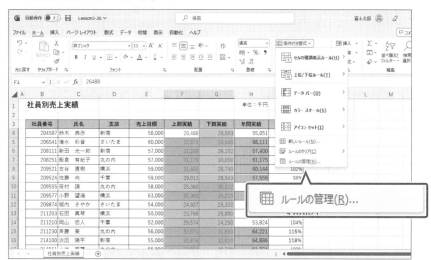

(4)

①セル範囲【F4:G25】を選択します。

②《ホーム》タブ→《スタイル》グループの 条件付き書式 ▾ （条件付き書式）→《ルールの管理》をクリックします。

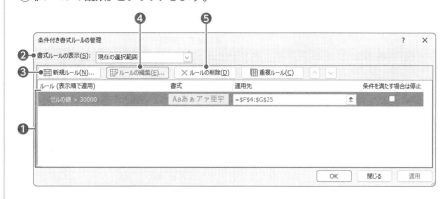

③《条件付き書式ルールの管理》ダイアログボックスが表示されます。

④《ルール》の一覧から「セルの値>30000」を選択します。

⑤《ルールの編集》をクリックします。

求められるスキル

出題範囲1

出題範囲2

出題範囲3

出題範囲4

出題範囲5

確認問題 標準解答

❗ Point

《条件付き書式ルールの管理》

❶ルール
作成した条件付き書式のルールが一覧で表示されます。

❷書式ルールの表示
ルールが設定されている場所を選択します。

❸新規ルール
新しい条件付き書式のルールを作成します。

❹ルールの編集
選択した条件付き書式のルールを編集します。

❺ルールの削除
選択した条件付き書式のルールを削除します。

138

⑥《**書式ルールの編集**》ダイアログボックスが表示されます。

⑦《**ルールの種類を選択してください**》の《**指定の値を含むセルだけを書式設定**》が選択されていることを確認します。

⑧《**次のセルのみを書式設定**》の中央のボックスの ✓ をクリックし、一覧から《**次の値以上**》を選択します。

⑨右のボックスに「**=30000**」と表示されていることを確認します。

⑩《**OK**》をクリックします。

⑪《**条件付き書式ルールの管理**》ダイアログボックスに戻ります。

⑫一覧に「**セルの値>=30000**」と表示されていることを確認します。

⑬《**OK**》をクリックします。

⑭新しい条件で書式が設定されます。

	A	B	C	D	E	F	G	H	I	J
1		社員別売上実績							単位：千円	
2										
3		社員番号	氏名	支店	売上目標	上期実績	下期実績	年間実績	達成率	
4		204587	鈴木　典彦	新宿	56,000	26,488	28,563	55,051	98%	
5		206541	清水　彩音	さいたま	60,000	32,571	33,540	66,111	110%	
6		208111	新田　光一郎	新宿	57,000	31,248	26,152	57,400	101%	
7		208251	飯倉　有紀子	丸の内	57,000	31,175	30,000	61,175	107%	
8		209521	古谷　直樹	横浜	59,000	31,404	28,740	60,144	102%	
9		209524	佐藤　尚	千葉	59,000	29,013	28,543	57,556	98%	
10		209555	笹村　譲	丸の内	58,000	25,360	30,512	55,872	96%	
11		209577	小野　望海	横浜	63,000	37,381	35,210	72,591	115%	
12		209874	堀内　さやか	さいたま	54,000	24,927	25,332	50,259	93%	
13		211203	石田　真琴	横浜	50,000	23,766	26,800	50,566	101%	
14		211210	岡山　悠人	千葉	52,000	29,574	24,250	53,824	104%	
15		211230	斉藤　葵	丸の内	56,000	32,571	31,650	64,221	115%	
16		214100	浜田　陽平	新宿	55,000	32,876	32,010	64,886	118%	
17		214561	小池　芳美	丸の内	56,000	32,554	28,720	61,274	109%	

社員別売上実績

Lesson 2-27

 ブック「Lesson2-27」を開いておきましょう。

次の操作を行いましょう。

(1)「4月」から「9月」までのセルの値に「緑、白、赤のカラースケール」を設定してください。

(2)「上期実績」のセルの値にグラデーションの「水色のデータバー」を設定してください。

(3)「達成率」のセルの値に「3つの信号（枠なし）」のアイコンセットを設定してください。100％以上の場合は緑のアイコン、90％以上100％未満の場合は黄色のアイコンとします。

Lesson 2-27 Answer

(1)

①セル範囲【F4：K25】を選択します。

②《ホーム》タブ→《スタイル》グループの [条件付き書式▾]（条件付き書式）→《カラースケール》→《緑、白、赤のカラースケール》をクリックします。

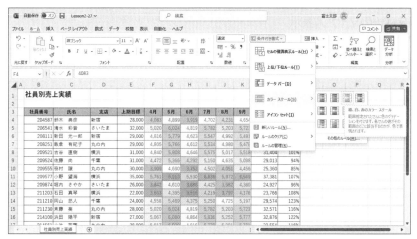

③カラースケールが表示されます。

※選択したセル範囲の数値をもとに、自動的に色分けされます。

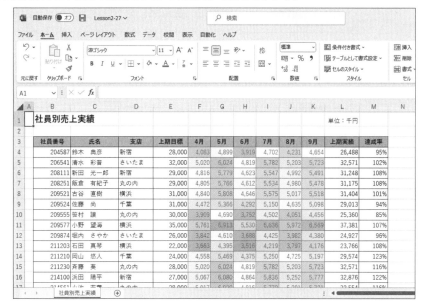

求められるスキル

出題範囲1

出題範囲2

出題範囲3

出題範囲4

出題範囲5

確認問題 標準解答

(2)

①セル範囲【L4:L25】を選択します。

②《ホーム》タブ→《スタイル》グループの ▦ 条件付き書式 ▾（条件付き書式）→《データバー》→《塗りつぶし（グラデーション）》の《水色のデータバー》をクリックします。

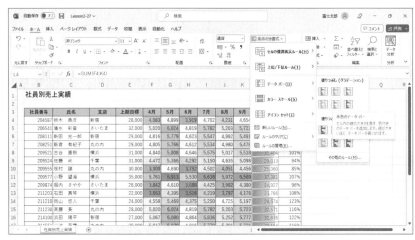

③データバーが表示されます。

※選択したセル範囲の数値をもとに、データバーの棒の長さは自動的に設定されます。

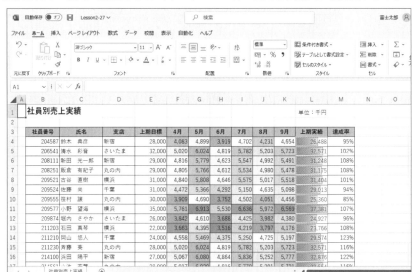

(3)

①セル範囲【M4:M25】を選択します。

②《ホーム》タブ→《スタイル》グループの （条件付き書式）→《アイコンセット》→《図形》の《3つの信号（枠なし）》をクリックします。

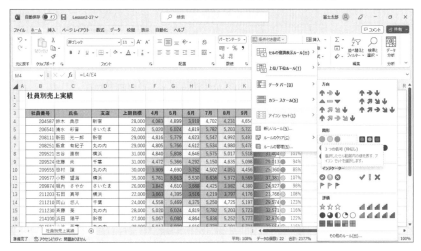

③アイコンセットが表示されます。

※選択したセル範囲の数値をもとに、自動的にアイコンの図柄が表示されます。

④セル範囲【M4:M25】が選択されていることを確認します。

⑤《ホーム》タブ→《スタイル》グループの （条件付き書式）→《ルールの管理》をクリックします。

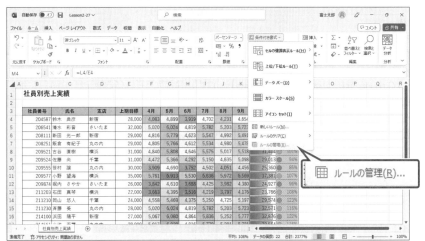

⑥《条件付き書式ルールの管理》ダイアログボックスが表示されます。

⑦《ルール》の一覧から《アイコンセット》を選択します。

⑧《ルールの編集》をクリックします。

求められるスキル

出題範囲1

出題範囲2

出題範囲3

出題範囲4

出題範囲5

確認問題 標準解答

⑨《書式ルールの編集》ダイアログボックスが表示されます。

⑩緑の丸の1番目のボックスが《>=》になっていることを確認します。

⑪緑の丸の《種類》の ✓ をクリックし、一覧から《数値》を選択します。

⑫緑の丸の《値》に「1」と入力します。

⑬黄色の丸の1番目のボックスが《>=》になっていることを確認します。

⑭黄色の丸の《種類》の ✓ をクリックし、一覧から《数値》を選択します。

⑮黄色の丸の《値》に「0.9」と入力します。

⑯《OK》をクリックします。

🔴 Point

《書式ルールの編集》

❶アイコンスタイル
アイコンセットの種類を選択します。

❷アイコンの順序を逆にする
アイコンの順番を逆にします。

❸アイコンのみ表示
セルのデータを非表示にして、アイコンだけを表示します。

❹アイコン
アイコンの種類を選択します。

❺値
左側の比較演算子と組み合わせて、アイコンに割り当てる値の範囲を設定します。

❻種類
値の種類を選択します。
《数値》を選択すると、具体的な値を設定できます。
《パーセント》を選択すると、全体に対するパーセント値を設定できます。
《数式》を選択すると、数式を値として設定できます。
《百分位》を選択すると、範囲内のデータを小さい順に並べて全体を100に分割したときの境界となる値を設定できます。

⑰《条件付き書式ルールの管理》ダイアログボックスに戻ります。

⑱《OK》をクリックします。

⑲アイコンセットの表示が変更されます。

	B	C	D	E	F	G	H	I	J	K	L	M	N
1	**社員別売上実績**											単位：千円	
2													
3	社員番号	氏名	支店	上期目標	4月	5月	6月	7月	8月	9月	上期実績	達成率	
4	204587	鈴木　典彦	新宿	28,000	4,083	4,899	3,919	4,702	4,231	4,654	26,488	95%	
5	206541	清水　彩音	さいたま	32,000	5,020	6,024	4,819	5,782	5,203	5,723	32,571	102%	
6	208111	新田　光一郎	新宿	29,000	4,816	5,779	4,623	5,547	4,992	5,491	31,248	108%	
7	208251	飯倉　有紀子	丸の内	29,000	4,805	5,766	4,612	5,534	4,980	5,478	31,175	108%	
8	209521	古谷　直樹	横浜	31,000	4,840	5,808	4,646	5,575	5,017	5,518	31,404	101%	
9	209524	佐藤　尚	千葉	31,000	4,472	5,366	4,292	5,150	4,635	5,098	29,013	94%	
10	209555	笹村　謙	丸の内	30,000	3,909	4,690	3,752	4,502	4,051	4,456	25,360	85%	
11	209577	小野　望海	横浜	35,000	5,761	6,913	5,530	6,636	5,972	6,569	37,381	107%	
12	209874	堀内　さやか	さいたま	26,000	3,842	4,610	3,688	4,425	3,982	4,380	24,927	96%	
13	211203	石田　真琴	横浜	22,000	3,663	4,395	3,516	4,219	3,797	4,176	23,766	108%	
14	211210	岡山　悠人	千葉	24,000	4,558	5,469	4,375	5,250	4,725	5,197	29,574	123%	
15	211230	斉藤　葵	丸の内	28,000	5,020	6,024	4,819	5,782	5,203	5,723	32,571	116%	
16	214100	浜田　陽平	新宿	27,000	5,067	6,080	4,864	5,836	5,252	5,777	32,876	122%	

3 | 条件付き書式を削除する

求められるスキル

出題範囲1

出題範囲2

出題範囲3

出題範囲4

出題範囲5

確認問題 標準解答

解説 ■条件付き書式の削除

設定した条件付き書式は削除できます。条件付き書式は、選択したセルまたはセル範囲から削除したり、表示しているワークシート全体から削除したりすることができます。

また、セル範囲に設定されている条件付き書式の一部のルールを削除することもできます。

操作 ◆《ホーム》タブ→《スタイル》グループの [田 条件付き書式 ∨] (条件付き書式)→《ルールのクリア》／《ルールの管理》

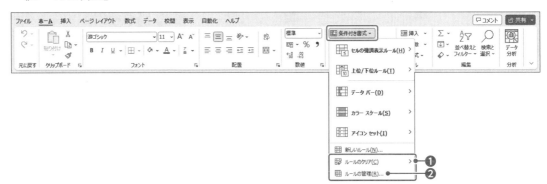

❶ルールのクリア

選択したセル範囲に設定されている条件付き書式のルールやワークシートに設定されているすべての条件付き書式のルールを削除します。

❷ルールの管理

設定されている条件付き書式の一部のルールを削除します。

Lesson 2-28

OPEN ブック「Lesson2-28」を開いておきましょう。

次の操作を行いましょう。

(1) ワークシートに設定されている条件付き書式のルールを削除してください。

Lesson 2-28 Answer

(1)

①《ホーム》タブ→《スタイル》グループの [田 条件付き書式 ∨] (条件付き書式)→《ルールのクリア》→《シート全体からルールをクリア》をクリックします。

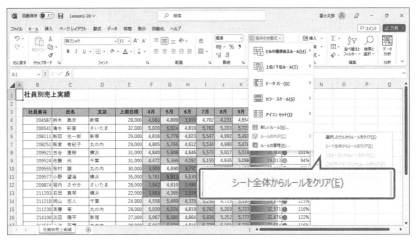

②ワークシートに設定されているすべての条件付き書式のルールが削除されます。

Lesson 2-29

 ブック「Lesson2-29」を開いておきましょう。

次の操作を行いましょう。

(1) セル範囲【H4:H25】に設定されている条件付き書式のルールを削除してください。

(2) セル範囲【I4:I25】に設定されている条件付き書式のうち、「上位5位」のルールを削除してください。

Lesson 2-29 Answer

(1)

①セル範囲【H4:H25】を選択します。

②《ホーム》タブ→《スタイル》グループの [条件付き書式 ∨] （条件付き書式）→《ルールのクリア》→《選択したセルからルールをクリア》をクリックします。

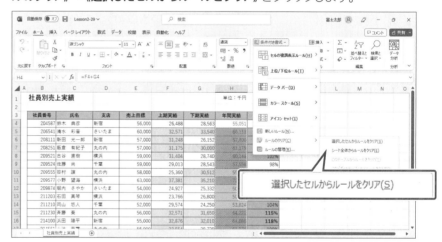

③セル範囲【H4:H25】の条件付き書式のルールが削除されます。

(2)

① セル範囲【I4:I25】を選択します。

② 《ホーム》タブ→《スタイル》グループの ▦ 条件付き書式 ~ （条件付き書式）→《ルールの管理》をクリックします。

③ 《条件付き書式ルールの管理》ダイアログボックスが表示されます。

④ 《ルール》の一覧から《上位5位》を選択します。

⑤ 《ルールの削除》をクリックします。

⑥ 《OK》をクリックします。

⑦ セル範囲【I4:I25】の条件付き書式の「上位5位」のルールが削除されます。
※太字の設定が解除されます。

求められるスキル

出題範囲1

出題範囲2

出題範囲3

出題範囲4

出題範囲5

確認問題 標準解答

Exercise 確認問題

標準解答 ▶ P.234

Lesson 2-30

 ブック「Lesson2-30」を開いておきましょう。

あなたは旅行会社の企画部に所属しており、企画したツアーの情報をまとめます。
次の操作を行いましょう。

問題(1)	シート「ホテルリスト」のセル【B1】のタイトルとセル【B2】の副題を、表の幅の中央に配置してください。ただし、セルは結合しません。
問題(2)	シート「ホテルリスト」のホテル名が「オールドNY」の行をすべて削除してください。
問題(3)	オートフィルを使って、シート「ホテルリスト」の「No.」に連番を入力してください。
問題(4)	シート「ホテルリスト」の「日本円」の列に、「ドル」の列と定義された名前「円相場」を乗算した値を表示してください。
問題(5)	シート「ホテルリスト」のセル【I4】とセル範囲【I7:I34】に会計の表示形式を設定してください。小数点以下は表示しません。
問題(6)	シート「ホテルリスト」の「日本円」の列に、「3つの図形」の条件付き書式を設定してください。
問題(7)	シート「ホテルリスト」のセル範囲【I7:I34】に設定されている条件付き書式のルール「セルの値>50000」を削除してください。
問題(8)	シート「シャトルバス」のセル【G4】とセル【I4】の文字列を、折り返して表示してください。
問題(9)	シート「シャトルバス」のセル【C5】に入力されている数式を編集して、シャトルバスの空港発の時刻を30分おきから45分おきに変更してください。数式は、引数の「目盛り」だけを修正し、その他の構成は変更しないようにします。
問題(10)	シート「シャトルバス」のセル【I17】の文字に、取り消し線を引いてください。
問題(11)	シート「年間気温」の「年間推移」の列に、1月から12月の気温の推移を表す折れ線スパークラインを挿入してください。縦軸の最小値は「-12」、最大値は「すべてのスパークラインで同じ値」にし、マーカーを表示します。
問題(12)	シート「年間気温」の気温が25度より高いセルに「濃い赤の文字、明るい赤の背景」、5度より低いセルに「濃い緑の文字、緑の背景」を設定してください。
問題(13)	シート「キャンペーン第1弾」の「<当選番号>」の表をコピーして、シート「キャンペーン第2弾」のセル【B4】を開始位置として、列幅を保持したまま貼り付けてください。
問題(14)	関数を使って、シート「キャンペーン第1弾」のセル範囲【H5:H8】に、301001から301050までのランダムな数値を表示してください。数値が重複する場合もあります。次に、「抽選処理」の値をセル範囲【F5:F8】に貼り付けてください。

Hint

時刻を30分おきから45分おきに変更するには、引数の「目盛り」を「0.5」から「0.75」に変更します。

MOS Excel 365

出題範囲 3

テーブルとテーブルの
データの管理

1 テーブルを作成する、書式設定する

 理解度チェック

	習得すべき機能	参照Lesson	学習前	学習後	試験直前
■	セル範囲をテーブルに変換できる。	➡Lesson3-1	☑	☑	☑
■	テーブルスタイルを適用できる。	➡Lesson3-2	☑	☑	☑
■	テーブルをセル範囲に変換できる。	➡Lesson3-3	☑	☑	☑

1 セル範囲からExcelのテーブルを作成する

解説

■テーブルに変換

表を「**テーブル**」に変換すると、並べ替えやフィルターなどデータベース管理が簡単に行えるようになります。また、自動的に罫線や塗りつぶしの色などの「**テーブルスタイル**」が適用され、表全体の見栄えを瞬時に整えることができます。

テーブルには、次のような特長があります。

> フィルターモードが設定され、並べ替えやフィルターを実行できる

▲	A	B	C	D	E	F	G	H	I	J
1		セミナー開催状況								
2										
3		No. ▼	開催日 ▼	地区 ▼	セミナー名 ▼	受講料 ▼	定員 ▼	受講者数 ▼	受講率 ▼	売上金額 ▼
4		1	2023/7/1	東京	はじめての洋菓子	3,000	20	18	90%	54,000
5		2	2023/7/2	東京	パン基礎	4,500	20	15	75%	67,500
6		3	2023/7/2	大阪	はじめての洋菓子	3,000	15	13	87%	39,000
7		4	2023/7/4	東京	米粉で作るおやつ入門	3,500	20	14	70%	49,000
8		5	2023/7/5	福岡	はじめての洋菓子	3,000	14	8	57%	24,000
9		6	2023/7/8	大阪	天然酵母パン		15	15	100%	90,000
10		7	2023/7/8	東京	洋菓子基礎		20	20	100%	80,000
11		8	2023/7/9	大阪	パン基礎		15	12	80%	54,000
12		9	2023/7/9	東京	洋菓子応用	5,000	20	16	80%	80,000
13		10	2023/7/12	福岡	パン基礎	4,500	14	4	29%	18,000
14		11	2023/7/15	大阪	パン応用	5,000	15	14	93%	70,000
15		12	2023/7/15	東京	天然酵母パン基礎	6,000	20	15	75%	90,000

> テーブルスタイルが設定される

▲	A	No. ▼	開催日 ▼	地区 ▼	セミナー名 ▼	受講料 ▼	定員 ▼	受講者数 ▼	受講率 ▼	売上金額 ▼
29		26	2023/8/27	名古屋	洋菓子応用	5,000	18	11	61%	55,000
30		27	2023/8/29	東京	はじめての洋菓子	3,000	20	20	100%	60,000
31		28	2023/8/30	東京	パン基礎		19	95%		85,500
32		29	2023/9/2	大阪	はじめての		12	80%		36,000
33		30	2023/9/2	東京	発酵食入門		16	80%		56,000
34		31	2023/9/3	大阪	洋菓子基礎		14	93%		56,000
35		32	2023/9/5	東京	洋菓子基礎	4,000	20	15	75%	60,000
36		33	2023/9/6	東京	洋菓子応用	5,000	20	14	70%	70,000
37		34	2023/9/9	大阪	パン基礎	4,500	15	15	100%	67,500
38		35	2023/9/10	大阪	洋菓子応用	5,000	15	8	53%	40,000
39		36	2023/9/12	東京	天然酵母パン基礎	6,000	20	19	95%	114,000
40		37	2023/9/13	東京	パン応用	5,000	20	16	80%	80,000
41		38	2023/9/16	大阪	天然酵母パン基礎	6,000	15	6	40%	36,000
42		39	2023/9/18	東京	米粉で作るおやつ入門	3,500	20	17	85%	59,500
43		40	2023/9/23	大阪	パン応用	5,000	15	9	60%	45,000
44										

> ワークシートをスクロールすると、列番号が列見出しに置き換わる

操作 ◆《挿入》タブ→《テーブル》グループの 🎴 (テーブル)

Lesson 3-1

 ブック「Lesson3-1」を開いておきましょう。

次の操作を行いましょう。
(1) 表をテーブルに変換してください。

Lesson 3-1 Answer

(1)

① セル【B3】を選択します。
※表内のセルであれば、どこでもかまいません。
②《挿入》タブ→《テーブル》グループの (テーブル)をクリックします。

③《テーブルの作成》ダイアログボックスが表示されます。
④《テーブルに変換するデータ範囲を指定してください》が「**$B$3:$J$43**」になっていることを確認します。
⑤《先頭行をテーブルの見出しとして使用する》が ✔ になっていることを確認します。
⑥《OK》をクリックします。

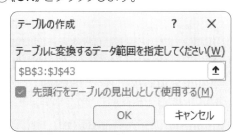

⑦ テーブルに変換されます。

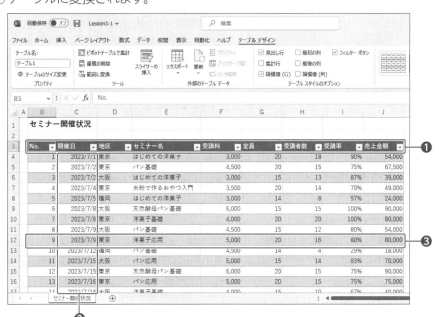

その他の方法

テーブルに変換

◆ 表内のセルを選択→ Ctrl + T

! Point

テーブル名

テーブルに名前を付けることができます。テーブルに名前を付けると、テーブルを選択したり、数式内でテーブルを参照したりするときに便利です。

◆ テーブル内のセルを選択→《テーブルデザイン》タブ→《プロパティ》グループの《テーブル名》

! Point

データベース用の表

「データベース」とは、特定のテーマや目的に沿って集められたデータの集まりです。テーブルに変換してデータベース機能を利用するには、「フィールド」と「レコード」から構成される表を作成します。

❶列見出し（フィールド名）

データを分類する項目名です。列見出しは必ず設定し、レコード部分と異なる書式にします。

❷フィールド

列単位のデータです。列見出しに対応した同じ種類のデータを入力します。

❸レコード

行単位のデータです。1行あたり1件分のデータを入力します。

求められるスキル

出題範囲1

出題範囲2

出題範囲3

出題範囲4

出題範囲5

確認問題 標準解答

2　テーブルにスタイルを適用する

解説 ■テーブルスタイルの適用

「**テーブルスタイル**」とは、罫線や塗りつぶしの色などテーブル全体の書式が定義されたもので、様々なパターンが用意されています。セル範囲をテーブルに変換すると、テーブルスタイルが自動的に適用されますが、あとから変更することもできます。

操作 ◆《テーブルデザイン》タブ→《テーブルスタイル》グループ

Lesson 3-2

 ブック「Lesson3-2」を開いておきましょう。

次の操作を行いましょう。
(1) テーブルにテーブルスタイル「薄い緑, テーブルスタイル（淡色）21」を適用してください。

Lesson 3-2 Answer

(1)
①セル【B3】を選択します。
※テーブル内のセルであれば、どこでもかまいません。
②《テーブルデザイン》タブ→《テーブルスタイル》グループの →《淡色》の《薄い緑, テーブルスタイル（淡色）21》をクリックします。

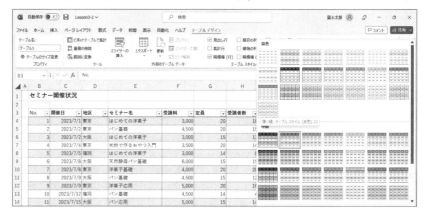

③テーブルスタイルが適用されます。

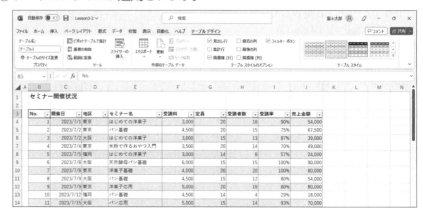

⚠ Point

テーブルスタイルのクリア
書式を設定した表をテーブルに変換すると、元の書式にテーブルスタイルが重なって適用されます。
元の表の書式だけを設定する場合は、テーブルスタイルをクリアします。

◆テーブル内のセルを選択→《テーブルデザイン》タブ→《テーブルスタイル》グループの ▼ →《クリア》／《淡色》の《なし》

解説 ■セル範囲に変換

テーブルを解除して元のセル範囲に戻すことができます。元のセル範囲に戻しても、テーブルの変換時に設定された書式は残ります。

操作 ◆《テーブルデザイン》タブ→《ツール》グループの 範囲に変換 (範囲に変換)

Lesson 3-3

 ブック「Lesson3-3」を開いておきましょう。

次の操作を行いましょう。
(1) テーブルをセル範囲に変換してください。

Lesson 3-3 Answer

(1)
①セル【B3】を選択します。
※テーブル内のセルであれば、どこでもかまいません。

その他の方法
セル範囲に変換
◆テーブル内のセルを右クリック→《テーブル》→《範囲に変換》

②《テーブルデザイン》タブ→《ツール》グループの 範囲に変換 (範囲に変換) をクリックします。

③《はい》をクリックします。

④セル範囲に変換されます。

	A	B	C	D	E	F	G	H	I	J
1		セミナー開催状況								
2										
3		No.	開催日	地区	セミナー名	受講料	定員	受講者数	受講率	売上金額
4		1	2023/7/1	東京	はじめての洋菓子	3,000	20	18	90%	54,000
5		2	2023/7/2	東京	パン基礎	4,500	20	15	75%	67,500
6		3	2023/7/2	大阪	はじめての洋菓子	3,000	15	13	87%	39,000
7		4	2023/7/4	東京	米粉で作るおやつ入門	3,500	20	14	70%	49,000
8		5	2023/7/5	福岡	はじめての洋菓子	3,000	14	8	57%	24,000
9		6	2023/7/8	大阪	天然酵母パン基礎	6,000	15	15	100%	90,000
10		7	2023/7/8	東京	洋菓子基礎	4,000	20	20	100%	80,000
11		8	2023/7/9	大阪	パン基礎	4,500	15	12	80%	54,000
12		9	2023/7/9	東京	洋菓子応用	5,000	20	16	80%	80,000
13		10	2023/7/12	福岡	パン基礎	4,500	14	4	29%	18,000
14		11	2023/7/15	大阪	パン応用	5,000	15	14	93%	70,000
15		12	2023/7/15	東京	天然酵母パン基礎	6,000	20	15	75%	90,000

求められるスキル

出題範囲1

出題範囲2

出題範囲3

出題範囲4

出題範囲5

確認問題 標準解答

2 | テーブルを変更する

☑ 理解度チェック	習得すべき機能	参照Lesson	学習前	学習後	試験直前
	■ テーブルに行や列を追加したり削除したりできる。	➡Lesson3-4	☑	☑	☑
	■ テーブルの範囲を拡張できる。	➡Lesson3-4	☑	☑	☑
	■ テーブルスタイルのオプションを設定できる。	➡Lesson3-5	☑	☑	☑
	■ テーブルに集計行を表示して、集計方法を設定できる。	➡Lesson3-6	☑	☑	☑

1 | テーブルに行や列を追加する、削除する

解説

■ テーブルへの行や列の追加

テーブルに行や列を挿入すると、自動的にテーブルの範囲が拡張され、書式も再設定されます。また、テーブルの最終行や最終列に新しくデータを追加したときも同様です。
テーブル内に行や列を追加しても、テーブル以外のセルには影響がありません。

操作 ◆テーブル内のセルを右クリック→《挿入》→《テーブルの列（左）》／《テーブルの行（上）》

※右クリックする位置によっては、《テーブルの列（右）》や《テーブルの行（下）》が表示されます。

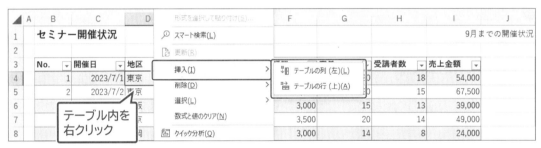

■ テーブルの行や列の削除

テーブルから行や列を削除すると、自動的にテーブルの範囲が縮小され、書式も再設定されます。テーブル内の行や列を削除しても、テーブル以外のセルには影響がありません。

操作 ◆テーブル内のセルを右クリック→《削除》→《テーブルの列》／《テーブルの行》

■ テーブルの範囲の変更

テーブルの範囲は、行や列を拡大したり、縮小したりして変更できます。

操作 ◆《テーブルデザイン》タブ→《プロパティ》グループの〔⊞ テーブルのサイズ変更〕（テーブルのサイズ変更）

Lesson 3-4

 ブック「Lesson3-4」を開いておきましょう。

次の操作を行いましょう。

(1) テーブル「セミナー開催状況」に列を追加してください。「売上金額」の左に追加し、列見出しに「受講率」と入力します。テーブル以外の行には影響がないようにします。

(2) (1)で追加した列に受講率を算出し、パーセントで表示してください。受講率は、「受講者数÷定員」で求めます。

(3) テーブル「地区別開催・受講者数」を「受講者数」の列まで拡張してください。

(4) テーブル「セミナー開催状況」の7月開催のレコードだけを削除してください。テーブル以外には影響がないようにします。

Lesson 3-4 Answer

(1)

①セル【I4】を右クリックします。

※テーブル「セミナー開催状況」内の「売上金額」の列のセルであれば、どこでもかまいません。

②《挿入》→《テーブルの列（左）》をクリックします。

③「**売上金額**」の左側に「**列1**」という列見出しの列が挿入されます。

④セル【I3】に「**受講率**」と入力します。

(2)

①セル【I4】に「**＝[@受講者数]/[@定員]**」と入力します。

※「[@受講者数]」はセル【H4】、「[@定員]」はセル【G4】を選択して指定します。

求められるスキル

出題範囲1

出題範囲2

出題範囲3

出題範囲4

出題範囲5

確認問題　標準解答

⚠️ Point

構造化参照

数式を入力するときに、テーブル内のセルを選択して参照すると、「@」の後ろに列見出しが自動的に入力されます。この参照を「構造化参照」といいます。

※構造化参照の詳細については、P.177を参照してください。

Point

テーブル内に数式を入力

テーブル内のセルに数式を入力すると、自動的にそのフィールド全体に数式がコピーされ、セルの参照が調整されます。

Point

テーブルの列や行の選択

列の選択

◆テーブルの列見出しの上側をポイント→マウスポインターの形が↓に変わったらクリック

行の選択

◆テーブルの行の左側をポイント→マウスポインターの形が➡に変わったらクリック

その他の方法

テーブルの範囲の変更

◆テーブル右下の◢をドラッグ

② セル範囲【I5:I43】にも数式がコピーされていることを確認します。

③ セル範囲【I4:I43】を選択します。

※「受講率」の列見出しの上側をポイントし、マウスポインターの形が↓に変わったらクリックして選択します。

④《ホーム》タブ→《数値》グループの%（パーセントスタイル）をクリックします。

⑤ パーセントで表示されます。

(3)

① セル【L3】を選択します。

※テーブル「地区別開催・受講者数」内のセルであれば、どこでもかまいません。

②《テーブルデザイン》タブ→《プロパティ》グループの田 テーブルのサイズ変更（テーブルのサイズ変更）をクリックします。

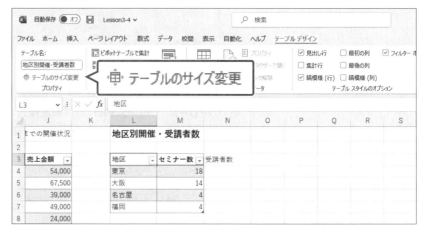

③《テーブルに変換する新しいデータ範囲を指定してください》が「$L$3:$M$7」に
なっていることを確認します。

④セル範囲【L3:N7】を選択します。

⑤《テーブルに変換する新しいデータ範囲を指定してください》が「$L$3:$N$7」に変
更されます。

⑥《OK》をクリックします。

⑦テーブルの範囲が拡張され、テーブルスタイルが適用されます。

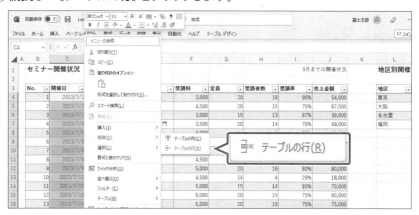

（4）

①「開催日」が7月のセル範囲【C4:C19】を選択します。

※テーブル「セミナー開催状況」内の4行目～19行目であれば、どの列でもかまいません。

②選択した範囲内を右クリックします。

③《削除》→《テーブルの行》をクリックします。

④テーブル「セミナー開催状況」内のレコードだけが削除されます。

2 テーブルスタイルのオプションを設定する

解説 ■テーブルスタイルのオプションの設定

テーブルスタイルのオプションを設定すると、テーブルに見出し行や縞模様の書式を設定したり、特定の列や行を強調したりできます。

操作 ◆《テーブルデザイン》タブ→《テーブルスタイルのオプション》グループ

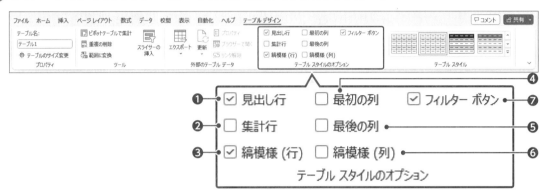

❶見出し行
テーブルの一番上の行に見出しを表示します。

❷集計行
テーブルの最終行に集計行を表示します。

❸縞模様（行）
1行おきに異なる書式を設定して、データを読み取りやすくします。

❹最初の列
テーブルの一番左の列を強調します。

❺最後の列
テーブルの一番右の列を強調します。

❻縞模様（列）
1列おきに異なる書式を設定して、データを読み取りやすくします。

❼フィルターボタン
フィルターボタンを表示します。

Lesson 3-5

 ブック「Lesson3-5」を開いておきましょう。

次の操作を行いましょう。
(1) テーブルの最後の列を強調してください。

Lesson 3-5 Answer

(1)

①セル【B3】を選択します。
※テーブル内のセルであれば、どこでもかまいません。
②《テーブルデザイン》タブ→《テーブルスタイルのオプション》グループの《最後の列》を☑にします。
③最後の列の「売上金額」が強調されます。

3 | 集計行を挿入する、設定する

解説 ■集計行の表示

テーブルの最終行に集計行を表示できます。集計行のセルを選択したときに表示される
▼をクリックして、列ごとに集計方法を設定することができます。集計方法には、**「平均」**
「個数」「数値の個数」「最大」「最小」「合計」などがあります。

操作 ◆《テーブルデザイン》タブ→《テーブルスタイルのオプション》グループの《☑集計行》

Lesson 3-6

OPEN ブック「Lesson3-6」を開いておきましょう。

次の操作を行いましょう。

(1) テーブルに集計行を表示し、「開催日」のデータの個数、「受講者数」の合計、
「売上金額」の合計を表示してください。

Lesson 3-6 Answer

(1)

①セル【B3】を選択します。

※テーブル内のセルであれば、どこでもかまいません。

②《テーブルデザイン》タブ→《テーブルスタイルのオプション》グループの《集計行》を
☑にします。

③集計行が表示されます。

④集計行の**「開催日」**のセル【C44】を選択します。

⑤▼をクリックし、一覧から《個数》を選択します。

	A	No.	開催日	地区	セミナー名	受講料	定員	受講者数	受講率	売上金額		K
39		36	2023/9/12	東京	天然酵母パン基礎	6,000	20	19	95%	114,000		
40		37	2023/9/13	東京	パン応用	5,000	20	16	80%	80,000		
41		38	2023/9/16	大阪	天然酵母パン基礎	6,000	15	6	40%	36,000		
42		39	2023/9/18	東京	米粉で作るおやつ入門	3,500	20	17	85%	59,500		
43		40	2023/9/23	大阪	パン応用	5,000	15	9	60%	45,000		
44		集計	▼							2,196,500		
45			なし									
46			平均	個数								
47			個数									
48			数値の個数									
49			最大									
50			最小									
51			合計 標本標準偏差 標本分散 その他の関数...									

⑥集計行の**「受講者数」**のセル【H44】を選択します。

⑦▼をクリックし、一覧から《合計》を選択します。

⑧集計行の**「売上金額」**のセル【J44】に合計が表示されていることを確認します。

J44 　✓ ⅰ × ✓ fx 　=SUBTOTAL(109,[売上金額])

	A	No.	開催日	地区	セミナー名	受講料	定員	受講者数	受講率	売上金額	K
36		33	2023/9/6	東京	洋菓子応用	5,000	20	14	70%	70,000	
37		34	2023/9/9	大阪	パン応用	4,500	15	15	100%	67,500	
38		35	2023/9/10	大阪	洋菓子応用	5,000	15	8	53%	40,000	
39		36	2023/9/12	東京	天然酵母パン基礎	6,000	20	19	95%	114,000	
40		37	2023/9/13	東京	パン応用	5,000	20	16	80%	80,000	
41		38	2023/9/16	大阪	天然酵母パン基礎	6,000	15	6	40%	36,000	
42		39	2023/9/18	東京	米粉で作るおやつ入門	3,500	20	17	85%	59,500	
43		40	2023/9/23	大阪	パン応用	5,000	15	9	60%	45,000	
44		集計	40 ▼					507 ▼		2,196,500 ▼	
45											

Point

最終列の集計

テーブルの最終列が数値フィールドの
場合、自動的に合計値が表示されます。

Point

集計結果の非表示

集計行の集計結果を非表示にする
には《なし》を選択します。

3 テーブルのデータをフィルターする、並べ替える

☑ 理解度チェック	習得すべき機能	参照Lesson	学習前	学習後	試験直前
■1つのフィールドを基準にレコードの並べ替えができる。	➡Lesson3-7	☑	☑	☑
■複数のフィールドを基準にレコードの並べ替えができる。	➡Lesson3-7	☑	☑	☑
■条件を指定してレコードを抽出できる。	➡Lesson3-8	☑	☑	☑
■特定の文字列を含むレコードを抽出できる。	➡Lesson3-8	☑	☑	☑
■上位・下位のレコードを抽出できる。	➡Lesson3-8	☑	☑	☑
■範囲のあるレコードを抽出できる。	➡Lesson3-8	☑	☑	☑
■フィルターの条件を解除できる。	➡Lesson3-8	☑	☑	☑

1 複数の列でデータを並べ替える

解説

■テーブルのレコードの並べ替え

表のデータの並べ替えには、《**データ**》タブの （昇順） ／ （降順） を使います。

表をテーブルに変換すると、フィルターモードになり、列見出しに （フィルターボタン） が表示されます。列見出しの を使うと、テーブルのレコードを簡単に並べ替えることができます。

操作 ◆列見出しの （フィルターボタン） →《昇順》／《降順》

並べ替えの順序には、「**昇順**」と「**降順**」があります。

❶昇順

データ	順序
数値	0→9
英字	A→Z
日付	古→新
かな	あ→ん
JISコード	小→大

❷降順

データ	順序
数値	9→0
英字	Z→A
日付	新→古
かな	ん→あ
JISコード	大→小

■複数フィールドによる並べ替え

《並べ替え》ダイアログボックスを使うと、複数のフィールドを基準にレコードを並べ替える条件をまとめて設定できます。

操作 ◆《データ》タブ→《並べ替えとフィルター》グループの （並べ替え）

Lesson 3-7

OPEN ブック「Lesson3-7」を開いておきましょう。

次の操作を行いましょう。

(1)「セミナー名」を基準に五十音順に並べ替えてください。

(2)「受講率」が高い順に並べ替えてください。

(3)「地区」を基準に五十音順に並べ替え、「地区」が同じ場合は、「セミナー名」を基準に五十音順に並べ替えてください。さらに、「セミナー名」が同じ場合は、「売上金額」が高い順に並べ替えてください。

Lesson 3-7 Answer

(1)

①「**セミナー名**」の をクリックします。

②《**昇順**》をクリックします。

③レコードが並び替わります。
※「セミナー名」のフィルターボタンが に変わります。

求められるスキル

出題範囲1

出題範囲2

出題範囲3

出題範囲4

出題範囲5

確認問題 標準解答

(2)

①「受講率」の ▼ をクリックします。

②《降順》をクリックします。

③レコードが並び替わります。

※「受講率」のフィルターボタンが ↓ に変わります。

(3)

①セル【B3】を選択します。

※テーブル内のセルであれば、どこでもかまいません。

②《データ》タブ→《並べ替えとフィルター》グループの （並べ替え）をクリックします。

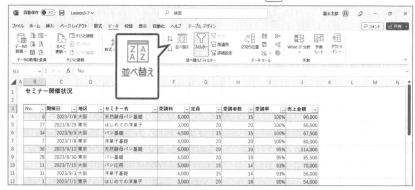

③《並べ替え》ダイアログボックスが表示されます。

④《最優先されるキー》の《列》の ∨ をクリックし、一覧から「地区」を選択します。

⑤《並べ替えのキー》の ∨ をクリックし、一覧から《セルの値》を選択します。

求められるスキル

出題範囲1

出題範囲2

出題範囲3

出題範囲4

出題範囲5

確認問題 標準解答

⑥《順序》の▽をクリックし、一覧から《昇順》を選択します。

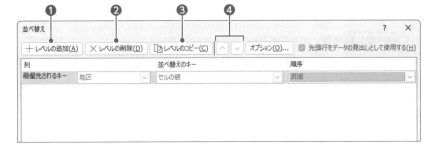

⑦《レベルの追加》をクリックします。

※一覧に《次に優先されるキー》が表示されます。

⑧《次に優先されるキー》の《列》の▽をクリックし、一覧から「**セミナー名**」を選択します。

⑨《並べ替えのキー》の▽をクリックし、一覧から《セルの値》を選択します。

⑩《順序》の▽をクリックし、一覧から《昇順》を選択します。

⑪《レベルの追加》をクリックします。

※一覧に《次に優先されるキー》が表示されます。

⑫《次に優先されるキー》の《列》の▽をクリックし、一覧から「**売上金額**」を選択します。

⑬《並べ替えのキー》の▽をクリックし、一覧から《**セルの値**》を選択します。

⑭《順序》の▽をクリックし、一覧から《**大きい順**》を選択します。

⑮《**OK**》をクリックします。

⑯ レコードが並び替わります。

	A	B	C	D	E	F	G	H	I	J
1		セミナー開催状況								
2										
3		No.	開催日	地区	セミナー名	受講料	定員	受講者数	受講率	売上金額
4		6	2023/7/8	大阪	天然酵母パン基礎	6,000	15	15	100%	90,000
5		38	2023/9/16	大阪	天然酵母パン基礎	6,000	15	6	40%	36,000
6		3	2023/7/2	大阪	はじめての洋菓子	3,000	15	13	87%	39,000
7		29	2023/9/2	大阪	はじめての洋菓子	3,000	15	12	80%	36,000
8		18	2023/8/8	大阪	はじめての洋菓子	3,000	15	7	47%	21,000
9		21	2023/8/15	大阪	発酵食入門	3,500	15	11	73%	38,500
10		11	2023/7/15	大阪	パン応用	5,000	15	14	93%	70,000
11		40	2023/9/23	大阪	パン応用	5,000	15	9	60%	45,000
12		34	2023/9/3	大阪	パン基礎	4,500	15	15	100%	67,500
13		8	2023/7/9	大阪	パン基礎	4,500	15	12	80%	54,000
14		16	2023/7/23	大阪	洋菓子応用	5,000	15	9	60%	45,000
15		35	2023/9/10	大阪	洋菓子応用	5,000	15	8	53%	40,000
16		31	2023/9/3	大阪	洋菓子基礎	4,000	15	14	93%	56,000
17		14	2023/7/16	大阪	洋菓子基礎	4,000	15	10	67%	40,000

2 レコードをフィルターする

 解説 ■フィルターの実行

「**フィルター**」を使うと、条件に合致するレコードだけを抽出できます。条件に合致しないレコードは非表示になります。

操作 ◆列見出しの ▼ （フィルターボタン）

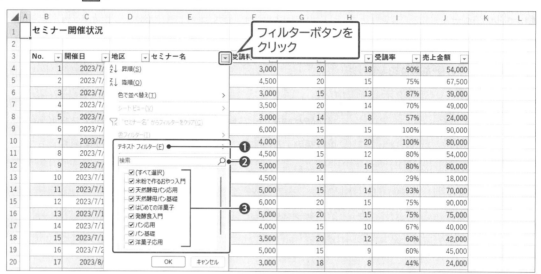

❶詳細フィルター

フィールドに入力されているデータの種類によって、「**テキストフィルター**」「**数値フィルター**」「**日付フィルター**」に表示が切り替わります。
「○○を含む」や「○○より大きい」、「○○〜○○の期間」のように条件を設定して、レコードを抽出します。

❷検索

条件となるキーワードを入力します。
キーワードを含むレコードを抽出します。

❸データ一覧

フィールドに入力されているデータが一覧で表示されます。✔にしたレコードを抽出します。

■フィルターの条件の解除

フィルターを実行すると、▼ （フィルターボタン） が ▼ に変わり、条件が設定されているフィールドを確認したり、そのフィールドの条件を解除したりできます。フィルターを解除すると、非表示になっていたレコードが表示されます。

操作 ◆ ▼ →《"（列見出し名）"からフィルターをクリア》

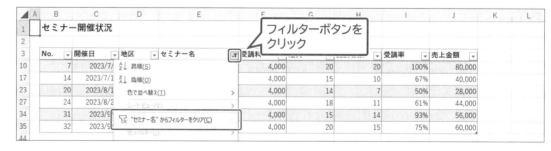

また、複数のフィールドに設定された条件をまとめて解除することもできます。

操作 ◆《データ》タブ→《並べ替えとフィルター》グループの 🔽クリア （クリア）

出題範囲3 テーブルとテーブルのデータの管理

Lesson 3-8

 ブック「Lesson3-8」を開いておきましょう。

次の操作を行いましょう。

(1)「地区」が「東京」で、「セミナー名」が「洋菓子基礎」のレコードを抽出してください。

(2) フィルターの条件をすべて解除してください。

(3)「セミナー名」に「はじめて」または「入門」を含むレコードを抽出してください。
※抽出後、フィルターの条件を解除しておきましょう。

(4)「売上金額」が50,000以上のレコードを抽出してください。
※抽出後、フィルターの条件を解除しておきましょう。

(5)「売上金額」の上位20%のレコードを抽出してください。
※抽出後、フィルターの条件を解除しておきましょう。

(6)「開催日」が2023年9月10日から2023年9月20日までのレコードを抽出してください。

Lesson 3-8 Answer

(1)

① 「**地区**」の ▼ をクリックします。

② 《**(すべて選択)**》を ☐ にします。

③ 「**東京**」を ✔ にします。

④ 《**OK**》をクリックします。

※18件のレコードが抽出され、フィルターボタンが ▼ に変わります。

🛈 Point

抽出件数の確認

抽出されてレコードの件数は、ステータスバーで確認できます。

◀ ▶	セミナー開催状況
準備完了	40 レコード中 18 個が見つかりました

⑤ 「**セミナー名**」の ▼ をクリックします。

⑥ 《**(すべて選択)**》を ☐ にします。

⑦ 「**洋菓子基礎**」を ✔ にします。

⑧ 《**OK**》をクリックします。

⑨ 条件に合致するレコードが抽出されます。

※2件のレコードが抽出されます。

求められるスキル

出題範囲1

出題範囲2

出題範囲3

出題範囲4

出題範囲5

確認問題 標準解答

(2)

①セル【B3】を選択します。

※テーブル内のセルであれば、どこでもかまいません。

②《データ》タブ→《並べ替えとフィルター》グループの 📊クリア (クリア) をクリックします。

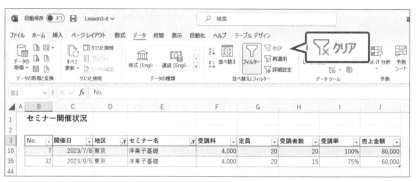

③すべてのフィルターの条件が解除されます。

(3)

①「セミナー名」の ▼ をクリックします。

②《テキストフィルター》→《指定の値を含む》をクリックします。

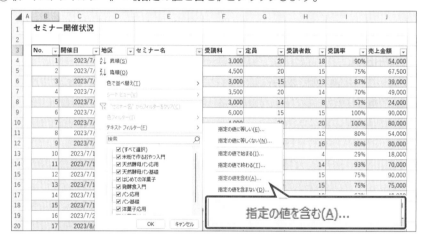

③《カスタムオートフィルター》ダイアログボックスが表示されます。

④左上のボックスが《を含む》になっていることを確認します。

⑤右上のボックスに「はじめて」と入力します。

⑥《OR》を ◉ にします。

⑦左下のボックスの ▼ をクリックし、一覧から《を含む》を選択します。

⑧右下のボックスに「入門」と入力します。

⑨《OK》をクリックします。

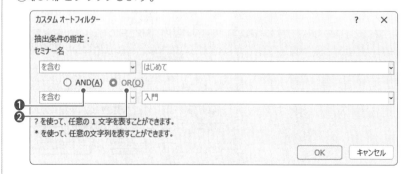

《カスタムオートフィルター》

❶ AND
2つの条件の両方を満たす場合に使います。

❷ OR
2つの条件のうち少なくともどちらか一方を満たす場合に使います。

⑩条件に合致するレコードが抽出されます。

※13件のレコードが抽出されます。

※「セミナー名」の 🔽→《"セミナー名"からフィルターをクリア》をクリックしておきましょう。

(4)

①「売上金額」の 🔽 をクリックします。

②《数値フィルター》→《指定の値以上》をクリックします。

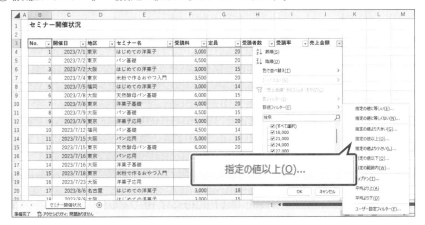

③《カスタムオートフィルター》ダイアログボックスが表示されます。

④左上のボックスが《以上》になっていることを確認します。

⑤右上のボックスに「50000」と入力します。

⑥《OK》をクリックします。

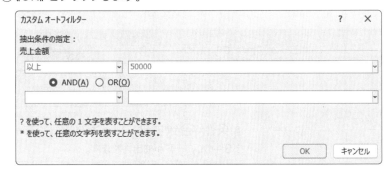

求められるスキル

出題範囲1

出題範囲2

出題範囲3

出題範囲4

出題範囲5

確認問題 標準解答

⑦条件に合致するレコードが抽出されます。

※21件のレコードが抽出されます。

※「売上金額」の⭳→《"売上金額"からフィルターをクリア》をクリックしておきましょう。

(5)

①「売上金額」の▼をクリックします。

②《数値フィルター》→《トップテン》をクリックします。

③《トップテンオートフィルター》ダイアログボックスが表示されます。

④左側のボックスの∨をクリックし、一覧から《上位》を選択します。

⑤中央のボックスを「20」に設定します。

⑥右側のボックスの∨をクリックし、一覧から《パーセント》を選択します。

⑦《OK》をクリックします。

⑧条件に合致するレコードが抽出されます。

※8件のレコードが抽出されます。

※「売上金額」の⭳→《"売上金額"からフィルターをクリア》をクリックしておきましょう。

(6)

① 「開催日」の ▼ をクリックします。

② 《日付フィルター》→《指定の範囲内》をクリックします。

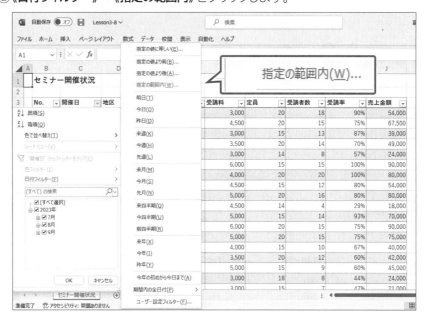

③ 《カスタムオートフィルター》ダイアログボックスが表示されます。

④ 左上のボックスが《以降》になっていることを確認します。

⑤ 右上のボックスに「2023/9/10」と入力します。

⑥ 《AND》を⦿にします。

⑦ 左下のボックスが《以前》になっていることを確認します。

⑧ 右下のボックスに「2023/9/20」と入力します。

⑨ 《OK》をクリックします。

⑩ 条件に合致するレコードが抽出されます。

※5件のレコードが抽出されます。

求められるスキル

出題範囲1

出題範囲2

出題範囲3

出題範囲4

出題範囲5

確認問題 標準解答

Lesson 3-9

 ブック「Lesson3-9」を開いておきましょう。

あなたは不動産会社の従業員です。都内のマンションの売買仲介を担当しており、新着物件の一覧を使って、お客様に紹介する物件を検討します。
次の操作を行いましょう。

問題（1）	シート「物件一覧」の表をテーブルに変換し、テーブルスタイル「白,テーブルスタイル（淡色）1」を適用してください。
問題（2）	シート「物件一覧」のテーブルから、「間取り」が「2LDK」のレコードを抽出してください。
問題（3）	シート「物件一覧」のテーブルから、「間取り」が「2LDK」かつ「最寄駅」が「代々木上原」のレコードを抽出してください。
問題（4）	シート「物件一覧」のテーブルから、「間取り」が「2LDK」かつ「最寄駅」が「代々木上原」または「代々木公園」のレコードを抽出してください。抽出後、すべての条件をクリアします。
問題（5）	シート「物件一覧」のテーブルから、「価格（万円）」が8000万円以上のレコードを抽出してください。
問題（6）	シート「物件一覧」のテーブルから、「価格（万円）」が8000万円以上9000万円以下のレコードを抽出してください。
問題（7）	シート「物件一覧」のテーブルから、「価格（万円）」が8000万円以上9000万円以下かつ「専有面積（㎡）」が80㎡より大きいレコードを抽出してください。抽出後、すべての条件をクリアします。
問題（8）	シート「物件一覧」のテーブルを「価格（万円）」の低い順に並べ替えてください。
問題（9）	シート「物件一覧」のテーブルから、「価格（万円）」が6000万円のレコードを削除してください。テーブル以外には影響がないようにします。
問題（10）	シート「物件一覧」のテーブルを「価格（万円）」の低い順に並べ替えてください。「価格（万円）」が同じ場合は「専有面積」の広い順に並べ替えます。
問題（11）	シート「物件一覧」のテーブルに集計行を表示してください。「物件名」のデータの個数、「価格（万円）」の平均を表示し、「築年月」の集計は非表示にします。
問題（12）	シート「従業員リスト」のテーブルに、「役職」の列を追加してください。
問題（13）	シート「従業員リスト」のテーブルの最初の列を強調してください。

MOS Excel 365

出題範囲 **4**

数式や関数を使用した演算の実行

1 参照を追加する

 理解度チェック

習得すべき機能	参照Lesson	学習前	学習後	試験直前
■相対参照、絶対参照、複合参照を使い分けて、数式を入力できる。	→Lesson4-1 →Lesson4-2 →Lesson4-3	☑	☑	☑
■構造化参照を使って数式を入力できる。	→Lesson4-4 →Lesson4-5	☑	☑	☑

1 セルの相対参照、絶対参照、複合参照を追加する

解説

■セルの参照

数式を入力する場合、「=A1＊A2」のように、セルを参照して入力するのが一般的です。参照するセルは、同じワークシート内だけでなく、同じブック内の別のワークシートや別のブック内のワークシートでもかまいません。セルの参照形式には、次の3つがあります。それぞれの形式は、数式をコピーしたときに違いがあります。

●相対参照

「相対参照」は、セルの位置を相対的に参照する形式です。数式をコピーすると、セルの参照は自動的に調整されます。

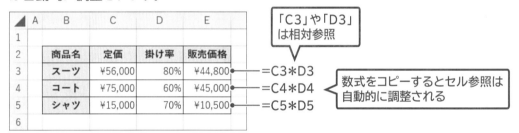

「C3」や「D3」は相対参照

=C3*D3
=C4*D4
=C5*D5

数式をコピーするとセル参照は自動的に調整される

●絶対参照

「絶対参照」は、特定の位置にあるセルを必ず参照する形式です。数式をコピーしても、セルの参照は固定されたままで調整されません。セルを絶対参照にするには、「＄」を付けます。

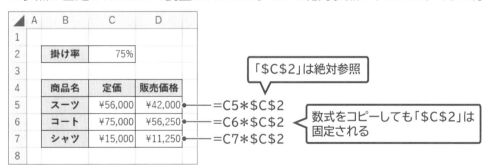

「＄C＄2」は絶対参照

=C5*$C$2
=C6*$C$2
=C7*$C$2

数式をコピーしても「＄C＄2」は固定される

●複合参照

「**複合参照**」は、セルの列と行のどちらか一方を固定し、もう一方を相対的に参照する形式です。数式をコピーすると、列または行の一方が固定されたまま、もう一方のセルの参照は自動的に調整されます。

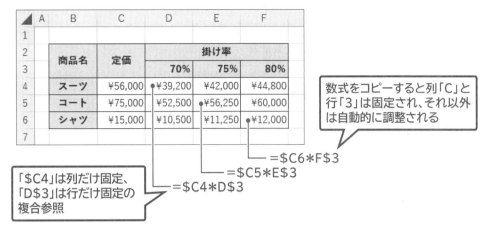

数式をコピーすると列「C」と行「3」が固定され、それ以外は自動的に調整される

└── =$C6*F$3

└── =$C5*E$3

「$C4」は列だけ固定、「D$3」は行だけ固定の複合参照

└── =$C4*D$3

Lesson 4-1

 ブック「Lesson4-1」を開いておきましょう。

次の操作を行いましょう。

(1)「売上金額」を算出してください。売上金額は、「価格×数量」で求めます。

(2)「構成比」を算出してください。構成比は、「各商品の売上金額÷売上金額の合計」で求めます。

Lesson 4-1 Answer

❶ Point
演算記号
数式で使う演算記号には、次のようなものがあります。

演算記号	計算方法	数式
+（プラス）	加算	=2+3
−（マイナス）	減算	=2−3
*（アスタリスク）	乗算	=2*3
/（スラッシュ）	除算	=2/3
^（キャレット）	べき乗	=2^3

(1)

①セル【F4】に「=D4*E4」と入力します。

※「=」を入力後、セルをクリックすると、セル番地が自動的に入力されます。

	A	B	C	D	E	F	G
1		**売上集計表**					
2							
3		商品コード	商品名	価格	数量	売上金額	構成比
4		H1105	マルチホットプレート	15,600	95	=D4*E4	
5		H1201	スモークレス焼肉グリル	13,000	84		
6		H1311	角型グリル鍋	9,800	42		
7		K1011	スティックブレンダー	8,700	59		
8		K1103	電気圧力鍋	18,600	51		

=D4*E4

②売上金額が算出されます。

③セル【F4】を選択し、セル右下の■（フィルハンドル）をダブルクリックします。

④数式がコピーされます。

	A	B	C	D	E	F	G
1		**売上集計表**					
2							
3		商品コード	商品名	価格	数量	売上金額	構成比
4		H1105	マルチホットプレート	15,600	95	1,482,000	
5		H1201	スモークレス焼肉グリル	13,000	84	1,092,000	
6		H1311	角型グリル鍋	9,800	42	411,600	
7		K1011	スティックブレンダー	8,700	59	513,300	
8		K1103	電気圧力鍋	18,600	51	948,600	
9		K1223	ヨーグルトメーカー	6,700	39	261,300	
10		K1311	スロークッカー	9,800	84	823,200	

求められるスキル

出題範囲1

出題範囲2

出題範囲3

出題範囲4

出題範囲5

確認問題 標準解答

(2)

①セル【G4】に「=F4/$F$16」と入力します。

※数式をコピーするため、セル【F16】は常に同じセルを参照するように絶対参照にします。

※絶対参照の指定は、[F4]を使うと効率的です。

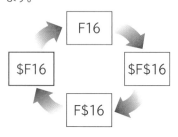
F16		∨	:	× ✓ fx	=F4/$F$16		
▲	A	B	C	D	E	F	G
1		**売上集計表**					
2							
3		商品コード	商品名	価格	数量	売上金額	構成比
4		H1105	マルチホットプレート	15,600	95	1,482,000	=F4/$F$16
5		H1201	スモークレス焼肉グリル	13,000	84	1,092,000	
6		H1311	角型グリル鍋	9,800	42		
7		K1011	スティックブレンダー	8,700	59		
8		K1103	電気圧力鍋	18,600	51		

=F4/$F$16

②構成比が算出されます。

※「構成比」の列には、小数点以下1桁のパーセントの表示形式が設定されています。

③セル【G4】を選択し、セル右下の■（フィルハンドル）をセル【G16】までドラッグします。

④数式がコピーされます。

▲	A	B	C	D	E	F	G
1		**売上集計表**					
2							
3		商品コード	商品名	価格	数量	売上金額	構成比
4		H1105	マルチホットプレート	15,600	95	1,482,000	14.2%
5		H1201	スモークレス焼肉グリル	13,000	84	1,092,000	10.4%
6		H1311	角型グリル鍋	9,800	42	411,600	3.9%
7		K1011	スティックブレンダー	8,700	59	513,300	4.9%
8		K1103	電気圧力鍋	18,600	51	948,600	9.1%

※絶対参照にしたセル【F16】が固定されていることを確認しておきましょう。

Lesson 4-2

OPEN　ブック「Lesson4-2」を開いておきましょう。

次の操作を行いましょう。

(1)「通常ポイント」の列に、価格に対するポイント数を算出してください。通常ポイントは、「価格÷1ポイントあたりの金額」で求めます。1ポイントあたりの金額はセル【H2】を参照します。

(2) F～H列に、ポイント倍数に応じたポイント数を算出してください。ポイント数は、「通常ポイント×ポイント倍数」で求めます。ポイント倍数は、各列の4行目の値を参照します。

Lesson 4-2 Answer

(1)

①セル【E5】に「=D5/$H$2」と入力します。

※数式をコピーするため、セル【H2】は常に同じセルを参照するように絶対参照にします。

H2		∨	:	× ✓ fx	=D5/$H$2			
▲	A	B	C	D	E	F	G	H
1		**キャンペーン還元ポイント一覧表**						
2							※ 1ポイント=	100	円
3						ポイント倍数	ポイント倍数	ポイント倍数
4		商品コード	商品名	価格	通常ポイント	2	3	5
5		H1105	マルチホットプレート	15,600	=D5/$H$2			
6		H1201	スモークレス焼肉グリル	13,000				
7		H1311	角型グリル鍋	9,800				
8		K1011	スティックブレンダー	8,700				
9		K1103	電気圧力鍋	18,600				
10		K1223	ヨーグルトメーカー	6,700				

=D5/$H$2

②通常ポイントが算出されます。

③セル【E5】を選択し、セル右下の■(フィルハンドル)をダブルクリックします。

④数式がコピーされます。

A	B	C	D	E	F	G	H	
1	**キャンペーン還元ポイント一覧表**							
2						※ 1ポイント=	100	円
3						ポイント倍数	ポイント倍数	ポイント倍数
4	商品コード	商品名	価格	通常ポイント	2	3	5	
5	H1105	マルチホットプレート	15,600	156				
6	H1201	スモークレス焼肉グリル	13,000	130				
7	H1311	角型グリル鍋	9,800	98				
8	K1011	スティックブレンダー	8,700	87				
9	K1103	電気圧力鍋	18,600	186				
10	K1223	ヨーグルトメーカー	6,700	67				
11	K1311	スロークッカー	9,800	98				
12	K1402	糖質カット炊飯器	16,000	160				
13	K1509	電気ケトル	4,200	42				
14	T1101	オーブントースター	7,480	75				
15	T1102	ホットサンドメーカー	5,800	58				
16	T1220	ノンフライオーブン	17,000	170				

※絶対参照にしたセル【H2】が固定されていることを確認しておきましょう。

(2)

①セル【F5】に「=$E5*F$4」と入力します。

※数式をコピーするため、E列、4行目は常に同じ列、行を参照するように複合参照にします。

A	B	C	D	E	F	G	H	
	F4	∨ : × ✓ fx	=$E5*F$4					
1	**キャンペーン還元ポイント一覧表**							
2						※ 1ポイント=	100	円
3						ポイント倍数	ポイント倍数	ポイント倍数
4	商品コード	商品名	価格	通常ポイント	2	3	5	
5	H1105	マルチホットプレート	15,600	156	=$E5*F$4			
6	H1201	スモークレス焼肉グリル	13,000	130				
7	H1311	角型グリル鍋	9,800	98				
8	K1011	スティックブレンダー	8,700	87	=$E5*F$4			
9	K1103	電気圧力鍋	18,600	186				
10	K1223	ヨーグルトメーカー	6,700	67				
11	K1311	スロークッカー	9,800	98				
12	K1402	糖質カット炊飯器	16,000	160				
13	K1509	電気ケトル	4,200	42				
14	T1101	オーブントースター	7,480	75				
15	T1102	ホットサンドメーカー	5,800	58				
16	T1220	ノンフライオーブン	17,000	170				

②ポイント数が算出されます。

③セル【F5】を選択し、セル右下の■(フィルハンドル)をダブルクリックします。

④セル範囲【F5:F16】を選択し、セル範囲右下の■(フィルハンドル)をセル【H16】までドラッグします。

⑤数式がコピーされます。

A	B	C	D	E	F	G	H	
1	**キャンペーン還元ポイント一覧表**							
2						※ 1ポイント=	100	円
3						ポイント倍数	ポイント倍数	ポイント倍数
4	商品コード	商品名	価格	通常ポイント	2	3	5	
5	H1105	マルチホットプレート	15,600	156	312	468	780	
6	H1201	スモークレス焼肉グリル	13,000	130	260	390	650	
7	H1311	角型グリル鍋	9,800	98	196	294	490	
8	K1011	スティックブレンダー	8,700	87	174	261	435	
9	K1103	電気圧力鍋	18,600	186	372	558	930	
10	K1223	ヨーグルトメーカー	6,700	67	134	201	335	
11	K1311	スロークッカー	9,800	98	196	294	490	
12	K1402	糖質カット炊飯器	16,000	160	320	480	800	
13	K1509	電気ケトル	4,200	42	84	126	210	
14	T1101	オーブントースター	7,480	75	150	224	374	
15	T1102	ホットサンドメーカー	5,800	58	116	174	290	
16	T1220	ノンフライオーブン	17,000	170	340	510	850	

※複合参照にしたE列、4行目が固定されていることを確認しておきましょう。

求められるスキル

出題範囲1

出題範囲2

出題範囲3

出題範囲4

出題範囲5

確認問題 標準解答

Lesson 4-3

 ブック「Lesson4-3」を開いておきましょう。

次の操作を行いましょう。

(1) シート「還元ポイント」の「通常ポイント」の列に、価格に対するポイント数を算出してください。通常ポイントは、「価格÷1ポイントあたりの金額」で求めます。1ポイントあたりの金額は、シート「キャンペーン一覧」のセル【E2】を参照します。

(2) シート「還元ポイント」のF〜H列に、キャンペーンコードに応じたポイント数を算出してください。ポイント数は、「通常ポイント×ポイント倍数」で求めます。ポイント倍数は、シート「キャンペーン一覧」の各列の7行目の値を参照します。

Lesson 4-3 Answer

(1)

①シート「**還元ポイント**」のセル【**E5**】に「**=D5/**」と入力します。

②シート「**キャンペーン一覧**」のセル【**E2**】を選択します。

※別のワークシートのセルを参照するには、ワークシートを切り替えてセルをクリックします。

※数式をコピーするため、セル【E2】は常に同じセルを参照するように絶対参照にします。

③[**F4**]を押します。

④数式バーに「**=D5/キャンペーン一覧!$E$2**」と表示されていることを確認します。

⑤[**Enter**]を押します。

=D5/キャンペーン一覧!$E$2

⑥通常ポイントが算出されます。

⑦セル【**E5**】を選択し、セル右下の■(フィルハンドル)をダブルクリックします。

● Point

別のワークシートのセル参照

別のワークシートのセルを参照する場合は、数式の入力時にワークシートを切り替えて、参照するセルをクリックして入力します。

別のワークシートのセルを参照すると、次のように表示されます。

シート名!セル番地

⑧数式がコピーされます。

	A	B	C	D	E	F	G	H	I
1		**キャンペーン還元ポイント一覧表**							
2									
3							キャンペーンコード		
4		商品コード	商品名	価格	通常ポイント	SPR-2	AUT-3	SOU-5	
5		H1105	マルチホットプレート	15,600	156				
6		H1201	スモークレス焼肉グリル	13,000	130				
7		H1311	角型グリル鍋	9,800	98				
8		K1011	スティックブレンダー	8,700	87				
9		K1103	電気圧力鍋	18,600	186				
10		K1223	ヨーグルトメーカー	6,700	67				
11		K1311	スロークッカー	9,800	98				
12		K1402	糖質カット炊飯器	16,000	160				
13		K1509	電気ケトル	4,200	42				
14		T1101	オーブントースター	7,480	75				
15		T1102	ホットサンドメーカー	5,800	58				
16		T1220	ノンフライオーブン	17,000	170				

還元ポイント　キャンペーン一覧

※シート「キャンペーン一覧」のセル【E2】が固定されていることを確認しておきましょう。

(2)

①シート「**還元ポイント**」のセル【**F5**】に「**=$E5*キャンペーン一覧!C$7**」と入力します。

※別のワークシートのセルを参照するには、ワークシートを切り替えてセルをクリックします。

※数式をコピーするため、E列、7行目は常に同じ列、行を参照するように複合参照にします。

②ポイント数が算出されます。

=$E5*キャンペーン一覧!C$7

F5 　=$E5*キャンペーン一覧!C$7

	A	B	C	D	E	F	G	H	I
1		**キャンペーン還元ポイント一覧表**							
2									
3							キャンペーンコード		
4		商品コード	商品名	価格	通常ポイント	SPR-2	AUT-3	SOU-5	
5		H1105	マルチホットプレート	15,600	156	312			
6		H1201	スモークレス焼肉グリル	13,000	130				
7		H1311	角型グリル鍋	9,800	98				
8		K1011	スティックブレンダー	8,700	87				
9		K1103	電気圧力鍋	18,600	186				
10		K1223	ヨーグルトメーカー	6,700	67				
11		K1311	スロークッカー	9,800	98				
12		K1402	糖質カット炊飯器	16,000	160				
13		K1509	電気ケトル	4,200	42				
14		T1101	オーブントースター	7,480	75				
15		T1102	ホットサンドメーカー	5,800	58				
16		T1220	ノンフライオーブン	17,000	170				

還元ポイント　キャンペーン一覧

③セル【**F5**】を選択し、セル右下の■(フィルハンドル)をダブルクリックします。

④セル範囲【**F5：F16**】を選択し、セル範囲右下の■(フィルハンドル)をセル【**H16**】までドラッグします。

⑤数式がコピーされます。

	A	B	C	D	E	F	G	H	I
1		**キャンペーン還元ポイント一覧表**							
2									
3							キャンペーンコード		
4		商品コード	商品名	価格	通常ポイント	SPR-2	AUT-3	SOU-5	
5		H1105	マルチホットプレート	15,600	156	312	468	780	
6		H1201	スモークレス焼肉グリル	13,000	130	260	390	650	
7		H1311	角型グリル鍋	9,800	98	196	294	490	
8		K1011	スティックブレンダー	8,700	87	174	261	435	
9		K1103	電気圧力鍋	18,600	186	372	558	930	
10		K1223	ヨーグルトメーカー	6,700	67	134	201	335	
11		K1311	スロークッカー	9,800	98	196	294	490	
12		K1402	糖質カット炊飯器	16,000	160	320	480	800	
13		K1509	電気ケトル	4,200	42	84	126	210	
14		T1101	オーブントースター	7,480	75	150	224	374	
15		T1102	ホットサンドメーカー	5,800	58	116	174	290	
16		T1220	ノンフライオーブン	17,000	170	340	510	850	

還元ポイント　キャンペーン一覧

※複合参照にしたE列、7行目が固定されていることを確認しておきましょう。

2 ｜ 数式の中で構造化参照を使用する

解説　■構造化参照

テーブルを作成すると、テーブル名が自動的に追加され、列は列見出しで管理されます。数式の参照にテーブル内のセルを指定すると、テーブル名と列見出しの組み合わせで表示されます。この組み合わせを「**構造化参照**」といいます。テーブル内の行や列を削除したり追加したりした場合でも、参照範囲が自動的に調整されます。

同じテーブル内のセルを参照すると、テーブル名は省略されて列見出しが数式に入力されます。別のテーブル内のセルを参照すると、テーブル名と列見出しが数式に入力されます。参照するテーブルは、同じワークシート上でも別のワークシート上でもかまいません。

●同じテーブル内を参照

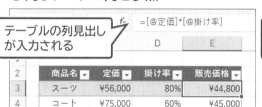

●別のテーブル内を参照

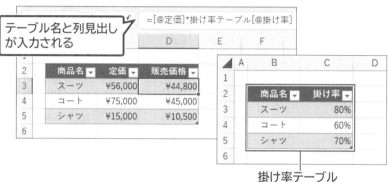

掛け率テーブル

Lesson 4-4

 ブック「Lesson4-4」を開いておきましょう。

次の操作を行いましょう。

(1)「キャッシュバック額」を算出してください。キャッシュバック額は、「価格×キャッシュバック率」で求めます。値やセル参照ではなく、列見出しを使用します。

Lesson 4-4 Answer

(1)

①セル【F4】に「=[@価格]＊[@キャッシュバック率]」と入力します。

※「[@価格]」はセル【D4】、「[@キャッシュバック率]」はセル【E4】を選択して指定します。

②キャッシュバック額が算出されます。

③セル範囲【F5:F15】にも数式がコピーされていることを確認します。

※テーブル内のセルに数式を入力すると、自動的にそのフィールド全体に数式がコピーされ、セルの参照が調整されます。

Lesson 4-5

 ブック「Lesson4-5」を開いておきましょう。

次の操作を行いましょう。

(1)「キャッシュバック額」を算出してください。キャッシュバック額は、「価格×キャッシュバック率」で求めます。値やセル参照ではなく、列見出しを使用します。キャッシュバック率は、シート「キャッシュバック率」のテーブル「キャッシュバック率テーブル」を参照します。2つのテーブルは、商品名が同じ順序で作成されています。

Lesson 4-5 Answer

(1)

① シート**「商品リスト」**のセル**【E4】**に「**=[@価格]＊**」と入力します。

※「**[@価格]**」は、セル**【D4】**を選択して指定します。

	A	B	C	D	E	F	G
1		**キャンペーンキャッシュバック金額表**					
2							
3		商品コード	商品名	価格	キャッシュバック額		
4		H1105	マルチホットプレート	15,600	=[@価格]＊		
5		H1201	スモークレス焼肉グリル	13,000			
6		H1311	角型グリル鍋	9,800			
7		K1011	スティックブレンダー	8,700			
8		K1103	電気圧力鍋	18,600			
9		K1223	ヨーグルトメーカー	6,700			
10		K1311	スロークッカー	9,800			

`=[@価格]＊`

② シート**「キャッシュバック率」**のセル**【D4】**を選択します。

③ 数式バーに「**=[@価格]＊キャッシュバック率テーブル[@キャッシュバック率]**」と表示されます。

④ **Enter** を押します。

`=[@価格]＊キャッシュバック率テーブル[@キャッシュバック率]`

	A	B	C	D	E	F	G	H
1		**キャンペーンキャッシュバック率**						
2								
3		商品コード	商品名	キャッシュバック率				
4		H1105	マルチホットプレート	20%				
5		H1201	スモークレス焼肉グリル	10%				
6		H1311	角型グリル鍋	5%				
7		K1011	スティックブレンダー	5%				
8		K1103	電気圧力鍋	20%				
9		K1223	ヨーグルトメーカー	5%				
10		K1311	スロークッカー	5%				

⑤ キャッシュバック額が算出されます。

※フィールド内の残りのセルにも自動的に数式が作成されます。

E5　fx　=[@価格]＊キャッシュバック率テーブル[@キャッシュバック率]

	A	B	C	D	E	F	G
1		**キャンペーンキャッシュバック金額表**					
2							
3		商品コード	商品名	価格	キャッシュバック額		
4		H1105	マルチホットプレート	15,600	3,120		
5		H1201	スモークレス焼肉グリル	13,000	1,300		
6		H1311	角型グリル鍋	9,800	490		
7		K1011	スティックブレンダー	8,700	435		
8		K1103	電気圧力鍋	18,600	3,720		
9		K1223	ヨーグルトメーカー	6,700	335		
10		K1311	スロークッカー	9,800	490		

求められるスキル

出題範囲1

出題範囲2

出題範囲3

出題範囲4

出題範囲5

確認問題 標準解答

2

データを計算する、加工する

1 SUM、AVERAGE、MAX、MIN関数を使用して計算を行う

 **解説**

■関数

「**関数**」を使うと、よく使う計算や処理を簡単に行うことができます。演算記号を使って数式を入力する代わりに、括弧内に必要な「**引数**」を指定することによって計算を行います。

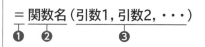

❶先頭に「**＝（イコール）**」を入力します。

❷関数名を入力します。

※関数名は、英大文字で入力しても英小文字で入力してもかまいません。

❸引数を「**（ ）**」で囲み、各引数は「**，（カンマ）**」で区切ります。

※関数によって、指定する引数は異なります。

※引数には、対象のセル、セル範囲、数値などを指定します。

■関数の入力

関数の入力方法には、次のようなものがあります。

● *fx* （関数の挿入）

ダイアログボックスで関数や引数の説明を確認しながら、数式を入力できます。

操作 ◆数式バーの *fx* （関数の挿入）

出題範囲4　数式や関数を使用した演算の実行

● Σ・ (合計)

「合計」「平均」「数値の個数」「最大値」「最小値」の関数を入力できます。関数名や括弧が自動的に入力され、引数も簡単に指定できます。

操作 ◆《ホーム》タブ→《編集》グループの Σ・ (合計)

●《数式》タブの《関数ライブラリ》グループ

関数の分類ごとにボタンが用意されています。ボタンをクリックすると、一覧から関数を選択できます。

操作 ◆《数式》タブの《関数ライブラリ》グループ

●関数の直接入力

セルに関数を直接入力できます。引数に何を指定すればよいかわかっている場合には、直接入力すると効率的です。

■SUM関数

指定した範囲内にある数値の合計を求めることができます。

> ＝SUM（数値1, 数値2, ・・・）

※引数には、合計する対象のセルやセル範囲、数値などを指定します。

■AVERAGE関数

指定した範囲内にある数値の平均値を求めることができます。

> ＝AVERAGE（数値1, 数値2, ・・・）

※引数には、平均する対象のセルやセル範囲、数値などを指定します。

■MAX関数

指定した範囲内にある数値の最大値を求めることができます。

> ＝MAX（数値1, 数値2, ・・・）

※引数には、対象のセルやセル範囲、数値などを指定します。

■MIN関数

指定した範囲内にある数値の最小値を求めることができます。

> ＝MIN（数値1, 数値2, ・・・）

※引数には、対象のセルやセル範囲、数値などを指定します。

求められるスキル

出題範囲1

出題範囲2

出題範囲3

出題範囲4

出題範囲5

確認問題 標準解答

Lesson 4-6

 ブック「Lesson4-6」を開いておきましょう。

次の操作を行いましょう。

(1) 関数を使って、各受験者の「総合点」を算出してください。

Lesson 4-6 Answer

(1)

① セル【I4】を選択します。

② 《ホーム》タブ→《編集》グループの Σ (合計) をクリックします。

③ 数式バーに「=SUM(E4:H4)」と表示されていることを確認します。

④ [Enter] を押します。

※ Σ (合計) を再度クリックして確定することもできます。

その他の方法

SUM関数の入力

◆《数式》タブ→《関数ライブラリ》
　グループの Σ (合計)

◆ fx (関数の挿入)→《関数の分類》
　の ∨ →《数学/三角》→《関数名》
　の一覧から《SUM》

Point

引数の自動認識

Σ (合計) を使ってSUM関数を入力すると、セルの上側または左側の数値が引数として自動的に認識されます。

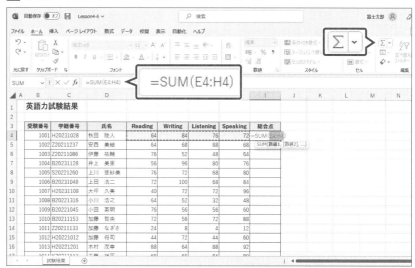

⑤ 1人目の受験者の総合点が算出されます。

⑥ セル【I4】を選択し、セル右下の ■ (フィルハンドル) をダブルクリックします。

⑦ 数式がコピーされます。

受験番号	学籍番号	氏名		Reading	Writing	Listening	Speaking	総合点
			英語力試験結果					
1001	H20231028	秋田	陸人	64	84	76	72	296
1002	Z20211237	安西	美結	64	68	88	68	288
1003	Z20211086	伊藤	祐輔	76	52	48	64	240
1004	B20231128	井上	美里	56	96	80	76	308
1005	S20221260	上川	亜紗美	76	72	68	80	296
1006	B20231048	上田	浩二	72	100	68	84	324
1007	H20231108	大坪	久美	40	72	72	96	280
1008	B20221316	小川	浩之	64	52	32	48	196
1009	B20221045	小田	英明	76	56	56	60	248
1010	B20211153	加藤	哲央	72	56	72	88	288
1011	Z20211133	加藤	なぎさ	24	8	4	12	48
1012	H20221012	加藤	将司	44	72	44	60	220
1013	H20221201	木村	茂幸	88	64	88	92	332

試験結果

Lesson 4-7

  ブック「Lesson4-7」を開いておきましょう。

次の操作を行いましょう。

(1) 関数を使って、各科目と「総合点」の「平均点」を算出してください。小数点以下1桁まで表示します。

Lesson 4-7 Answer

求められるスキル

出題範囲1

出題範囲2

出題範囲3

出題範囲4

出題範囲5

確認問題　標準解答

その他の方法

AVERAGE関数の入力

◆《数式》タブ→《関数ライブラリ》グループの Σ (合計) の $\frac{\text{オート}}{\text{SUM}}$ →《平均》

◆ f_x (関数の挿入)→《関数の分類》の $\vee$ →《統計》→《関数名》の一覧から《AVERAGE》

Point

広いセル範囲の選択

先頭のセルを選択し、[Shift]+[Ctrl]+[↓]を押すと、データが連続して入力されている広いセル範囲を効率よく選択できます。

(1)

①セル【E3】を選択します。

②《ホーム》タブ→《編集》グループの $\boxed{\Sigma \vee}$ (合計) の $\boxed{\vee}$ →《平均》をクリックします。

③セル範囲【E6:E50】を選択します。

※セル【E6】を選択し、[Shift]+[Ctrl]+[↓]を押すと効率的です。

④数式バーに「=AVERAGE(E6:E50)」と表示されていることを確認します。

⑤[Enter]を押します。

=AVERAGE(E6:E50)

	A	B	C	D	E	F	G	H	I	J
35		1030	H20211039	野村　充	48	72	80	68	268	
36		1031	Z20201020	野村　瑠衣	52	60	60	80	252	
37		1032	J20221021	長谷川　修	76	88	100	100	364	
38		1033	J20221010	花井　穂乃果	36	44	48	52	180	
39		1034	S20211044	藤原　日向	72	76	88	84	320	
40		1035	Z20231391	古田　佳彦	80	52	76	56	264	
41		1036	H20211221	本多　達也	24	32	36	56	148	
42		1037	S20211110	本田　萌	72	40	100	80	292	
43		1038	B20201325	松本　百々子	56	48	40	56	200	
44		1039	H20201018	武藤　常樹	64	72	56	68	260	
45		1040	S20211231	村上　静乃	60	44	72	80	256	
46		1041	N20231078	望月　杏奈	44	36	48	60	188	
47		1042	I20231043	山本　あい	68	56	88	84	296	
48		1043	B20201060	湯川　京花	64	76	72	84	296	
49		1044	N20221051	和田　幸平	64	44	28	52	188	
50		1045	D20231006	渡部　勇	36	44	16	48	144	
51										

※セル範囲38行目に AVERAGE(数値1, [数値2], ...) と表示

⑥「Reading」の平均点が算出されます。

⑦セル【E3】を選択し、セル右下の■(フィルハンドル)をセル【I3】までドラッグします。

⑧数式がコピーされます。

⑨セル範囲【E3:I3】が選択されていることを確認します。

⑩《ホーム》タブ→《数値》グループの $\boxed{.00 \atop →0}$ (小数点以下の表示桁数を減らす) を小数点以下1桁になるまでクリックします。

※お使いの環境によって、表示される小数点以下の桁数が異なる場合があります。

⑪平均点が小数点以下1桁まで表示されます。

	科目	Reading	Writing	Listening	Speaking	総合点
	平均点	61.2	59.6	61.7	69.1	251.5

受験番号	学籍番号	氏名	Reading	Writing	Listening	Speaking	総合点
1001	H20231028	秋田　陸人	64	84	76	72	296
1002	Z20211237	安西　美結	64	68	88	68	288
1003	Z20211086	伊藤　祐輔	76	52	48	64	240
1004	B20231128	井上　美里	56	96	80	76	308
1005	S20221260	上川　亜紗美	76	72	68	80	296

Lesson 4-8

 ブック「Lesson4-8」を開いておきましょう。

次の操作を行いましょう。

(1) 関数を使って、各科目と「総合点」の「最高点」と「最低点」を算出してください。

Lesson4-8 Answer

 その他の方法

MAX関数の入力

◆《数式》タブ→《関数ライブラリ》グループの Σ（合計）の オート_{SUM} →《最大値》
◆ fx（関数の挿入）→《関数の分類》の $\vee$ →《統計》→《関数名》の一覧から《MAX》

(1)

①セル【E3】を選択します。

②《ホーム》タブ→《編集》グループの Σ ▼（合計）の ▼ →《最大値》をクリックします。

③セル範囲【E7:E51】を選択します。

④数式バーに「=MAX(E7:E51)」と表示されていることを確認します。

⑤ Enter を押します。

=MAX(E7:E51)

⑥「Reading」の最高点が算出されます。

⑦セル【E4】を選択します。

⑧《ホーム》タブ→《編集》グループの Σ ▾ (合計) の ▾ →《最小値》をクリックします。

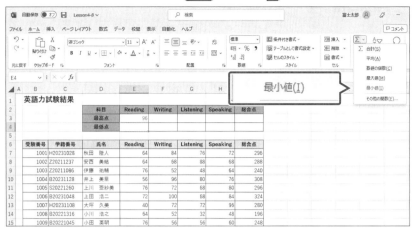

その他の方法

MIN関数の入力

◆《数式》タブ→《関数ライブラリ》グループの Σ (合計) の オート SUM ▾ →《最小値》

◆ fx (関数の挿入)→《関数の分類》の ▾ →《統計》→《関数名》の一覧から《MIN》

⑨セル範囲【E7:E51】を選択します。

⑩数式バーに「=MIN(E7:E51)」と表示されていることを確認します。

⑪ Enter を押します。

=MIN(E7:E51)

	A	B	C	D	E	F	G	H	I	J
36		1030	H20211039	野村　充	48	72	80	68	268	
37		1031	Z20201020	野村　瑠衣	52	60	60	80	252	
38		1032	J20221021	長谷川　修	76	88	100	100	364	
39		1033	J20221010	花井　穂乃果	36	44	48	52	180	
40		1034	S20211044	藤原　日向	72	76	88	84	320	
41		1035	Z20231391	古田　佳彦	80	52	76	56	264	
42		1036	H20211221	本多　達也	24	32	36	56	148	
43		1037	S20211110	本田　萌	72	40	100	80	292	
44		1038	B20201325	松本　百々子	56	48	40	56	200	
45		1039	H20201018	武藤　常樹	64	72	56	68	260	
46		1040	S20211231	村上　静乃	60	44	72	80	256	
47		1041	N20231078	望月　杏奈	44	36	48	60	188	
48		1042	I20231043	山本　あい	68	56	88	84	296	
49		1043	B20201060	湯川　京花	64	76	72	84	296	
50		1044	N20221051	和田　幸平	64	44	28	52	188	
51		1045	D20231006	渡部　勇	36	44	16	48	144	
52										

MIN(数値1, [数値2], ...)

⑫「Reading」の最低点が算出されます。

⑬セル範囲【E3:E4】を選択し、セル範囲右下の■ (フィルハンドル) をセル【I4】までドラッグします。

⑭数式がコピーされます。

	A	B	C	D	E	F	G	H	I	J
1		**英語力試験結果**								
2				科目	Reading	Writing	Listening	Speaking	総合点	
3				最高点	96	100	100	100	364	
4				最低点	24	8	4	12	48	
5										
6		受験番号	学籍番号	氏名	Reading	Writing	Listening	Speaking	総合点	
7		1001	H20231028	秋田　陸人	64	84	76	72	296	
8		1002	Z20211237	安西　美結	64	68	88	68	288	
9		1003	Z20211086	伊藤　祐輔	76	52	48	64	240	
10		1004	B20231128	井上　美里	56	96	80	76	308	
11		1005	S20221260	上川　亜紗美	76	72	68	80	296	
12		1006	B20231048	上田　浩二	72	100	68	84	324	
13		1007	H20231108	大坪　久美	40	72	72	96	280	
14		1008	B20221316	小川　浩之	64	52	32	48	196	
15		1009	B20221045	小田　英明	76	56	56	60	248	

2　COUNT、COUNTA、COUNTBLANK関数を使用してセルの数を数える

 解説

■ COUNT関数

指定した範囲内の数値データの個数を求めることができます。

= COUNT（値1, 値2, ・・・）

※引数には、対象のセルやセル範囲などを指定します。

■ COUNTA関数

指定した範囲内のデータの個数を求めることができます。

= COUNTA（値1, 値2, ・・・）

※数値や文字列など、データの種類に関係なく個数を求めます。
※引数には、対象のセルやセル範囲などを指定します。

■ COUNTBLANK関数

指定した範囲内のデータが入力されていないセルの個数を求めることができます。

= COUNTBLANK（範囲）

※引数には、対象のセルやセル範囲などを指定します。

Lesson 4-9

 ブック「Lesson4-9」を開いておきましょう。

次の操作を行いましょう。

(1) 関数を使って、「生徒数」を算出してください。生徒数は、「学籍番号」のデータの個数をカウントして求めます。

(2) 関数を使って、科目ごとの「受験者数」と「未受験者数」を算出してください。受験者数は点数の個数、未受験者数は点数が入力されていないセルの個数をカウントして求めます。

Lesson 4-9 Answer

 その他の方法

COUNTA関数の入力

◆《数式》タブ→《関数ライブラリ》グループの ⊞（その他の関数）→《統計》→《COUNTA》

◆ ⨍（関数の挿入）→《関数の分類》の ∨ →《統計》→《関数名》の一覧から《COUNTA》

(1)

① セル【I2】に「=COUNTA（C5:C49）」と入力します。

※「=」に続けて英字を入力すると、その英字で始まる関数名の一覧が表示されます。

	I2		:	×	✓	⨍	=COUNTA(C5:C49)				
▲	A	B	C	D	E	F	G	H	I	J	K	L
1		英語力試験結果										
2								生徒数	=COUNTA(C5:C49)			
3												
4		受験番号	学籍番号	氏名	Reading	Writing	Listening					
5		1001	H20231028	秋田　陸人	64	84	76		=COUNTA(C5:C49)			
6		1002	Z20211237	安西　美緒	64	68	88					
7		1003	Z20211086	伊藤　祐輔	76	52		64	192			
8		1004	B20231128	井上　美里	56	96	80	76	308			

② 生徒数が算出されます。

▲	A	B	C	D	E	F	G	H	I	J	K	L
1		英語力試験結果										
2								生徒数	45			
3												
4		受験番号	学籍番号	氏名	Reading	Writing	Listening	Speaking	総合点			
5		1001	H20231028	秋田　陸人	64	84	76	72	296			
6		1002	Z20211237	安西　美緒	64	68	88	68	288			
7		1003	Z20211086	伊藤　祐輔	76	52		64	192			
8		1004	B20231128	井上　美里	56	96	80	76	308			

(2)

①セル【E50】を選択します。

②《ホーム》タブ→《編集》グループの $\boxed{\Sigma}$ (合計) の $\boxed{\cdot}$ →《数値の個数》をクリックします。

③セル範囲【E5:E49】を選択します。

④数式バーに「**=COUNT(E5:E49)**」と表示されていることを確認します。

⑤ Enter を押します。

=COUNT(E5:E49)

⑥「Reading」の受験者数が算出されます。

⑦セル【E51】に「**=COUNTBLANK(E5:E49)**」と入力します。

=COUNTBLANK(E5:E49)

⑧「Reading」の未受験者数が算出されます。

⑨セル範囲【E50:E51】を選択し、セル範囲右下の■(フィルハンドル)をセル【H51】までドラッグします。

⑩数式がコピーされます。

その他の方法

COUNT関数の入力

◆《数式》タブ→《関数ライブラリ》グループの $\boxed{\Sigma}$ (合計) の $\boxed{\text{オート SUM}}$ →《数値の個数》

◆ $\boxed{f_x}$ (関数の挿入)→《関数の分類》の $\boxed{\vee}$ →《統計》→《関数名》の一覧から《COUNT》

その他の方法

COUNTBLANK関数の入力

◆《数式》タブ→《関数ライブラリ》グループの $\boxed{\text{その他の 関数}}$ (その他の関数)→《統計》→《COUNTBLANK》

◆ $\boxed{f_x}$ (関数の挿入)→《関数の分類》の $\boxed{\vee}$ →《統計》→《関数名》の一覧から《COUNTBLANK》

出題範囲1
出題範囲2
出題範囲3
出題範囲4
出題範囲5
確認問題 標準解答

3 IF関数を使用して条件付きの計算を実行する

 解説 ■IF関数

指定した条件を満たしている場合と満たしていない場合の結果を表示できます。

```
=IF（論理式, 値が真の場合, 値が偽の場合）
       ❶          ❷            ❸
```

❶論理式

判断の基準となる数式を指定します。

❷値が真の場合

論理式の結果が真（TRUE）の場合の処理を指定します。

❸値が偽の場合

論理式の結果が偽（FALSE）の場合の処理を指定します。

例：
=IF（E3=100,"○","×"）

セル【E3】が「100」であれば「○」、そうでなければ「×」を表示します。

※引数に文字列を指定する場合、文字列の前後に「"（ダブルクォーテーション）」を入力します。

■論理式

IF関数の論理式は、次のような演算子を使って数式を指定します。

演算子	例	意味
=	A=B	AとBが等しい
<>	A<>B	AとBが等しくない
>=	A>=B	AがB以上
<=	A<=B	AがB以下
>	A>B	AがBより大きい
<	A<B	AがBより小さい

Lesson 4-10

ブック「Lesson4-10」を開いておきましょう。

求められるスキル

出題範囲1

出題範囲2

出題範囲3

出題範囲4

出題範囲5

確認問題 標準解答

Lesson 4-10 Answer

⬤ その他の方法

IF関数の入力

◆《数式》タブ→《関数ライブラリ》グループの 📋（論理）→《IF》

◆ 𝑓𝑥（関数の挿入）→《関数の分類》の ▽ →《論理》→《関数名》の一覧から《IF》

次の操作を行いましょう。

(1) 関数を使って、「判定」の列に「総合点」が280以上であれば「合格」と表示してください。そうでなければ何も表示しないようにします。

(1)

① セル【J4】に「=IF(I4>=280,"合格","")」と入力します。

	受験番号	学籍番号	氏名	Reading	Writing	Listening	Speaking	総合点	判定
			英語力試験結果						
4	1001	H20231028	秋田 陸人	64	84	76	72		=IF(I4>=280,"合格","")
5	1002	Z20211237	安西 美結	64	68	88	68	288	
6	1003	Z20211086	伊藤 祐輔	76	52	48	64	240	
7	1004	B20231128	井上 美里	56	96				
8	1005	S20221260	上川 亜紗美	76	72				
9	1006	B20231048	上田 浩二	72	100	68	84	324	
10	1007	H20231108	大坪 久美	40	72	72	96	280	
11	1008	B20221316	小川 浩之	64	52	32	48	196	
12	1009	B20221045	小田 英明	76	56	56	60	248	
13	1010	B20211153	加藤 哲央	72	56	72	88	288	
14	1011	Z20211133	加藤 なぎさ	24	8	4	12	48	
15	1012	H20221012	加藤 将司	44	72	44	60	220	
16	1013	H20221201	木村 茂幸	88	64	88	92	332	

=IF(I4>=280,"合格","")

② セル【J4】に「**合格**」が表示されます。

	受験番号	学籍番号	氏名	Reading	Writing	Listening	Speaking	総合点	判定
			英語力試験結果						
4	1001	H20231028	秋田 陸人	64	84	76	72	296	合格
5	1002	Z20211237	安西 美結	64	68	88	68	288	
6	1003	Z20211086	伊藤 祐輔	76	52	48	64	240	
7	1004	B20231128	井上 美里	56	96	80	76	308	
8	1005	S20221260	上川 亜紗美	76	72	68	80	296	
9	1006	B20231048	上田 浩二	72	100	68	84	324	
10	1007	H20231108	大坪 久美	40	72	72	96	280	
11	1008	B20221316	小川 浩之	64	52	32	48	196	
12	1009	B20221045	小田 英明	76	56	56	60	248	
13	1010	B20211153	加藤 哲央	72	56	72	88	288	
14	1011	Z20211133	加藤 なぎさ	24	8	4	12	48	
15	1012	H20221012	加藤 将司	44	72	44	60	220	
16	1013	H20221201	木村 茂幸	88	64	88	92	332	

③ セル【J4】を選択し、セル右下の■（フィルハンドル）をダブルクリックします。

④ 数式がコピーされます。

	受験番号	学籍番号	氏名	Reading	Writing	Listening	Speaking	総合点	判定
1			英語力試験結果						
4	1001	H20231028	秋田 陸人	64	84	76	72	296	合格
5	1002	Z20211237	安西 美結	64	68	88	68	288	合格
6	1003	Z20211086	伊藤 祐輔	76	52	48	64	240	
7	1004	B20231128	井上 美里	56	96	80	76	308	合格
8	1005	S20221260	上川 亜紗美	76	72	68	80	296	合格
9	1006	B20231048	上田 浩二	72	100	68	84	324	合格
10	1007	H20231108	大坪 久美	40	72	72	96	280	合格
11	1008	B20221316	小川 浩之	64	52	32	48	196	
12	1009	B20221045	小田 英明	76	56	56	60	248	
13	1010	B20211153	加藤 哲央	72	56	72	88	288	合格
14	1011	Z20211133	加藤 なぎさ	24	8	4	12	48	
15	1012	H20221012	加藤 将司	44	72	44	60	220	
16	1013	H20221201	木村 茂幸	88	64	88	92	332	合格

4 ｜ SORT関数を使用してデータを並べ替える

 解説

■SORT関数

表を昇順や降順に並べ替え、元の表とは別の場所に結果を表示できます。

SORT関数はスピルに対応しており、関数を入力したセルを開始位置として、結果が表示されます。

※SORT関数は、テーブル内では使えません。

> ＝SORT（**配列**, **並べ替えインデックス**, **並べ替え順序**, **並べ替え基準**）
> ❶　　　　　　❷　　　　　　　❸　　　　　　　❹

❶配列

並べ替えを行うセル範囲を指定します。

❷並べ替えインデックス

並べ替えの基準となるキーを数値で指定します。「2」と指定すると2行目、または2列目となります。省略すると、配列の1行目または1列目となります。

❸並べ替え順序

「1」（昇順）または「-1」（降順）を指定します。「1」は省略できます。

※日本語は、文字コード順になります。

❹並べ替え基準

「FALSE」または「TRUE」を指定します。「FALSE」は省略できます。

FALSE	行で並べ替えます。
TRUE	列で並べ替えます。

例：

＝SORT（B4：E9, 4, -1）

セル範囲【B4：E9】を売上金額（4列目）の降順で並べ替えます。

※セル【G4】に関数を入力すると、スピルされて結果が表示されます。

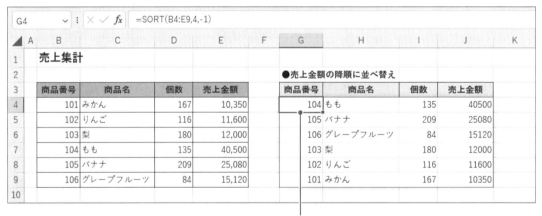

=SORT（B4：E9, 4, -1）

Lesson 4-11

 ブック「Lesson4-11」を開いておきましょう。

次の操作を行いましょう。

(1) 関数を使って、セル【K4】を開始位置として、表を「総合点」の降順で並べ替えて表示してください。

Lesson 4-11 Answer

その他の方法

SORT関数の入力

◆《数式》タブ→《関数ライブラリ》グループの (検索/行列)→《SORT》

◆ (関数の挿入)→《関数の分類》の →《検索/行列》→《関数名》の一覧から《SORT》

(1)

① セル【K4】に「=SORT(B4:I48, 8, -1)」と入力します。

	A	B	C	D	E	F	G	H	I	J	K	L	M
K4				=SORT(B4:I48,8,-1)									
1		英語力試験結果											
2											■総合点の降順に並べ替え		
3		受験番号	学籍番号	氏名	Reading	Writing	Listening	Speaking	総合点		受験番号	学籍番号	氏名
4		1001	H20231028	秋田　陸人	64	84	76	72	296		=SORT(B4:I48,8,-1)		
5		1002	Z20211237	安西　美緒	64	68	88	68	288				
6		1003	Z20211086	伊藤　祐輔	76	52	48	64	240				
7		1004	B20231128	井上　美里	56	96	80	76	30				
8		1005	S20221260	上川　亜紗美	76	72	68	80	29				
9		1006	B20231048	上田　浩二	72	100	68	84	32				
10		1007	H20231108	大坪　久美	40	72	72	96	280				
11		1008	B20221316	小川　浩之	64	52	32	48	196				
12		1009	B20221045	小田　英明	76	56	56	60	248				
13		1010	B20211153	加藤　哲央	72	56	72	88	288				
14		1011	Z20211133	加藤　なぎさ	24	8	4	12	48				
15		1012	H20221012	加藤　将司	44	72	44	60	220				
16		1013	H20221201	木村　茂幸	88	64	88	92	332				

=SORT(B4:I48,8,-1)

② 総合点の降順で表示されます。

	I	J	K	L	M	N	O	P	Q	R	S	T
K5			=SORT(B4:I48,8,-1)									
1												
2			■総合点の降順に並べ替え									
3	総合点		受験番号	学籍番号	氏名	Reading	Writing	Listening	Speaking	総合点		
4	296		1032	J20221021	長谷川　修	76	88	100	100	364		
5	288		1015	B20211027	工藤　千晴	84	88	88	100	360		
6	240		1017	J20231082	近藤　慶	84	76	92	96	348		
7	308		1013	H20221201	木村　茂幸	88	64	88	92	332		
8	296		1006	B20231048	上田　浩二	72	100	68	84	324		
9	324		1034	S20211044	藤原　日向	72	76	88	84	320		
10	280		1004	B20231128	井上　美里	56	96	80	76	308		
11	196		1014	K20211113	工藤　祥平	68	68	84	80	300		
12	248		1001	H20231028	秋田　陸人	64	84	76	72	296		
13	288		1005	S20221260	上川　亜紗美	76	72	68	80	296		
14	48		1042	I20231043	山本　あい	68	56	88	84	296		
15	220		1043	B20201060	湯川　京花	64	76	72	84	296		
16	332		1037	S20211110	本田　萌	72	40	100	80	292		
17	300		1002	Z20211237	安西　美緒	64	68	88	68	288		
18	360		1010	B20211153	加藤　哲央	72	56	72	88	288		
19	216		1022	H20221153	髙橋　美弥子	64	88	60	76	288		
20	348		1029	B20211076	新田　真東	96	68	48	72	284		
21	240		1007	H20231108	大坪　久美	40	72	72	96	280		
22	228		1026	B20211167	中浜　信近	64	64	68	72	268		
23	228		1030	H20211039	野村　充	48	72	80	68	268		
24	244		1035	Z20231391	吉田　佳彦	80	52	76	56	264		
25	288		1039	H20201018	武藤　常樹	64	72	56	68	260		
26	123		1040	S20211231	村上　静乃	60	44	72	80	256		
27	244		1031	Z20021020	野村　瑠衣	52	60	60	80	252		
28	232		1009	B20221045	小田　英明	76	56	56	60	248		
29	268		1021	B20211056	進藤　ゆかり	48	52	72	72	244		
30	212		1024	K20201018	土田　香	60	72	48	64	244		
31	224		1003	Z20211086	伊藤　祐輔	76	52	48	64	240		
32	284		1018	H20211067	坂井　勇	56	48	72	64	240		
33	268		1025	H20211098	戸田　史生	56	68	36	72	232		
34	252		1019	S20211186	佐々木　碧	48	64	48	68	228		
35	364		1020	Z20021022	佐藤　圭子	64	40	56	68	228		
36	180		1028	H20211446	西田　徹	60	48	52	64	224		
37	320		1012	H20221012	加藤　将司	44	72	44	60	220		
38	264		1016	Z20211049	後藤　一繁	60	52	64	40	216		
39	148		1027	J20231120	中村　彰義	76	24	60	52	212		
40	292		1038	B20201325	松本　百々子	56	48	40	56	200		
41	200		1008	B20221316	小川　浩之	64	52	32	48	196		
42	260		1041	N20231068	望月　杏奈	44	36	48	60	188		
43	256		1044	N20211051	和田　幸平	64	44	28	52	188		
44	188		1033	J20221010	花井　穂乃果	36	44	48	52	180		
45	296		1036	H20211221	本多　遠也	24	32	36	56	148		
46	296		1045	D20231006	渡部　勇	36	44	16	48	144		
47	188		1023	I20221156	田村　和寿	32	27	24	40	123		
48	144		1011	Z20211133	加藤　なぎさ	24	8	4	12	48		
49												

試験結果

求められるスキル

出題範囲1

出題範囲2

出題範囲3

出題範囲4

出題範囲5

確認問題　標準解答

190

 **解 説**

■UNIQUE関数

範囲内の一意の値 (重複しない値) を取り出すことができます。

UNIQUE関数はスピルに対応しており、関数を入力したセルを開始位置として、結果が表示されます。

※UNIQUE関数は、テーブル内では使えません。

＝UNIQUE (配列, 列の比較, 回数指定)
　　　　　　❶　　 ❷　　　 ❸

---

❶配列

データを取り出すセル範囲を指定します。

❷列の比較

「FALSE」または「TRUE」を指定します。「FALSE」は省略できます。

FALSE	行同士を比較します。
TRUE	列同士を比較します。

❸回数指定

「FALSE」または「TRUE」を指定します。「FALSE」は省略できます。

FALSE	一意の値を取り出します。
TRUE	1回だけ出現する値を取り出します。

例：
＝UNIQUE(D4:D15)

セル範囲【D4:D15】から、「セミナー名」を重複しないように取り出します。
※セル【G4】に関数を入力すると、スピルされて結果が表示されます。

次の操作を行いましょう。

(1) 関数を使って、セル【L4】を開始位置として、受験者の「学部名」を重複しないように取り出してください。

(2) 関数を使って、セル【N4】を開始位置として、受験者が1名のみの「学部名」を取り出してください。

求められるスキル

出題範囲1

出題範囲2

出題範囲3

出題範囲4

出題範囲5

確認問題　標準解答

💡 Hint

受験者が1名のみの学部名を取り出すには、UNIQUE関数の引数「回数指定」に「TRUE」を指定します。

Lesson 4-12 Answer

🖱 その他の方法

UNIQUE関数の入力

◆《数式》タブ→《関数ライブラリ》グループの 🔍（検索/行列）→《UNIQUE》

◆ ⨍ₓ（関数の挿入）→《関数の分類》の ▾→《検索/行列》→《関数名》の一覧から《UNIQUE》

❗ Point

複数の列の抽出

UNIQUE関数の引数「配列」に複数列のセル範囲を指定すると、「地区とセミナー名」「販売日と店名」のように列の組み合わせで、一意の値を取り出すことができます。

例：
=UNIQUE(C4:D15)

C列とD列の組み合わせで、一意の値を取り出します。

=UNIQUE(C4:D15)

(1)

① セル【L4】に「=UNIQUE(D4:D48)」と入力します。

②学部名が重複せずに取り出されます。

(2)

① セル【N4】に「=UNIQUE(D4:D48,,TRUE)」と入力します。

②受験者が1名の学部名が取り出されます。

3 文字列を変更する、書式設定する

	理解度チェック	習得すべき機能	参照Lesson	学習前	学習後	試験直前
☑		■ RIGHT関数、LEFT関数、MID関数を使うことができる。	➡Lesson4-13	☑	☑	☑
		■ UPPER関数、LOWER関数を使うことができる。	➡Lesson4-14	☑	☑	☑
		■ LEN関数を使うことができる。	➡Lesson4-15	☑	☑	☑
		■ CONCAT関数を使うことができる。	➡Lesson4-16	☑	☑	☑
		■ TEXTJOIN関数を使うことができる。	➡Lesson4-17	☑	☑	☑

1 RIGHT、LEFT、MID関数を使用して文字の書式を設定する

 解説

■ RIGHT関数

文字列の右端から指定した文字数分の文字列を取り出すことができます。

```
＝RIGHT（文字列, 文字数）
        ❶        ❷
```

❶ 文字列

文字列またはセルを指定します。

❷ 文字数

取り出す文字数を数値またはセルで指定します。省略すると「1」を指定したことになり、右端の1文字が取り出されます。

例：
＝RIGHT("株式会社富士通ラーニングメディア", 9) →ラーニングメディア

「株式会社富士通ラーニングメディア」の文字列の右端から9文字分の文字列を取り出します。
※引数に文字列を指定する場合、文字列の前後に「"（ダブルクォーテーション）」を入力します。

■ LEFT関数

文字列の左端から指定した文字数分の文字列を取り出すことができます。

```
＝LEFT（文字列, 文字数）
       ❶        ❷
```

❶ 文字列

文字列またはセルを指定します。

❷ 文字数

取り出す文字数を数値またはセルで指定します。省略すると「1」を指定したことになり、左端の1文字が取り出されます。

例：
＝LEFT("株式会社富士通ラーニングメディア", 4) →株式会社

「株式会社富士通ラーニングメディア」の文字列の左端から4文字分の文字列を取り出します。
※引数に文字列を指定する場合、文字列の前後に「"（ダブルクォーテーション）」を入力します。

■MID関数

文字列の指定した位置から指定した文字数分の文字列を取り出すことができます。

$$= MID(\text{文字列}, \text{開始位置}, \text{文字数})$$
         ❶   ❷   ❸

❶文字列
文字列またはセルを指定します。

❷開始位置
文字列の何文字目から取り出すかを数値またはセルで指定します。

❸文字数
取り出す文字数を数値またはセルで指定します。

例：
＝MID("株式会社富士通ラーニングメディア", 5, 3)→富士通

「株式会社富士通ラーニングメディア」の文字列の先頭から5文字目を開始位置として3文字分の文字列を取り出します。

※引数に文字列を指定する場合、文字列の前後に「"(ダブルクォーテーション)」を入力します。

Lesson 4-13

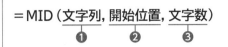 ブック「Lesson4-13」を開いておきましょう。

次の操作を行いましょう。
- (1) 関数を使って、「学籍番号」の左端から1文字分を取り出して、「学部略称」の列に表示してください。
- (2) 関数を使って、「学籍番号」の2文字目から4文字分を取り出して、「入学年度」の列に表示してください。
- (3) 関数を使って、「学籍番号」の右端から4文字分を取り出して、「出席番号」の列に表示してください。

Lesson 4-13 Answer

 その他の方法

LEFT関数の入力
- ◆《数式》タブ→《関数ライブラリ》グループの📖(文字列操作関数)→《LEFT》
- ◆ *fx* (関数の挿入)→《関数の分類》の☑→《文字列操作》→《関数名》の一覧から《LEFT》

(1)
① セル【G4】に「=LEFT(E4,1)」と入力します。

G4		✕ ✓ *fx*	=LEFT(E4,1)					
	A B	C	D	E	F	G	H	I
1	**英語力試験受験者**							
2								
3	受験番号 氏名（漢字）		氏名（英字）	学籍番号	学部名	学部略称	入学年度	出席番号
4	1001 秋田　陸人		Akita Rikuto	H20231028	法学部	=LEFT(E4,1)		
5	1002 安西　美結		Anzai Miyu	Z20211237	経済学部			
6	1003 伊藤　祐輔		Ito Yusuke	Z20211086	経済学部			
7	1004 井上　美里		Inoue Misato	B20231128	文学部			

=LEFT(E4,1)

② 学籍番号の左端から1文字分が取り出されます。

③ セル【G4】を選択し、セル右下の■(フィルハンドル)をダブルクリックします。

④ 数式がコピーされます。

	A B	C	D	E	F	G	H	I
1	**英語力試験受験者**							
2								
3	受験番号 氏名（漢字）		氏名（英字）	学籍番号	学部名	学部略称	入学年度	出席番号
4	1001 秋田　陸人		Akita Rikuto	H20231028	法学部	H		
5	1002 安西　美結		Anzai Miyu	Z20211237	経済学部	Z		
6	1003 伊藤　祐輔		Ito Yusuke	Z20211086	経済学部	Z		
7	1004 井上　美里		Inoue Misato	B20231128	文学部	B		

求められるスキル

出題範囲1

出題範囲2

出題範囲3

出題範囲4

出題範囲5

確認問題 標準解答

(2)

① セル【H4】に「=MID(E4,2,4)」と入力します。

その他の方法

MID関数の入力

◆《数式》タブ→《関数ライブラリ》グループの（文字列操作関数）→《MID》

◆（関数の挿入）→《関数の分類》の→《文字列操作》→《関数名》の一覧から《MID》

| | H4 | | × ✓ fx | =MID(E4,2,4) | | | | |

A	B	C	D	E	F	G	H	I
1	英語力試験受験者							
2								
3	受験番号	氏名（漢字）	氏名（英字）	学籍番号	学部名	学部略称	入学年度	出席番号
4	1001	秋田 陸人	Akita Rikuto	H20231028	法学部	H	=MID(E4,2,4)	
5	1002	安西 美結	Anzai Miyu	Z20211237	経済学部	Z		
6	1003	伊藤 祐輔	Ito Yusuke	Z20211086	経済学部	Z		
7	1004	井上 美里	Inoue Misato	B20231128	文学部	B		

=MID(E4,2,4)

② 学籍番号の2文字目から4文字分が取り出されます。

※取り出された値は文字列として扱われるので左揃えで表示されます。

③ セル【H4】を選択し、セル右下の■（フィルハンドル）をダブルクリックします。

④ 数式がコピーされます。

A	B	C	D	E	F	G	H	I
1	英語力試験受験者							
2								
3	受験番号	氏名（漢字）	氏名（英字）	学籍番号	学部名	学部略称	入学年度	出席番号
4	1001	秋田 陸人	Akita Rikuto	H20231028	法学部	H	2023	
5	1002	安西 美結	Anzai Miyu	Z20211237	経済学部	Z	2021	
6	1003	伊藤 祐輔	Ito Yusuke	Z20211086	経済学部	Z	2021	
7	1004	井上 美里	Inoue Misato	B20231128	文学部	B	2023	
8	1005	上川 亜紗美	Uekawa Asami	S20221260	商学部	S	2022	
9	1006	上田 浩二	Ueda Koji	B20231048	文学部	B	2023	
10	1007	大坪 久美	Otsubo Kumi	H20231108	法学部	H	2023	
11	1008	小川 浩之	Ogawa Hiroyuki	B20221316	文学部	B	2022	
12	1009	小田 英明	Oda Hideaki	B20221045	文学部	B	2022	
13	1010	加藤 哲央	Kato Tetsuo	B20211153	文学部	B	2021	
14	1011	加藤 なぎさ	Kato Nagisa	Z20211133	経済学部	Z	2021	
15	1012	加藤 将司	Kato Masashi	H20221012	法学部	H	2022	
16	1013	木村 茂幸	Kimura Shigeyuki	H20221201	法学部	H	2022	
17	1014	工藤 祥平	Kudo Syohei	K20211112	工業部	K	2021	

受験者 ⊕

(3)

① セル【I4】に「=RIGHT(E4,4)」と入力します。

その他の方法

RIGHT関数の入力

◆《数式》タブ→《関数ライブラリ》グループの（文字列操作関数）→《RIGHT》

◆（関数の挿入）→《関数の分類》の→《文字列操作》→《関数名》の一覧から《RIGHT》

| | I4 | | × ✓ fx | =RIGHT(E4,4) | | | | |

A	B	C	D	E	F	G	H	I
1	英語力試験受験者							
2								
3	受験番号	氏名（漢字）	氏名（英字）	学籍番号	学部名	学部略称	入学年度	出席番号
4	1001	秋田 陸人	Akita Rikuto	H20231028	法学部	H	2023	=RIGHT(E4,4)
5	1002	安西 美結	Anzai Miyu	Z20211237	経済学部	Z	2021	
6	1003	伊藤 祐輔	Ito Yusuke	Z20211086	経済学部	Z		
7	1004	井上 美里	Inoue Misato	B20231128	文学部	B		

=RIGHT(E4,4)

② 学籍番号の右端から4文字分が取り出されます。

※取り出された値は文字列として扱われるので左揃えで表示されます。

③ セル【I4】を選択し、セル右下の■（フィルハンドル）をダブルクリックします。

④ 数式がコピーされます。

A	B	C	D	E	F	G	H	I
1	英語力試験受験者							
2								
3	受験番号	氏名（漢字）	氏名（英字）	学籍番号	学部名	学部略称	入学年度	出席番号
4	1001	秋田 陸人	Akita Rikuto	H20231028	法学部	H	2023	1028
5	1002	安西 美結	Anzai Miyu	Z20211237	経済学部	Z	2021	1237
6	1003	伊藤 祐輔	Ito Yusuke	Z20211086	経済学部	Z	2021	1086
7	1004	井上 美里	Inoue Misato	B20231128	文学部	B	2023	1128
8	1005	上川 亜紗美	Uekawa Asami	S20221260	商学部	S	2022	1260
9	1006	上田 浩二	Ueda Koji	B20231048	文学部	B	2023	1048
10	1007	大坪 久美	Otsubo Kumi	H20231108	法学部	H	2023	1108
11	1008	小川 浩之	Ogawa Hiroyuki	B20221316	文学部	B	2022	1316
12	1009	小田 英明	Oda Hideaki	B20221045	文学部	B	2022	1045
13	1010	加藤 哲央	Kato Tetsuo	B20211153	文学部	B	2021	1153
14	1011	加藤 なぎさ	Kato Nagisa	Z20211133	経済学部	Z	2021	1133
15	1012	加藤 将司	Kato Masashi	H20221012	法学部	H	2022	1012
16	1013	木村 茂幸	Kimura Shigeyuki	H20221201	法学部	H	2022	1201

求められるスキル

出題範囲1

出題範囲2

出題範囲3

出題範囲4

出題範囲5

確認問題 標準解答

2 UPPER、LOWER、LEN関数を使用して文字の書式を設定する

📖 解説

■UPPER関数

英字をすべて大文字に変換します。

❶文字列

文字列またはセルを指定します。

例：
=UPPER("Microsoft Excel")→MICROSOFT EXCEL

「Microsoft Excel」の英字をすべて大文字に変換します。
※引数に文字列を指定する場合、文字列の前後に「"（ダブルクォーテーション）」を入力します。

■LOWER関数

英字をすべて小文字に変換します。

=LOWER（**文字列**）
　　　　　❶

❶文字列

文字列またはセルを指定します。

例：
=LOWER("Microsoft Excel")→microsoft excel

「Microsoft Excel」の英字をすべて小文字に変換します。
※引数に文字列を指定する場合、文字列の前後に「"（ダブルクォーテーション）」を入力します。

■LEN関数

文字列の文字数を表示します。全角半角に関係なく1文字を1と数えます。

❶文字列

文字列またはセルを指定します。数字や記号、空白、句読点なども文字列に含まれます。

例：
=LEN("Microsoft Excel")→15

「Microsoft Excel」の文字数を表示します。
※引数に文字列を指定する場合、文字列の前後に「"（ダブルクォーテーション）」を入力します。

Lesson 4-14

 ブック「Lesson4-14」を開いておきましょう。

次の操作を行いましょう。

(1) 関数を使って、「氏名（英字）」をすべて大文字に変換して、「NAME」の列に表示してください。

(2) 関数を使って、「氏名（英字）」をすべて小文字に変換して、「name」の列に表示してください。

Lesson 4-14 Answer

その他の方法

UPPER関数の入力

◆《数式》タブ→《関数ライブラリ》グループの（文字列操作関数）→《UPPER》

◆（関数の挿入）→《関数の分類》の→《文字列操作》→《関数名》の一覧から《UPPER》

その他の方法

LOWER関数の入力

◆《数式》タブ→《関数ライブラリ》グループの（文字列操作関数）→《LOWER》

◆（関数の挿入）→《関数の分類》の→《文字列操作》→《関数名》の一覧から《LOWER》

(1)

① セル【E4】に「=UPPER（D4）」と入力します。

受験番号	氏名（漢字）	氏名（英字）	NAME	name	学籍番号
1001	秋田　陸人	Akita Rikuto	=UPPER(D4)		H20231028
1002	安西　美結	Anzai Miyu			Z20211237
1003	伊藤　祐輔	Ito Yusuke			Z20211086
1004	井上　美里	Inoue Misato			B20231128
1005	上川　亜紗美	Uekawa Asami			S20221260

=UPPER(D4)

② 1人目の「**氏名（英字）**」が、すべて大文字に変換されます。

③ セル【E4】を選択し、セル右下の■（フィルハンドル）をダブルクリックします。

④ 数式がコピーされます。

受験番号	氏名（漢字）	氏名（英字）	NAME	name	学籍番号
1001	秋田　陸人	Akita Rikuto	AKITA RIKUTO		H20231028
1002	安西　美結	Anzai Miyu	ANZAI MIYU		Z20211237
1003	伊藤　祐輔	Ito Yusuke	ITO YUSUKE		Z20211086
1004	井上　美里	Inoue Misato	INOUE MISATO		B20231128
1005	上川　亜紗美	Uekawa Asami	UEKAWA ASAMI		S20221260

(2)

① セル【F4】に「=LOWER（D4）」と入力します。

受験番号	氏名（漢字）	氏名（英字）	NAME	name	学籍番号
1001	秋田　陸人	Akita Rikuto	AKITA RIKUTO	=LOWER(D4)	H20231028
1002	安西　美結	Anzai Miyu	ANZAI MIYU		Z20211237
1003	伊藤　祐輔	Ito Yusuke	ITO YUSUKE		1086
1004	井上　美里	Inoue Misato	INOUE MISATO		1128
1005	上川　亜紗美	Uekawa Asami	UEKAWA ASAMI		1260

=LOWER(D4)

② 1人目の「**氏名（英字）**」が、すべて小文字に変換されます。

③ セル【F4】を選択し、セル右下の■（フィルハンドル）をダブルクリックします。

④ 数式がコピーされます。

受験番号	氏名（漢字）	氏名（英字）	NAME	name	学籍番号
1001	秋田　陸人	Akita Rikuto	AKITA RIKUTO	akita rikuto	H20231028
1002	安西　美結	Anzai Miyu	ANZAI MIYU	anzai miyu	Z20211237
1003	伊藤　祐輔	Ito Yusuke	ITO YUSUKE	ito yusuke	Z20211086
1004	井上　美里	Inoue Misato	INOUE MISATO	inoue misato	B20231128
1005	上川　亜紗美	Uekawa Asami	UEKAWA ASAMI	uekawa asami	S20221260

Lesson 4-15

 ブック「Lesson4-15」を開いておきましょう。

次の操作を行いましょう。

(1) 関数を使って、G列に「住所」の文字数、I列に「住所1」の文字数を表示してください。

(2) 関数を使って、J列に「住所」から都道府県名以外を取り出してください。
(1)で求めたG列とI列の文字数を使います。

求められるスキル

出題範囲 1

出題範囲 2

出題範囲 3

出題範囲 4

出題範囲 5

確認問題 標準解答

Hint

都道府県名以外の住所を取り出すには、RIGHT関数を使います。

Lesson4-15 Answer

その他の方法

LEN関数の入力

◆《数式》タブ→《関数ライブラリ》グループの ▣（文字列操作関数）→《LEN》

◆ ▣（関数の挿入）→《関数の分類》の ▽→《文字列操作》→《関数名》の一覧から《LEN》

(1)

① セル【G4】に「=LEN(F4)」と入力します。

② 「住所」の列の文字数が表示されます。

③ セル【G4】を選択し、セル右下の ■（フィルハンドル）をダブルクリックします。

④ 数式がコピーされます。

⑤ 同様に、セル【I4】に「住所1」の列の文字数を表示します。

(2)

① セル【J4】に「=RIGHT(F4,G4-I4)」と入力します。

② 都道府県名以外の住所が取り出されます。

③ セル【J4】を選択し、セル右下の ■（フィルハンドル）をダブルクリックします。

④ 数式がコピーされます。

❗ Point

関数のネスト

関数の引数に別の関数を組み込むことを「関数のネスト」といいます。
関数のネストを使うと、(2)のように「住所の文字数」や「住所1の文字数」の列を用意しなくても、同じ数式内でまとめて計算できます。

例：
=RIGHT(F4,LEN(F4)−LEN(H4))

3 CONCAT、TEXTJOIN関数を使用して文字の書式を設定する

 解説

■CONCAT関数

複数の文字列を結合して1つの文字列として表示できます。

> ＝CONCAT (テキスト1, ・・・)
> ❶

❶テキスト1

文字列またはセル、セル範囲を指定します。

例：

＝CONCAT ("Microsoft", " ", 365)→Microsoft 365

「Microsoft」と半角空白と「365」を結合して1つの文字列として表示します。
※引数に文字列を指定する場合、文字列の前後に「"(ダブルクォーテーション)」を入力します。

■TEXTJOIN関数

指定した区切り文字を挿入しながら、引数をすべてつなげた文字列として表示できます。

> ＝TEXTJOIN (区切り文字, 空のセルは無視, テキスト1, ・・・)
> ❶ ❷ ❸

❶区切り文字

文字列の間に挿入する区切り文字を指定します。

❷空のセルは無視

空のセルを無視するかどうかを指定します。

TRUE	空のセルを無視し、区切り文字は挿入しません。
FALSE	空のセルも文字列とみなし、区切り文字を挿入します。

❸テキスト1

文字列またはセル、セル範囲を指定します。

例：

＝TEXTJOIN ("-", TRUE, C3:E3)

「番号1」「番号2」「番号3」の間に「-(ハイフン)」を挿入して表示します。結合するセルが空の場合は、空のセルは無視して、区切り文字は挿入しません。
※引数に文字列を指定する場合、文字列の前後に「"(ダブルクォーテーション)」を入力します。

Lesson 4-16

 ブック「Lesson4-16」を開いておきましょう。

次の操作を行いましょう。
(1)関数を使って、「学部略称」、「入学年度」、「出席番号」の文字列を結合して「学籍番号」の列に表示してください。

出題範囲4 数式や関数を使用した演算の実行

199

Lesson 4-16 Answer

(1)

① セル【I4】に「=CONCAT(F4:H4)」と入力します。

I4			fx	=CONCAT(F4:H4)			

	B	C	D	E	F	G	H	I	J
1	英語力試験受講者								
3	受講番号	氏名（漢字）	氏名（英字）	学部名	学部略称	入学年度	出席番号	学籍番号	
4	1001	秋田　陸人	Akita Rikuto	法学部	H	2023	1028	=CONCAT(F4:H4)	
5	1002	安西　美結	Anzai Miyu	経済学部	Z	2021	1237		
6	1003	伊藤　祐輔	Ito Yusuke	経済学部	Z	2021	1086		
7	1004	井上　美里	Inoue Misato	文学部	B			=CONCAT(F4:H4)	
8	1005	上川　亜紗美	Uekawa Asami	商学部	S				
9	1006	上田　浩二	Ueda Koji	文学部	B				

② 1人目の「**学籍番号**」に結合された文字列が表示されます。

③ セル【I4】を選択し、セル右下の■（フィルハンドル）をダブルクリックします。

④ 数式がコピーされます。

	B	C	D	E	F	G	H	I	J
1	英語力試験受講者								
3	受講番号	氏名（漢字）	氏名（英字）	学部名	学部略称	入学年度	出席番号	学籍番号	
4	1001	秋田　陸人	Akita Rikuto	法学部	H	2023	1028	H20231028	
5	1002	安西　美結	Anzai Miyu	経済学部	Z	2021	1237	Z20211237	
6	1003	伊藤　祐輔	Ito Yusuke	経済学部	Z	2021	1086	Z20211086	
7	1004	井上　美里	Inoue Misato	文学部	B	2023	1128	B20231128	
8	1005	上川　亜紗美	Uekawa Asami	商学部	S	2022	1260	S20221260	
9	1006	上田　浩二	Ueda Koji	文学部	B	2023	1048	B20231048	
10	1007	大坪　久美	Otsubo Kumi	法学部	H	2023	1108	H20231108	

その他の方法

CONCAT関数の入力

◆《数式》タブ→《関数ライブラリ》グループの（文字列操作関数）→《CONCAT》

◆ fx（関数の挿入）→《関数の分類》の ✓ →《文字列操作》→《関数名》の一覧から《CONCAT》

！ Point

文字列演算子を使った結合

文字列演算子「&」を使って、複数の文字列を結合することができます。「&」を使って文字列を結合するには、「=F4&G4&H4」と入力します。

Lesson 4-17

OPEN ブック「Lesson4-17」を開いておきましょう。

次の操作を行いましょう。

(1) 関数を使って、「学部略称」、「入学年度」、「出席番号」を「-（ハイフン）」を挿入しながら、すべてつなげて「学籍番号」の列に表示してください。結合するセルに空白セルがある場合は、区切り文字が挿入されないようにします。

Lesson 4-17 Answer

(1)

① セル【I4】に「=TEXTJOIN("-",TRUE,F4:H4)」と入力します。

I4			fx	=TEXTJOIN("-",TRUE,F4:H4)			

	B	C	D	E	F	G	H	I	J
1	英語力試験受講者								
3	受講番号	氏名（漢字）	氏名（英字）	学部名	学部略称	入学年度	出席番号	学籍番号	
4	1001	秋田　陸人	Akita Rikuto	法学部	H	2023	1028	=TEXTJOIN("-",TRUE,F4:H4)	
5	1002	安西　美結	Anzai Miyu						
6	1003	伊藤　祐輔	Ito Yusuke	経済学部	Z	2021	1086		
7	1004	井上　美里	Inoue Misato	文学部	B			=TEXTJOIN("-",TRUE,F4:H4)	
8	1005	上川　亜紗美	Uekawa Asami	商学部	S				
9	1006	上田　浩二	Ueda Koji	文学部	B	2023	1048		

② 1人目の「**学籍番号**」に「**-（ハイフン）**」で結合された文字列が表示されます。

③ セル【I4】を選択し、セル右下の■（フィルハンドル）をダブルクリックします。

④ 数式がコピーされます。

	B	C	D	E	F	G	H	I	J
1	英語力試験受講者								
3	受講番号	氏名（漢字）	氏名（英字）	学部名	学部略称	入学年度	出席番号	学籍番号	
4	1001	秋田　陸人	Akita Rikuto	法学部	H	2023	1028	H-2023-1028	
5	1002	安西　美結	Anzai Miyu						
6	1003	伊藤　祐輔	Ito Yusuke	経済学部	Z	2021	1086	Z-2021-1086	
7	1004	井上　美里	Inoue Misato	文学部	B	2023	1128	B-2023-1128	
8	1005	上川　亜紗美	Uekawa Asami	商学部	S	2022	1260	S-2022-1260	
9	1006	上田　浩二	Ueda Koji	文学部	B	2023	1048	B-2023-1048	
10	1007	大坪　久美	Otsubo Kumi	法学部	H	2023	1108	H-2023-1108	

その他の方法

TEXTJOIN関数の入力

◆《数式》タブ→《関数ライブラリ》グループの（文字列操作関数）→《TEXTJOIN》

◆ fx（関数の挿入）→《関数の分類》の ✓ →《文字列操作》→《関数名》の一覧から《TEXTJOIN》

Exercise 確認問題

標準解答 ▶ P.240

Lesson 4-18

 ブック「Lesson4-18」を開いておきましょう。

あなたは認定試験を実施している団体に勤務しています。実施された試験結果の集計や、次回の試験の準備を行います。
次の操作を行いましょう。

問題(1)	関数を使って、シート「試験結果」のセル【I3】に、セル【C1】の「試験ID」と「_info@pgkentei.xx.xx」を結合して表示してください。
問題(2)	関数を使って、シート「試験結果」のセル【K3】に「申込者数」を算出してください。「氏名」の列のデータの個数をカウントして求めます。
問題(3)	関数を使って、シート「試験結果」の「受験番号」の列に、「試験ID」、「申込番号」、「選択科目ID」の順番に「-（ハイフン）」でつなげて表示してください。結合するセルに空白セルがある場合は、区切り文字が挿入されないようにします。
問題(4)	関数を使って、シート「試験結果」の「総合点」の列に、「基礎一般」、「セキュリティ」、「プログラミングA」、「プログラミングB」の点数の合計を算出してください。
問題(5)	関数を使って、シート「試験結果」の「判定」の列に、「総合点」が170以上であれば「合格」と表示してください。そうでなければ何も表示しないようにします。
問題(6)	関数を使って、シート「科目別集計」の表に、シート「試験結果」の「基礎一般」、「セキュリティ」、「プログラミングA」、「プログラミングB」の受験者数を算出してください。各列の点数の個数をカウントして求めます。
問題(7)	関数を使って、シート「科目別集計」の表に、シート「試験結果」の「基礎一般」、「セキュリティ」、「プログラミングA」、「プログラミングB」の平均点、最高点、最低点を算出してください。
問題(8)	関数を使って、シート「9月試験」のセル【H4】を開始位置として、D列の「試験会場名」を重複しないように取り出してください。
問題(9)	関数を使って、シート「登録アルバイト」のセル【C4】を開始位置として、E列の「9月対応可能者」を昇順で並べ替えて表示してください。

MOS Excel 365

出題範囲 5

グラフの管理

1 グラフを作成する

出題範囲5　グラフの管理

☑ 理解度チェック	習得すべき機能	参照Lesson	学習前	学習後	試験直前
■円グラフを作成できる。		➡Lesson5-1	☑	☑	☑
■棒グラフを作成できる。		➡Lesson5-1	☑	☑	☑
■ツリーマップを作成できる。		➡Lesson5-2	☑	☑	☑
■散布図を作成できる。		➡Lesson5-3	☑	☑	☑
■おすすめグラフを作成できる。		➡Lesson5-4	☑	☑	☑
■グラフの場所を変更できる。		➡Lesson5-5	☑	☑	☑

1 グラフを作成する

解説 ■グラフの作成

表のデータをもとに、グラフを作成できます。グラフはデータを視覚的に表現できるため、データを比較したり傾向を分析したりするのに適しています。

操作 ◆《挿入》タブ→《グラフ》グループのボタン

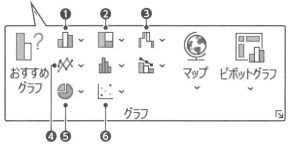

❶ ⬚⌄ (縦棒/横棒グラフの挿入)
縦棒グラフや横棒グラフを作成します。

❷ ⬚⌄ (階層構造グラフの挿入)
ツリーマップやサンバーストなどの階層構造グラフを作成します。

❸ ⬚⌄ (ウォーターフォール図、じょうごグラフ、**株価チャート、等高線グラフ、レーダーチャートの挿入**)
ウォーターフォール図やじょうごグラフ、株価チャート、等高線グラフ、レーダーチャートを作成します。

❹ 〰⌄ (折れ線/面グラフの挿入)
折れ線グラフや面グラフを作成します。

❺ ◔⌄ (円またはドーナツグラフの挿入)
円グラフやドーナツグラフを作成します。

❻ ⣿⌄ (散布図(X,Y)またはバブルチャートの挿入)
散布図やバブルチャートを作成します。

出題範囲5　グラフの管理

■データ範囲の選択

グラフのもとになるデータが入力されているセル範囲を「**データ範囲**」といいます。
グラフを作成するには、まずデータ範囲を選択し、次にリボンからグラフの種類を選択します。

●円グラフの場合

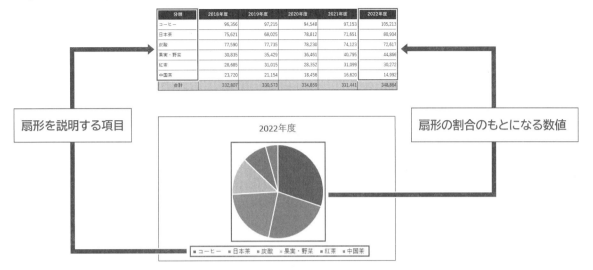

●棒グラフの場合

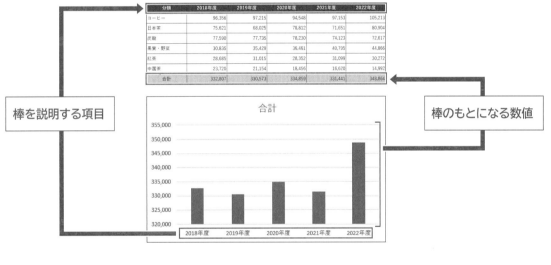

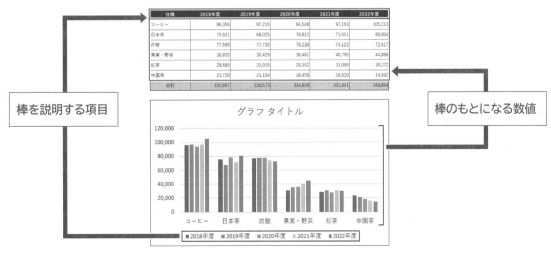

204

Lesson 5-1

 ブック「Lesson5-1」を開いておきましょう。

次の操作を行いましょう。

(1) シート「2022年度」の表のデータをもとに、分類ごとの売上合計の割合を表す3-D円グラフを作成してください。グラフタイトルは「売上構成比」とします。

(2) シート「過去5年間」の表のデータをもとに、2018年度から2022年度までの売上実績を表す積み上げ横棒グラフを作成してください。縦軸（項目軸）には、分類名を表示します。

Lesson 5-1 Answer

(1)

① シート「**2022年度**」のセル範囲【**B3:B9**】を選択します。

② **Ctrl** を押しながら、セル範囲【**O3:O9**】を選択します。

③ 《**挿入**》タブ→《**グラフ**》グループの （円またはドーナツグラフの挿入）→《**3-D円**》の《**3-D円**》をクリックします。

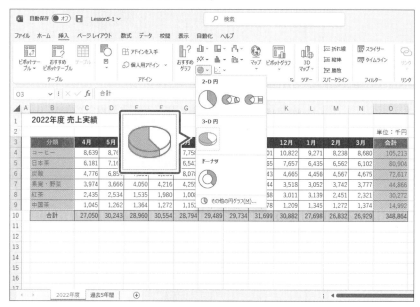

④ ワークシート上にグラフが作成されます。

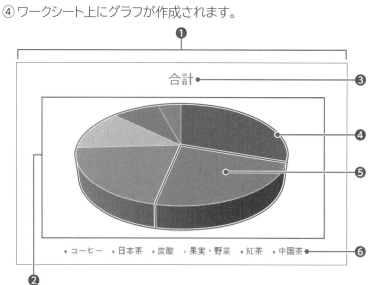

⑤ グラフタイトル内を2回クリックします。

※グラフタイトル内にカーソルが表示されます。

⑥「合計」を「売上構成比」に修正します。

⑦ グラフタイトル以外の場所をクリックします。

⑧ グラフタイトルが確定されます。

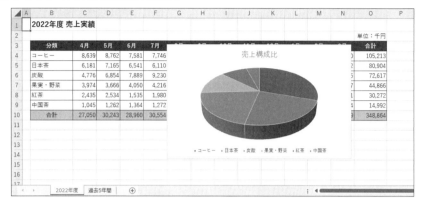

(2)

① シート「**過去5年間**」のセル範囲【**B3:G9**】を選択します。

②《**挿入**》タブ→《**グラフ**》グループの 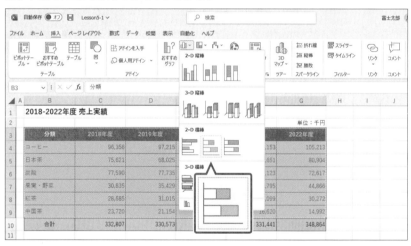（縦棒/横棒グラフの挿入）→《**2-D横棒**》の《**積み上げ横棒**》をクリックします。

③ ワークシート上にグラフが作成されます。

④ 項目軸に分類名が表示されていることを確認します。

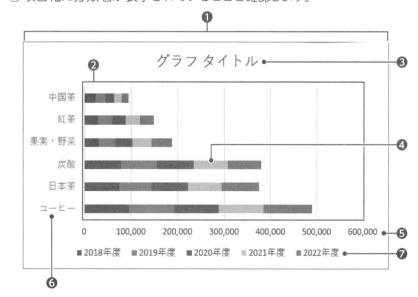

求められるスキル

出題範囲1

出題範囲2

出題範囲3

出題範囲4

出題範囲5

確認問題 標準解答

Point

棒グラフの構成要素

❶ **グラフエリア**
グラフ全体の領域です。すべての要素が含まれます。

❷ **プロットエリア**
棒グラフの領域です。

❸ **グラフタイトル**
グラフのタイトルです。

❹ **データ系列**
もとになる数値を視覚的に表すすべての棒です。

❺ **値軸**
データ系列の数値を表す軸です。

❻ **項目軸**
データ系列の項目を表す軸です。

❼ **凡例**
データ系列に割り当てられた色を識別するための情報です。

Lesson 5-2

 ブック「Lesson5-2」を開いておきましょう。

次の操作を行いましょう。

(1) 商品別売上の表のデータをもとに、商品別売上の割合を表すツリーマップを作成してください。

Lesson 5-2 Answer

(1)

① セル範囲【B3:D13】を選択します。

② 《挿入》タブ→《グラフ》グループの （階層構造グラフの挿入）→《ツリーマップ》の《ツリーマップ》をクリックします。

③ ワークシート上にグラフが作成されます。

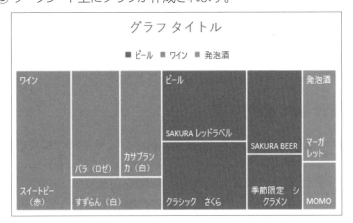

🚫 Point

ツリーマップ

ツリーマップは、全体に対する各データの割合を、階層ごとに長方形の面積の大小で表すグラフです。作物の生産量や商品の販売数などの市場シェアを表現する場合によく使われます。

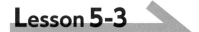

Lesson 5-3

 ブック「Lesson5-3」を開いておきましょう。

次の操作を行いましょう。
(1) 身体測定結果の表のデータをもとに、身長と体重の散布図を作成してください。

Lesson 5-3 Answer

(1)
① セル範囲【C4:D23】を選択します。
② 《挿入》タブ→《グラフ》グループの （散布図（X, Y）またはバブルチャートの挿入）→《散布図》の《散布図》をクリックします。

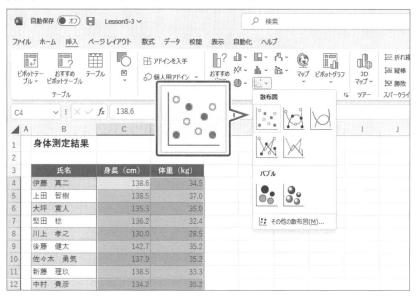

③ ワークシート上にグラフが作成されます。

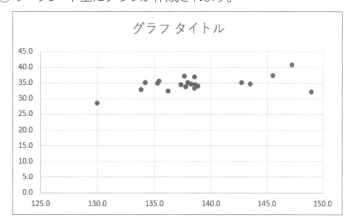

① Point

散布図
散布図は、2種類の項目を縦と横の値軸にとり、データの分布状態を表すグラフです。2種類の項目の相関関係を調べるときによく使われます。

求められるスキル

出題範囲1

出題範囲2

出題範囲3

出題範囲4

出題範囲5

確認問題 標準解答

解説　■おすすめグラフ

「**おすすめグラフ**」を使うと、選択したデータに適した数種類のグラフが表示されます。選択したデータでどのようなグラフを作成できるのか、どのようなグラフが適しているのかを確認できます。一覧からグラフを選択するだけで簡単にグラフを作成できます。

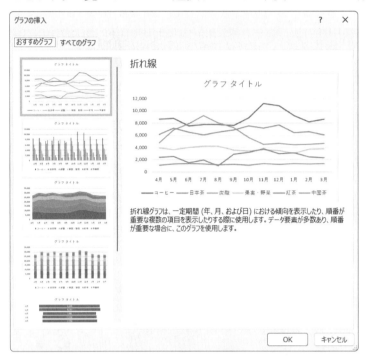

操作　◆《挿入》タブ→《グラフ》グループの（おすすめグラフ）

Lesson 5-4

OPEN　ブック「Lesson5-4」を開いておきましょう。

次の操作を行いましょう。
(1) セル範囲【B3:N9】のデータをもとに、おすすめグラフで一番上に表示されるグラフを作成してください。

Lesson 5-4 Answer

(1)

①セル範囲【B3:N9】を選択します。

②《**挿入**》タブ→《**グラフ**》グループの（おすすめグラフ）をクリックします。

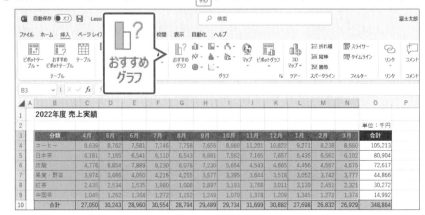

③《**グラフの挿入**》ダイアログボックスが表示されます。

④《**おすすめグラフ**》タブを選択します。

⑤上から1番目のグラフを選択します。

⑥《**OK**》をクリックします。

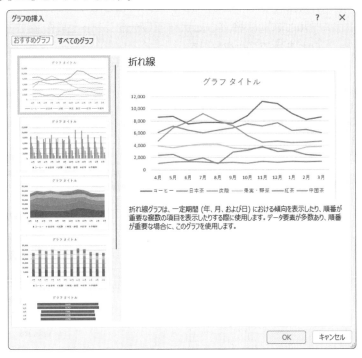

⑦ワークシート上におすすめグラフの折れ線グラフが作成されます。

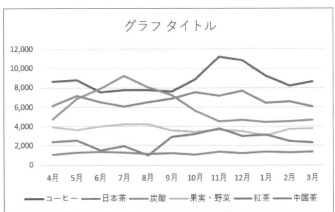

参考 **グラフの特徴**

グラフは、種類によって特徴が異なります。伝えたい内容に適したグラフの種類を選択します。

伝えたい内容	グラフの種類
大小関係を表す	縦棒、横棒
内訳を表す	円、積み上げ縦棒、積み上げ横棒
時間の経過による推移を表す	折れ線、面
複数項目の比較やバランスを表す	レーダーチャート
分布を表す	散布図
全体に占める割合を表す	ツリーマップ

⚠ Point

グラフの種類の変更

◆グラフを選択→《グラフのデザイン》タブ→《種類》グループの□□(グラフの種類の変更)

求められるスキル

出題範囲1

出題範囲2

出題範囲3

出題範囲4

出題範囲5

確認問題 標準解答

2　グラフシートを作成する

**解説**　■グラフの場所の変更

作成したグラフは、「**オブジェクト**」としてワークシート上に配置されます。オブジェクトとは、セルとは別に独立した状態でワークシート上に配置される部品の総称です。「**図形**」や「**画像**」などもオブジェクトです。
グラフは、シート全体にグラフを表示できる「**グラフシート**」に配置することもできます。

●ワークシート上のグラフ

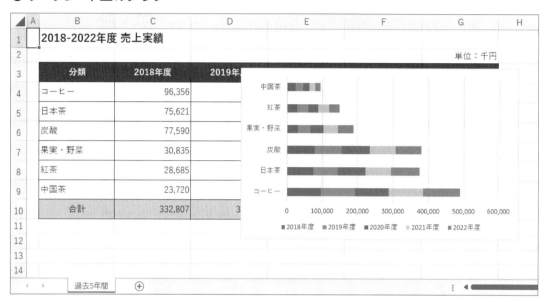

●グラフシート上のグラフ

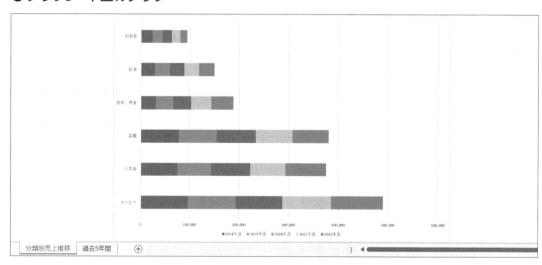

操作　◆《グラフのデザイン》タブ→《場所》グループの（グラフの移動）

Lesson 5-5

 ブック「Lesson5-5」を開いておきましょう。

次の操作を行いましょう。
(1) ワークシート上のグラフを、グラフシート「分類別売上推移」に移動してください。

Lesson 5-5 Answer

(1)
① グラフを選択します。
② 《グラフのデザイン》タブ→《場所》グループの （グラフの移動）をクリックします。

🖰 その他の方法
グラフの場所の変更
◆ グラフエリアを右クリック→《グラフの移動》

③ 《グラフの移動》ダイアログボックスが表示されます。
④ 《新しいシート》を ⦿ にし、「**分類別売上推移**」と入力します。
⑤ 《OK》をクリックします。

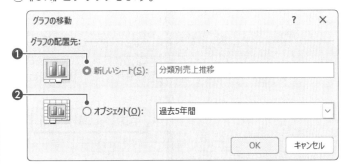

❗ Point
《グラフの移動》

❶ 新しいシート
グラフシートにグラフを配置します。テキストボックスにグラフシートの名前を入力します。

❷ オブジェクト
ワークシート上にグラフを配置します。移動先のワークシートを選択します。

⑥ ワークシート上のグラフがグラフシート「**分類別売上推移**」に移動します。

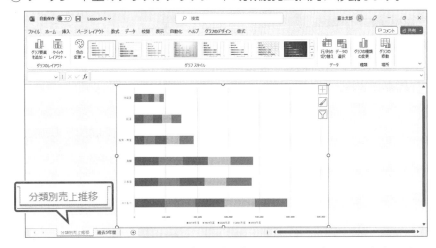

※シート「過去5年間」に切り替えて、グラフが移動していることを確認しておきましょう。

求められるスキル

出題範囲1

出題範囲2

出題範囲3

出題範囲4

出題範囲5

確認問題 標準解答

2 グラフを変更する

☑ 理解度チェック	習得すべき機能	参照Lesson	学習前	学習後	試験直前
■ データ範囲の行と列を切り替えることができる。	➡Lesson5-6	☑	☑	☑
■ データ系列を追加できる。	➡Lesson5-7	☑	☑	☑
■ グラフ要素を追加したり、変更したりできる。	➡Lesson5-8 ➡Lesson5-9 ➡Lesson5-10	☑	☑	☑
■ グラフ要素に書式を設定できる。	➡Lesson5-8 ➡Lesson5-9	☑	☑	☑

1 ソースデータの行と列を切り替える

 解説

■データ範囲の行/列の切り替え

棒グラフや折れ線グラフでは、Excelがデータ範囲 (ソースデータ) の項目数を読み取って、項目軸が決まります。意図したとおりに項目軸が設定されなかった場合は、項目軸のもとになるデータ範囲を、行から列、または列から行に切り替えます。データ範囲の行と列を切り替えると、項目軸と凡例が入れ替わります。

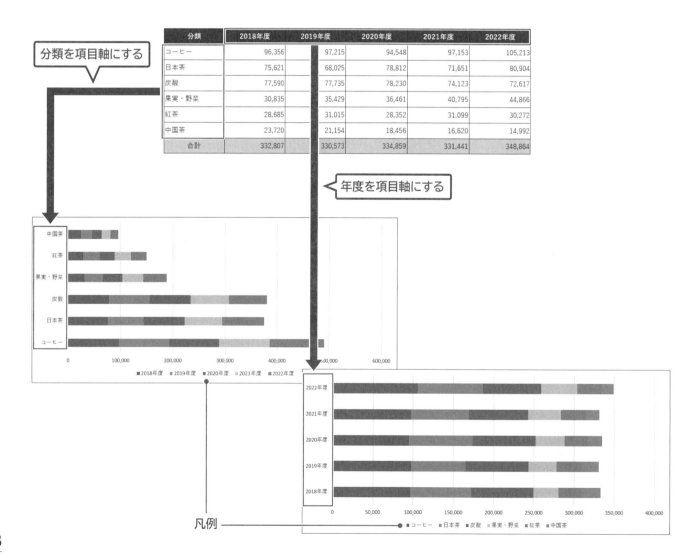

分類	2018年度	2019年度	2020年度	2021年度	2022年度
コーヒー	96,356	97,215	94,548	97,153	105,213
日本茶	75,621	68,025	78,812	71,651	80,904
炭酸	77,590	77,735	78,230	74,123	72,617
果実・野菜	30,835	35,429	36,461	40,795	44,866
紅茶	28,685	31,015	28,352	31,099	30,272
中国茶	23,720	21,154	18,456	16,620	14,992
合計	332,807	330,573	334,859	331,441	348,864

分類を項目軸にする

年度を項目軸にする

凡例

操作 ◆《グラフのデザイン》タブ→《データ》グループの ▦(行/列の切り替え)

Lesson 5-6

 ブック「Lesson5-6」を開いておきましょう。

次の操作を行いましょう。
(1) グラフの項目軸に年度、凡例に分類が表示されるように変更してください。

Lesson 5-6 Answer

(1)
① グラフを選択します。

② 《グラフのデザイン》タブ→《データ》グループの (行/列の切り替え)をクリックします。

🖱 その他の方法

データ範囲の行/列の切り替え

◆グラフを選択→《グラフのデザイン》タブ→《データ》グループの ▦(データの選択)→《行/列の切り替え》

◆グラフを右クリック→《データの選択》→《行/列の切り替え》

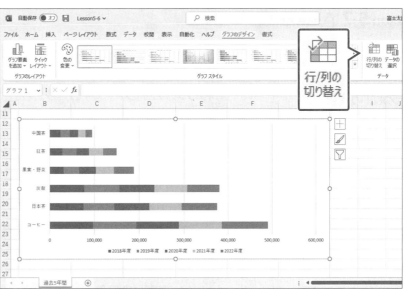

③項目軸に年度、凡例に分類が表示されます。

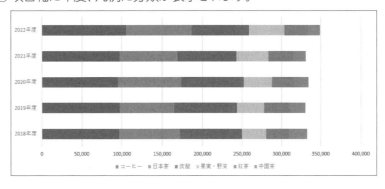

求められるスキル

出題範囲1

出題範囲2

出題範囲3

出題範囲4

出題範囲5

確認問題 標準解答

2　グラフにデータ範囲（系列）を追加する

解説　■データ範囲の変更

グラフにデータ系列を追加したり削除したりする場合は、グラフのもとになっているデータ範囲を変更します。

操作　◆《グラフのデザイン》タブ→《データ》グループの 🖺 （データの選択）

Lesson 5-7

OPEN　ブック「Lesson5-7」を開いておきましょう。

次の操作を行いましょう。
(1) グラフに中国茶のデータ系列を追加してください。

Lesson 5-7 Answer

その他の方法

データ範囲の変更

◆グラフを右クリック→《データの選択》

(1)

①グラフを選択します。

②《グラフのデザイン》タブ→《データ》グループの 🖺 （データの選択）をクリックします。

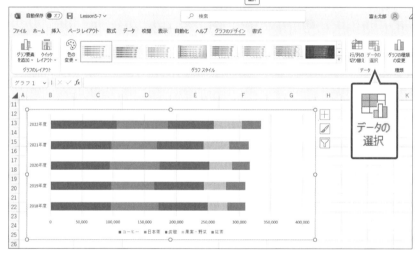

③《データソースの選択》ダイアログボックスが表示されます。

④《グラフデータの範囲》に現在のデータ範囲が表示され、選択されていることを確認します。

 Point

《データソースの選択》

❶グラフデータの範囲
グラフ作成時に選択したセル範囲が表示されます。選択しなおすと、データ範囲を変更できます。

❷行/列の切り替え
データ範囲の行と列を切り替えます。

❸凡例項目（系列）
グラフのデータ系列を個別に設定します。
《追加》を使うと、データ系列を追加できます。
《編集》を使うと、データ系列の範囲を変更できます。
《削除》を使うと、データ系列を削除できます。
また、各系列の✔を□にすると、そのデータ系列を非表示にできます。

❹横（項目）軸ラベル
各データ系列の項目名を設定します。
《編集》を使うと、項目名の範囲を変更できます。

⑤セル範囲【B3:G9】を選択します。

⑥《グラフデータの範囲》が「=過去5年間!＄B＄3:＄G＄9」になり、《凡例項目（系列）》
に「**中国茶**」が追加されていることを確認します。

※表示されていない場合は、スクロールして調整します。

⑦《**OK**》をクリックします。

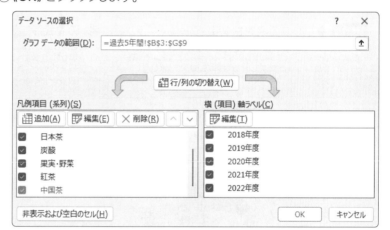

⑧ グラフに中国茶のデータ系列が追加されます。

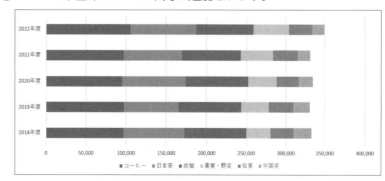

求められるスキル

出題範囲1

出題範囲2

出題範囲3

出題範囲4

出題範囲5

確認問題 標準解答

! Point

**色枠線を利用したデータ範囲
の変更**

グラフを選択すると、データ範囲が
色枠線で囲まれて表示されます。色
枠線をドラッグして、データ範囲を変
更することもできます。

領域の変更

◆データ範囲の四隅の■（ハンドル）
をマウスポインターの形が〴や
〵の状態でドラッグ

2021年度	2022年度
97,153	105,213
71,651	80,904
74,123	72,617
40,795	44,866
31,099	30,272
16,620	14,992

領域の移動

◆データ範囲の枠線をマウスポイン
ターの形が〴の状態でドラッグ

2021年度	2022年度
97,153	105,213
71,651	80,904
74,123	72,617
40,795	44,866
31,099	30,272
16,620	14,992

3　グラフの要素を追加する、変更する

解説 ■グラフ要素の追加

グラフタイトルや凡例などのグラフ要素は、必要に応じて追加できます。

操作 ◆《グラフのデザイン》タブ→《グラフのレイアウト》グループの （グラフ要素を追加）

■グラフ要素の書式設定

《(グラフ要素名)の書式設定》作業ウィンドウを使うと、グラフの各要素に対して、詳細に書式を設定できます。

操作 ◆グラフ要素を右クリック→《(グラフ要素名)の書式設定》

《(グラフ要素名)の書式設定》作業ウィンドウ

Lesson 5-8

OPEN ブック「Lesson5-8」を開いておきましょう。

次の操作を行いましょう。

(1) グラフの上に、グラフタイトル「売上構成比」を追加してください。

(2) 凡例をグラフの右側に表示してください。

(3) データラベルにパーセンテージだけを表示してください。パーセンテージは小数点以下1桁まで表示します。

求められるスキル

出題範囲1

出題範囲2

出題範囲3

出題範囲4

出題範囲5

確認問題 標準解答

その他の方法

グラフ要素の追加

◆ グラフを選択→ショートカットツールの 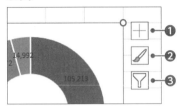（グラフ要素）→追加するグラフ要素の > →表示位置を選択

Point

ショートカットツール

グラフを選択すると、グラフの右側に「ショートカットツール」が表示されます。

❶グラフ要素

タイトルや凡例などのグラフ要素の表示／非表示を切り替えたり、表示位置を変更したりします。

※表示位置を設定する場合は、 > をクリックします。

❷グラフスタイル

グラフのスタイルや配色を変更します。

❸グラフフィルター

グラフに表示するデータを絞り込みます。

(1)

① グラフを選択します。

②《グラフのデザイン》タブ→《グラフのレイアウト》グループの （グラフ要素を追加）→《グラフタイトル》→《グラフの上》をクリックします。

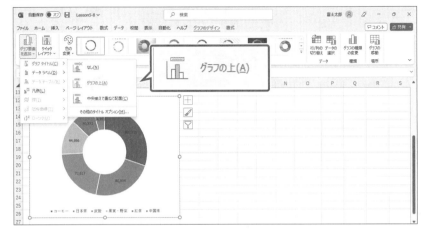

③ グラフタイトルが表示されます。

④ グラフタイトル内をクリックします。

※グラフタイトル内にカーソルが表示されます。

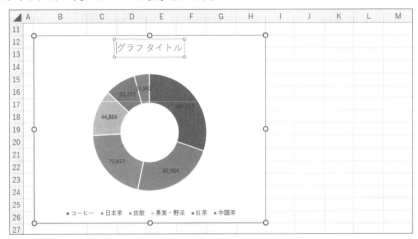

⑤「グラフタイトル」を「売上構成比」に修正します。

⑥ グラフタイトル以外の場所をクリックします。

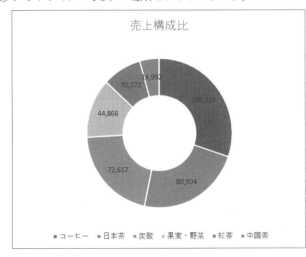

218

(2)

① グラフを選択します。

②《グラフのデザイン》タブ→《グラフのレイアウト》グループの (グラフ要素を追加)→《凡例》→《右》をクリックします。

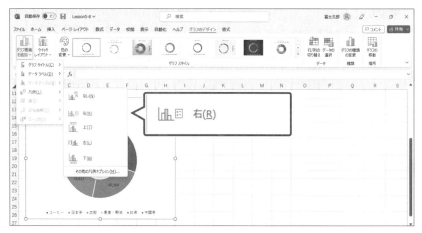

③ 凡例が右側に表示されます。

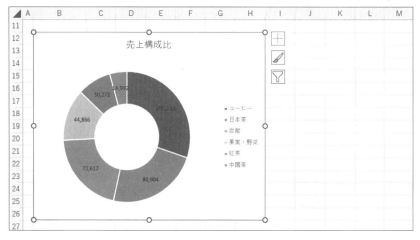

(3)

① グラフが選択されていることを確認します。

② データラベルを右クリックします。

※どの項目でもかまいません。

③《データラベルの書式設定》をクリックします。

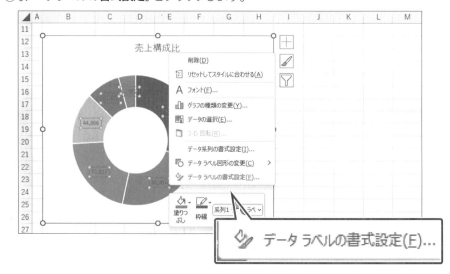

④《データラベルの書式設定》作業ウィンドウが表示されます。

⑤《ラベルオプション》の をクリックします。

⑥《ラベルオプション》の詳細が表示されていることを確認します。

※表示されていない場合は、《ラベルオプション》をクリックします。

⑦《ラベルの内容》の《パーセンテージ》を ☑ にします。

⑧《ラベルの内容》の《値》を ☐ にします。

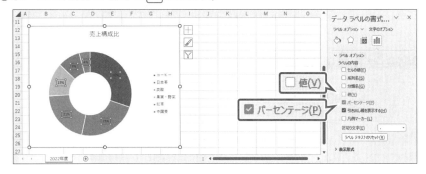

⑨《表示形式》をクリックします。

※表示されていない場合は、スクロールして調整します。

⑩《カテゴリ》の ⌄ をクリックし、一覧から《パーセンテージ》を選択します。

⑪《小数点以下の桁数》に「1」と入力し、 Enter を押します。

⑫ データラベルの表示が変更されます。

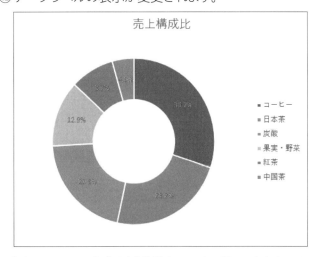

※《データラベルの書式設定》作業ウィンドウを閉じておきましょう。

求められるスキル

出題範囲1

出題範囲2

出題範囲3

出題範囲4

出題範囲5

確認問題 標準解答

Lesson 5-9

 ブック「Lesson5-9」を開いておきましょう。

次の操作を行いましょう。

(1) グラフの目盛線を非表示にし、区分線を表示してください。

(2) グラフの値軸の目盛の最大値を「350000」に設定してください。

(3) グラフの項目軸を反転してください。

(4) グラフの右上に、横軸ラベル「単位：千円」を表示してください。

Lesson 5-9 Answer

❗Point

選択肢に《なし》がない場合

軸ラベルや目盛線などのグラフ要素のように、《なし》という選択肢が用意されていない場合があります。その場合は、グラフ要素名をクリックして、表示と非表示を切り替えます。

(1)

① グラフシート**「売上グラフ」**のグラフを選択します。

② **《グラフのデザイン》**タブ→**《グラフのレイアウト》**グループの（グラフ要素を追加）→**《目盛線》**→**《第1主縦軸》**をクリックします。

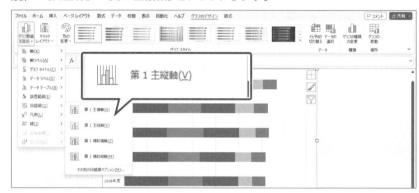

③ 目盛線が非表示になります。

④ **《グラフのデザイン》**タブ→**《グラフのレイアウト》**グループの（グラフ要素を追加）→**《線》**→**《区分線》**をクリックします。

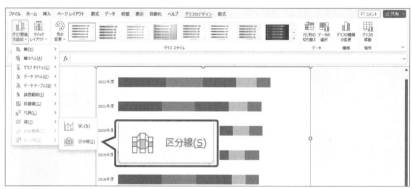

⑤ データ系列を比較する区分線が表示されます。

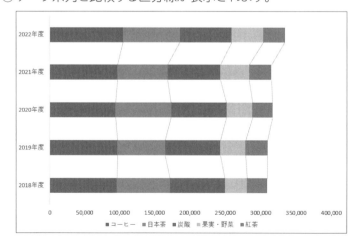

(2)

① 値軸を右クリックします。

② 《軸の書式設定》をクリックします。

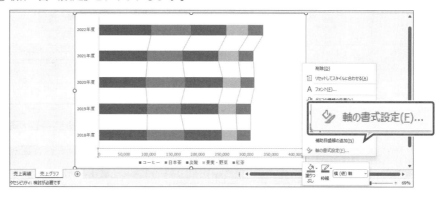

③ 《軸の書式設定》作業ウィンドウが表示されます。

④ 《軸のオプション》の 📊 (軸のオプション) をクリックします。

⑤ 《軸のオプション》の詳細が表示されていることを確認します。

※表示されていない場合は、《軸のオプション》をクリックします。

⑥ 《最大値》に「350000」と入力し、 Enter を押します。

⑦ 値軸の最大値が変更されます。

求められるスキル　出題範囲1　出題範囲2　出題範囲3　出題範囲4　出題範囲5　確認問題 標準解答

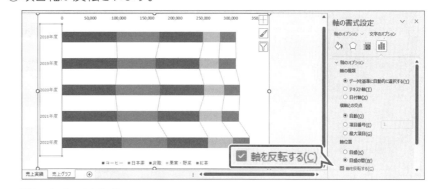

(3)

① 項目軸をクリックします。

② 《軸の書式設定》作業ウィンドウが項目軸の内容に切り替わります。

③ 《軸のオプション》の 📊 (軸のオプション) をクリックします。

④ 《軸のオプション》の詳細が表示されていることを確認します。

※表示されていない場合は、《軸のオプション》をクリックします。

⑤ 《軸を反転する》を ☑ にします。

※表示されていない場合は、スクロールして調整します。

⑥ 項目軸が反転されます。

※《軸の書式設定》作業ウィンドウを閉じておきましょう。

(4)

①グラフを選択します。

②《グラフのデザイン》タブ→《グラフのレイアウト》グループの ▣ (グラフ要素を追加)→《軸ラベル》→《第1横軸》をクリックします。

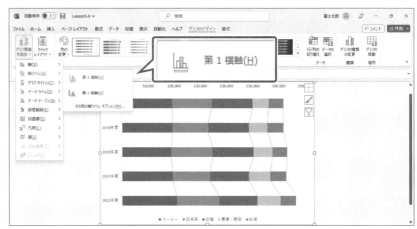

③軸ラベルが表示されます。

④軸ラベル内をクリックします。

※軸ラベル内にカーソルが表示されます。

⑤「**単位：千円**」に修正します。

⑥軸ラベルの枠線を図のようにドラッグして移動します。

※ドラッグ中、マウスポインターの形が ✛ に変わります。

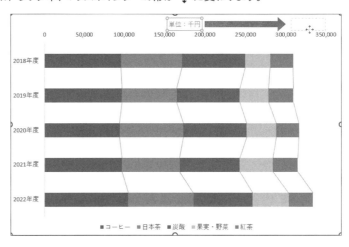

⑦軸ラベルが移動します。

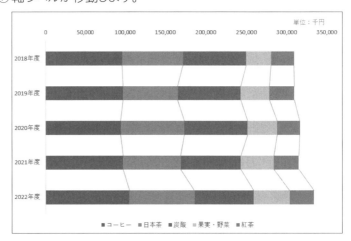

Lesson 5-10

 ブック「Lesson5-10」を開いておきましょう。

次の操作を行いましょう。
(1) グラフに近似曲線を追加してください。近似曲線の種類は線形にします。

Lesson 5-10 Answer

求められるスキル

出題範囲1

出題範囲2

出題範囲3

出題範囲4

出題範囲5

確認問題 標準解答

(1)

① グラフを選択します。

②《グラフのデザイン》タブ→《グラフのレイアウト》グループの（グラフ要素を追加）→《近似曲線》→《線形》をクリックします。

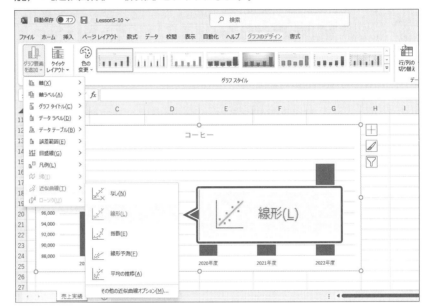

③線形の近似曲線が追加されます。

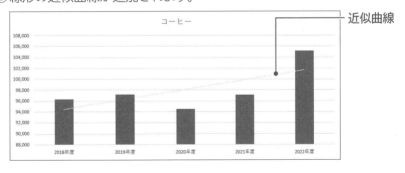

近似曲線

その他の方法

近似曲線の追加

◆データ系列を選択→ショートカット
ツールの（グラフ要素）→《☑
近似曲線》

◆データ系列を右クリック→《近似
曲線の追加》

Point

近似曲線

グラフに近似曲線を追加すると、
データの増減を直線または曲線で表
現できます。曲線のカーブが緩やか
であるか急激であるかによって、
データの変動が小さいのか大きい
のかがわかります。
近似曲線には、次のような種類があ
ります。

種類	説明
指数	データが次第に大きく増減する場合に適しています。
線形	データが一定の割合で増減している場合に適しています。
移動平均	データの変動を滑らかにし、パターンや傾向を明確に把握する場合に適しています。

Point

近似曲線の削除

◆近似曲線を選択→ Delete

3 | グラフを書式設定する

 理解度チェック	習得すべき機能	参照Lesson	学習前	学習後	試験直前
	■ グラフにレイアウトを適用できる。	➡Lesson5-11	☑	☑	☑
	■ グラフにスタイルや配色を適用できる。	➡Lesson5-12	☑	☑	☑
	■ グラフに代替テキストを追加できる。	➡Lesson5-13	☑	☑	☑

1 | グラフのレイアウトを適用する

解説 ■ **グラフのレイアウトの適用**

Excelのグラフには、表示されるグラフ要素やその配置が「**レイアウト**」として用意されています。
一覧から選択するだけで、簡単にグラフ全体のレイアウトを変更できます。

操作 ◆《グラフのデザイン》タブ→《グラフのレイアウト》グループの （クイックレイアウト）

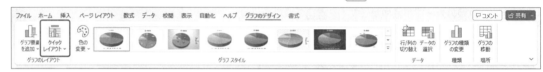

Lesson 5-11

OPEN ブック「Lesson5-11」を開いておきましょう。

次の操作を行いましょう。
(1) グラフにレイアウト「レイアウト2」を適用してください。

Lesson 5-11 Answer

(1)
① グラフを選択します。
②《グラフのデザイン》タブ→《グラフのレイアウト》グループの （クイックレイアウト）→《**レイアウト2**》をクリックします。
③ グラフにレイアウトが適用されます。

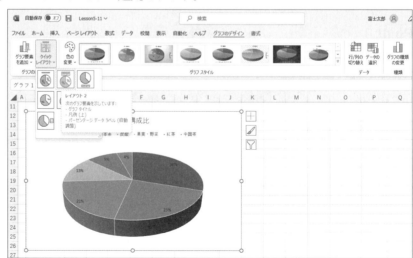

2 | グラフのスタイルを適用する

 解説 ■グラフのデザインの変更

Excelのグラフには、塗りつぶしの色や枠線の色などの組み合わせが「**スタイル**」として用意されています。一覧から選択するだけで、グラフ全体のデザインを変更できます。また、データ系列の配色だけを変更することもできます。

操作 ◆《グラフのデザイン》タブ→《グラフスタイル》グループのボタン

❶ 🎨 （グラフクイックカラー）

データ系列の配色を変更します。一覧に表示される配色は、ブックに設定されているテーマによって異なります。

❷グラフのスタイル

塗りつぶしの色や枠線の色、太さなどを組み合わせたスタイルを適用します。

Lesson 5-12

OPEN ブック「Lesson5-12」を開いておきましょう。

次の操作を行いましょう。
(1) グラフにスタイル「スタイル8」、配色「カラフルなパレット3」を適用してください。

Lesson 5-12 Answer

🖱その他の方法

グラフのスタイルの適用

◆グラフを選択→ショートカットツールの （グラフスタイル）→《スタイル》

(1)

① グラフを選択します。

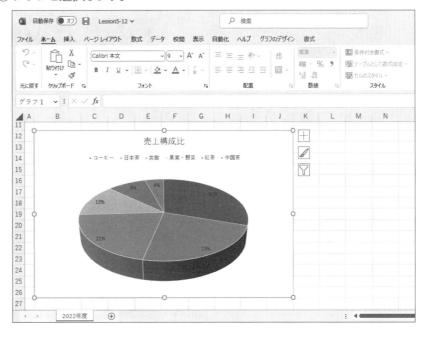

226

②《グラフのデザイン》タブ→《グラフスタイル》グループの 🔽 →《スタイル8》をクリックします。

③ グラフにスタイルが適用されます。

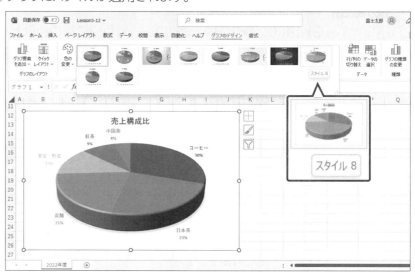

④《グラフのデザイン》タブ→《グラフスタイル》グループの 🎨（グラフクイックカラー）→《カラフル》の《カラフルなパレット3》をクリックします。

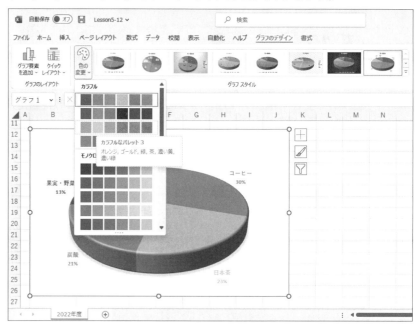

⑤ データ系列の配色が変更されます。

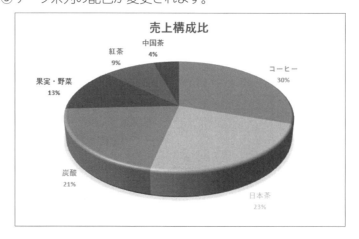

3 アクセシビリティ向上のため、グラフに代替テキストを追加する

解説　■グラフの代替テキストの追加

アクセシビリティに配慮し、作成したグラフには代替テキストを設定します。
※代替テキストについては、P.70を参照してください。

操作　◆《書式》タブ→《アクセシビリティ》グループの （代替テキストウィンドウを表示します）

Lesson 5-13

OPEN　ブック「Lesson5-13」を開いておきましょう。

次の操作を行いましょう。
(1) グラフに代替テキスト「2022年度売上構成比のグラフ」を追加してください。

Lesson 5-13 Answer

(1)
① グラフを選択します。
②《書式》タブ→《アクセシビリティ》グループの （代替テキストウィンドウを表示します）をクリックします。

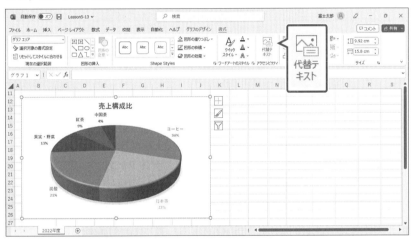

③《代替テキスト》作業ウィンドウが表示されます。
④ ボックスに「**2022年度売上構成比のグラフ**」と入力します。
⑤ グラフに代替テキストが追加されます。

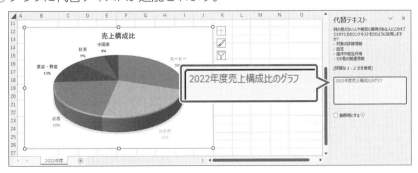

※《代替テキスト》作業ウィンドウを閉じておきましょう。

🖱 その他の方法

代替テキストの追加

◆ グラフを右クリック→《代替テキストを表示》

❗ Point

アクセシビリティチェック

代替テキストが設定されているかどうかは、アクセシビリティチェックの検査対象になっています。
設定されていないと、検査結果にエラーとして検出されます。
※アクセシビリティチェックについては、P.70を参照してください。

228

Lesson 5-14

 ブック「Lesson5-14」を開いておきましょう。

あなたは、酒類販売店の売上をまとめたデータをもとに、グラフを使って資料を作成します。
次の操作を行いましょう。

問題（1）	グラフの項目を入れ替えて、横軸に年度が表示されるようにしてください。
問題（2）	2021年度と2022年度のデータをグラフに追加してください。
問題（3）	グラフにスタイル「スタイル6」を適用してください。
問題（4）	グラフにデータラベルを表示してください。データラベルは、系列の中央に配置します。
問題（5）	グラフの縦軸に、軸ラベル「単位：千円」を表示してください。
問題（6）	凡例をグラフの右側に表示してください。
問題（7）	2022年度の商品分類ごとの売上をもとに、3-D円グラフを作成してください。グラフタイトルは「売上構成比」とします。
問題（8）	作成した円グラフをグラフシート「売上構成比」に移動してください。
問題（9）	グラフシート「売上構成比」のグラフにレイアウト「レイアウト1」を適用してください。次に、グラフエリアのフォントサイズを「16」に設定してください。
問題（10）	グラフシート「売上構成比」のグラフに、代替テキスト「売上構成比のグラフ」を追加してください。

MOS Excel 365

確認問題　標準解答

●完成図

求められるスキル

出題範囲1

出題範囲2

出題範囲3

出題範囲4

出題範囲5

確認問題　標準解答

問題 (1)

①シート「**10月**」が表示されていることを確認します。

②《**数式**》タブ→《**ワークシート分析**》グループの $\boxed{fx\ 数式の表示}$（数式の表示）をクリックします。

③「**金額**」の列の数式を確認します。

④《**数式**》タブ→《**ワークシート分析**》グループの $\boxed{fx\ 数式の表示}$（数式の表示）をクリックします。

問題 (2)

①シート「**11月**」のシート見出しをクリックします。

②《**ページレイアウト**》タブ→《**ページ設定**》グループの $\boxed{}$（ページの向きを変更）→《**横**》をクリックします。

③ステータスバーの $\boxed{凹}$（改ページプレビュー）をクリックします。

④25行目（No.22）の下側の青い点線をポイントし、マウスポインターの形が ‡ に変わったら、28行目（No.25）の下側までドラッグします。

※お使いの環境によっては、ページ区切り位置が異なる場合があります。

問題 (3)

①シート「**11月**」が表示されていることを確認します。

②《**挿入**》タブ→《**テキスト**》グループの $\boxed{}$（ヘッダーとフッター）をクリックします。

※《テキスト》グループが折りたたまれている場合は、展開して操作します。

③《**ヘッダーとフッター**》タブ→《**ヘッダーとフッター**》グループの $\boxed{フッター}$（フッター）→《**1 / ?ページ**》をクリックします。

※ステータスバーの $\boxed{⊞}$（標準）をクリックし、標準の表示モードに戻しておきましょう。

問題 (4)

①名前ボックスの ∨ をクリックし、一覧から「**商品概要**」を選択します。

②範囲の先頭のセル【**E2**】を選択します。

③ Delete を押します。

問題 (5)

①シート「**顧客一覧**」のセル【**B3**】を選択します。

②《**データ**》タブ→《**データの取得と変換**》グループの $\boxed{}$（テキストまたはCSVから）をクリックします。

③フォルダー「**Lesson1-31**」を開きます。

※《ドキュメント》→「MOS 365-Excel（1）」→「Lesson1-31」を選択します。

④一覧から「**顧客データ**」を選択します。

⑤《**インポート**》をクリックします。

⑥データの先頭行が見出しになっていることを確認します。

⑦《**読み込み**》の ∨ をクリックし、一覧から《**読み込み先**》を選択します。

⑧《**テーブル**》が ⦿ になっていることを確認します。

⑨《**既存のワークシート**》を ⦿ にします。

⑩「**=$B$3**」と表示されていることを確認します。

⑪《**OK**》をクリックします。

※《クエリと接続》作業ウィンドウを閉じておきましょう。

問題 (6)

①シート「顧客一覧」のセル【C4】を選択します。

②《挿入》タブ→《リンク》グループの 🔗 (リンク) をクリックします。

③《リンク先》の《ファイル、Webページ》をクリックします。

④《表示文字列》に「山の手デパート」が表示されていることを確認します。

⑤《アドレス》に「https://www.yamanote.xx.xx/」と入力します。

⑥《ヒント設定》をクリックします。

⑦《ヒントのテキスト》に「ウェブサイトを表示」と入力します。

⑧《OK》をクリックします。

⑨《OK》をクリックします。

問題 (7)

①シート「顧客一覧」のセル範囲【C3:F13】を選択します。

②《ページレイアウト》タブ→《ページ設定》グループの 📄 (印刷範囲) →《印刷範囲の設定》をクリックします。

※印刷イメージを確認しておきましょう。

問題 (8)

①シート「商品一覧」のセル【D1】を選択します。

②《校閲》タブ→《メモ》グループの 🗒 (メモ) →《新しいメモ》をクリックします。

③「第4四半期に単価改定」と入力します。

④メモ以外の場所をクリックします。

問題 (9)

①シート「商品一覧」の1行目が表示されていることを確認します。

②《表示》タブ→《ウィンドウ》グループの ウィンドウ枠の固定 ▼ (ウィンドウ枠の固定) →《先頭行の固定》をクリックします。

問題 (10)

①《ファイル》タブを選択します。

②《情報》→《プロパティをすべて表示》をクリックします。

③《タイトルの追加》をクリックし、「2023年度月別売上」と入力します。

④《タグの追加》をクリックし、「第3四半期」と入力します。

⑤《会社名の指定》をクリックし、「株式会社FOMリビング」と入力します。

⑥《会社名の指定》以外の場所をクリックします。

※ Esc を押して、ワークシートを表示しておきましょう。

問題 (11)

①《ファイル》タブを選択します。

②《情報》→《問題のチェック》→《アクセシビリティチェック》をクリックします。

③《エラー》の《赤の書式を使用しない》をクリックします。

※お使いの環境によっては、《色を排他的に使用》と表示される場合があります。

④《D2:D11 (商品一覧)》をクリックします。

⑤シート「商品一覧」のセル範囲【D2:D11】が選択されていることを確認します。

⑥《おすすめアクション》の《セルの書式設定》をクリックします。

⑦《表示形式》タブを選択します。

⑧《分類》が《数値》になっていることを確認します。

⑨《負の数の表示形式》の一覧から黒字の《-1,234》を選択します。

⑩《OK》をクリックします。

※《アクセシビリティ》作業ウィンドウを閉じておきましょう。

問題 (12)

①《表示》タブ→《ウィンドウ》グループの 🗖 新しいウィンドウを開く (新しいウィンドウを開く) をクリックします。

②《表示》タブ→《ウィンドウ》グループの 🗗 整列 (整列) をクリックします。

③《左右に並べて表示》を ⦿ にします。

④《OK》をクリックします。

⑤左側のウィンドウ内をクリックします。

⑥左側のウィンドウのシート見出し「10月」をクリックします。

⑦右側のウィンドウ内をクリックします。

⑧右側のウィンドウのシート見出し「11月」をクリックします。

●完成図

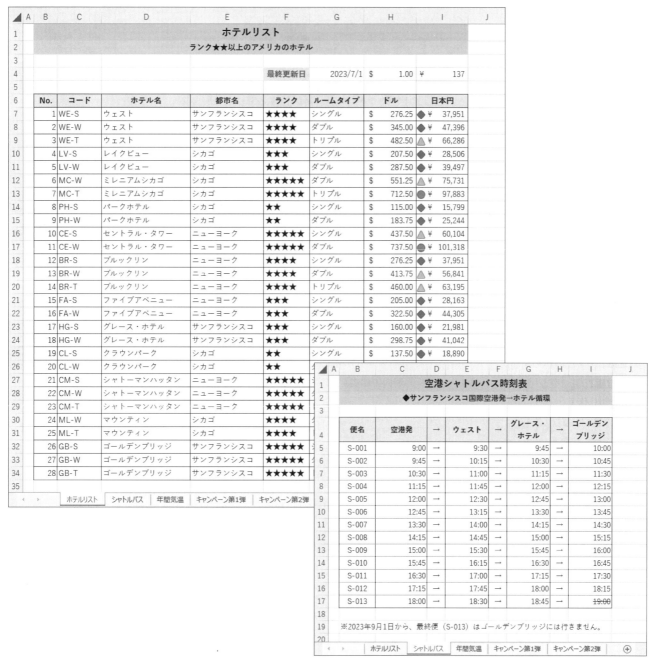

求められるスキル

出題範囲1

出題範囲2

出題範囲3

出題範囲4

出題範囲5

確認問題　標準解答

問題（1）

①シート「ホテルリスト」のセル範囲【B1:I2】を選択します。

②《ホーム》タブ→《配置》グループの 🔲 (配置の設定) をクリックします。

③《配置》タブを選択します。

④《横位置》の ▽ をクリックし、一覧から《選択範囲内で中央》を選択します。

⑤《OK》をクリックします。

問題（2）

①シート「ホテルリスト」の行番号【32:33】を選択します。

②選択した範囲内で右クリックします。

③《削除》をクリックします。

問題（3）

①シート「ホテルリスト」のセル【B7】を選択し、セル右下の ■ (フィルハンドル) をダブルクリックします。

② 🔡▼ (オートフィルオプション) をクリックします。
※ 🔡 をポイントすると、🔡▼ になります。

③《連続データ》をクリックします。

問題（4）

①シート「ホテルリスト」のセル【I7】に「=H7*」と入力します。

②《数式》タブ→《定義された名前》グループの 🔓 数式で使用 ▼ (数式で使用)→《円相場》をクリックします。

③数式バーに「=H7*円相場」と表示されていることを確認します。

④ [Enter] を押します。

⑤セル【I7】を選択し、セル右下の ■ (フィルハンドル) をダブルクリックします。

※「日本円」の列には、通貨の表示形式と条件付き書式が設定されています。

問題（5）

①シート「ホテルリスト」のセル【I4】を選択します。

② [Ctrl] を押しながら、セル範囲【I7:I34】を選択します。

③《ホーム》タブ→《数値》グループの 🔲 (表示形式) をクリックします。

④《表示形式》タブを選択します。

⑤《分類》の一覧から、《会計》を選択します。

⑥《小数点以下の桁数》に《0》と表示されていることを確認します。

⑦《OK》をクリックします。

問題（6）

①シート「ホテルリスト」のセル範囲【I7:I34】を選択します。

②《ホーム》タブ→《スタイル》グループの 🔳条件付き書式▼ (条件付き書式)→《アイコンセット》→《図形》の《3つの図形》をクリックします。

問題（7）

①シート「ホテルリスト」のセル範囲【I7:I34】を選択します。

②《ホーム》タブ→《スタイル》グループの 🔳条件付き書式▼ (条件付き書式)→《ルールの管理》をクリックします。

③《ルール》の一覧から《セルの値>50000》を選択します。

④《ルールの削除》をクリックします。

⑤《OK》をクリックします。

問題 (8)

①シート「シャトルバス」のセル【G4】を選択します。

②[Ctrl]を押しながら、セル【I4】を選択します。

③《ホーム》タブ→《配置》グループの[折り返し](折り返して全体を表示する)をクリックします。

問題 (9)

①シート「シャトルバス」のセル【C5】を選択します。

②数式を「=SEQUENCE(13,,9,0.75)/24」に修正します。

※スピル範囲のほかの数式も修正されます。

問題 (10)

①シート「シャトルバス」のセル【I17】を選択します。

②《ホーム》タブ→《フォント》グループの[⤵](フォントの設定)をクリックします。

③《フォント》タブを選択します。

④《文字飾り》の《取り消し線》を☑にします。

⑤《OK》をクリックします。

問題 (11)

①シート「年間気温」のセル範囲【D5:O10】を選択します。

②《挿入》タブ→《スパークライン》グループの[折れ線](折れ線スパークライン)をクリックします。

③《データ範囲》に「D5:O10」と表示されていることを確認します。

④《場所の範囲》にカーソルが表示されていることを確認します。

⑤セル範囲【P5:P10】を選択します。

※《場所の範囲》に「$P$5:$P$10」と表示されます。

⑥《OK》をクリックします。

⑦セル【P5】を選択します。

※スパークラインのグループの範囲内であれば、どこでもかまいません。

⑧《スパークライン》タブ→《グループ》グループの[軸](スパークラインの軸)→《縦軸の最小値のオプション》の《ユーザー設定値》をクリックします。

⑨《縦軸の最小値を入力してください》に「-12」と入力します。

⑩《OK》をクリックします。

⑪《スパークライン》タブ→《グループ》グループの[軸](スパークラインの軸)→《縦軸の最大値のオプション》の《すべてのスパークラインで同じ値》をクリックします。

⑫《スパークライン》タブ→《表示》グループの《マーカー》を☑にします。

問題 (12)

①シート「年間気温」のセル範囲【D5:O10】を選択します。

②《ホーム》タブ→《スタイル》グループの[条件付き書式▾](条件付き書式)→《セルの強調表示ルール》→《指定の値より大きい》をクリックします。

③《次の値より大きいセルを書式設定》に「25」と入力します。

④《書式》の☑をクリックし、一覧から《濃い赤の文字、明るい赤の背景》を選択します。

⑤《OK》をクリックします。

⑥セル範囲【D5:O10】が選択されていることを確認します。

⑦《ホーム》タブ→《スタイル》グループの[条件付き書式▾](条件付き書式)→《セルの強調表示ルール》→《指定の値より小さい》をクリックします。

⑧《次の値より小さいセルを書式設定》に「5」と入力します。

⑨《書式》の☑をクリックし、一覧から《濃い緑の文字、緑の背景》を選択します。

⑩《OK》をクリックします。

問題 (13)

①シート「キャンペーン第1弾」のセル範囲【B4:F8】を選択します。

②《ホーム》タブ→《クリップボード》グループの[📋](コピー)をクリックします。

③シート「キャンペーン第2弾」のセル【B4】を選択します。

④《ホーム》タブ→《クリップボード》グループの[📋](貼り付け)の[貼り付け▾]→《貼り付け》の[📋](元の列幅を保持)をクリックします。

問題 (14)

①シート「キャンペーン第1弾」のセル【H5】に「=RANDBETWEEN(301001,301050)」と入力します。

※数値はランダムで表示されます。

②セル【H5】を選択し、セル右下の■(フィルハンドル)をセル【H8】までドラッグします。

※数値を変更する場合は、[F9]を押して再計算します。

③セル範囲【H5:H8】を選択します。

④《ホーム》タブ→《クリップボード》グループの[📋](コピー)をクリックします。

⑤セル【F5】を選択します。

⑥《ホーム》タブ→《クリップボード》グループの[📋](貼り付け)の[貼り付け▾]→《値の貼り付け》の[📋](値)をクリックします。

※ワークシートの内容を変更すると、コピー元の数式が再計算されます。

求められるスキル

出題範囲1

出題範囲2

出題範囲3

出題範囲4

出題範囲5

確認問題 標準解答

確認問題 標準解答

●完成図

新着物件一覧

管理番号	物件名	所在地	沿線	最寄駅	徒歩（分）	価格（万円）	間取り	専有面積（㎡）	階数	総階数	築年月
1031	エリアタワー	東京都港区南青山	千代田線	乃木坂	7	5,700	1SLDK	57.8	15	35	2018年9月
1050	WコントタワーズEAST	東京都目黒区上目黒	日比谷線	中目黒	7	5,930	2LDK	84	3	10	2021年2月
1008	エリアタワー	東京都港区南青山	千代田線	乃木坂	7	5,930	2LDK	77.8	28	35	2018年9月
1004	パークタウン虎ノ門	東京都港区虎ノ門	日比谷線	神谷町	9	6,080	1SLDK	74.2	15	34	2017年11月
1027	シティタウン南青山	東京都港区南青山	千代田線	乃木坂	9	6,080	3LDK	74.2	3	28	2017年4月
1010	パークタウン上目黒	東京都目黒区上目黒	日比谷線	中目黒	8	6,150	3LDK	79.8	1	14	2016年10月
1020	パークタウン神宮前	東京都渋谷区神宮前	千代田線	明治神宮前	15	6,150	1LDK	77.2	2	4	2016年8月
1028	エリアタワー	東京都港区南青山	千代田線	乃木坂	7	6,230	3LDK	82.5	29	35	2018年9月
1044	道玄坂サウスコートレジデンス	東京都渋谷区道玄坂	山手線	渋谷	5	6,280	1LDK	32	2	13	2019年6月
1036	セントリーパークタワー	東京都港区虎ノ門	日比谷線	神谷町	7	6,450	2LDK	79.8	9	34	2020年7月
1015	セントリーパークタワー	東京都港区虎ノ門	日比谷線	神谷町	7	6,530	3LDK	77.8	15	34	2020年7月
1018	WコントタワーズEAST	東京都目黒区上目黒	日比谷線	中目黒	7	6,530	3LDK	77.8	5	10	2021年2月
1002	WコントタワーズEAST	東京都目黒区上目黒	日比谷線	中目黒	7	6,680	3LDK	77.8	7	10	2021年2月
1035	パークタウン上目黒	東京都目黒区上目黒	日比谷線	中目黒	8	6,700	3LDK	75.2	4	14	2016年10月
1021	WコントタワーズEAST	東京都目黒区上目黒	日比谷線	中目黒	7	6,830	2SLDK	83.8	10	10	2021年2月
1011	ブリリアントシティ東京	東京都渋谷区代々木	山手線	代々木	18	6,930	1LDK	65.2	3	14	2017年1月
1003	ブルーコート代々木	東京都渋谷区代々木	山手線	代々木	18	7,020	2LDK	84.4	11	14	2019年4月
1005	恵比寿サウスタワー	東京都渋谷区恵比寿南	山手線	恵比寿	8	7,300	3LDK	76.1	2	10	2018年9月
1023	トルレードレ上目黒	東京都渋谷区上目黒	日比谷線	中目黒	15	7,350	3LDK	80.2	16	30	2018年9月
1033	恵比寿南サンスクウェア	東京都渋谷区恵比寿南	山手線	恵比寿	11	7,750	2LDK	83	10	10	2018年4月
1043	パークタウン目黒	東京都目黒区上目黒	日比谷線	中目黒	8	7,750	2LDK	77.2	11	14	2016年10月
1029	上目黒アイスクエアビュー	東京都目黒区上目黒	日比谷線	中目黒	8	7,850	2LDK	77.2	16	16	2018年6月
1022	シティタウン代々木	東京都渋谷区代々木	山手線	代々木	14	7,870	2LDK	78.4	11	14	2017年6月
1054	ブリリアントシティ東京	東京都渋谷区代々木	山手線	代々木	18	7,880	2LDK	72.1	7	10	2017年1月
1038	トウキョウ タワーズ	東京都品川区上大崎	山手線	目黒	5	7,980	2LDK	71.8	5	20	2019年4月
1016	トウキョウ タワーズ	東京都品川区上大崎	山手線	目黒	5	8,000	1LDK	74.2	13	20	2019年4月
1037	トウキョウ タワーズ	東京都品川区上大崎	山手線	目黒	5	8,380	3LDK	78.2	29	20	2019年4月
1034	道玄坂サウスコートレジデンス	東京都渋谷区道玄坂	山手線	渋谷	5	8,500	1LDK	38	9	13	2019年6月
1026	トウキョウ タワーズ	東京都品川区上大崎	山手線	目黒	5	8,530	4LDK	76.9	15	20	2019年4月
1014	南麻布アイスグリーンタワー	東京都港区南麻布	日比谷線	広尾	8	9,530	2LDK	78.2	13	14	2019年8月
1019	東京ダブルパークス	東京都渋谷区神宮前	千代田線	明治神宮前	12	9,700	3LDK	83.1	1	3	2018年12月
1001	南麻布アイスグリーンタワー	東京都港区南麻布	日比谷線	広尾	8	9,800	2LDK	78.2	14	14	2019年8月
1051	ザ・トータルパーク	東京都渋谷区恵比寿南	山手線	恵比寿	13	9,830	2LDK	81.7	13	13	2017年2月
1024	シティタウン西原	東京都渋谷区西原	千代田線	代々木上原	10	9,930	3LDK	79.2	3	3	2017年9月
1007	南麻布アイスクエアビュータワー	東京都港区南麻布	日比谷線	広尾	10	12,600	3LDK	80.3	11	20	2020年10月
1048	上目黒プレジデント	東京都目黒区上目黒	日比谷線	中目黒	13	12,680	2LDK	80.2	19	20	2019年5月
1032	道玄坂アイスクエアビュー	東京都渋谷区道玄坂	山手線	渋谷	8	14,030	2LDK	78.5	3	18	2018年8月
1006	パークタウン南麻布	東京都港区南麻布	日比谷線	広尾	10	14,530	2LDK	79.8	19	30	2016年12月
1046	ベイ南青山グリーンリンクタワー	東京都港区南青山	千代田線	乃木坂	10	14,980	3LDK	72.5	16	30	2022年3月
1053	パークタウン富ヶ谷	東京都渋谷区富ヶ谷	千代田線	代々木公園	5	16,000	2LDK	79.5	9	12	2021年12月
1049	パークタウン富ヶ谷	東京都渋谷区富ヶ谷	千代田線	代々木公園	5	16,280	2LDK	78.8	12	12	2021年12月
1040	南麻布ジョータワー	東京都港区南麻布	日比谷線	広尾	10	16,530	1SLDK	79.8	28	32	2021年5月
1041	神宮前アイスグリーンタワー	東京都渋谷区神宮前	千代田線	明治神宮前	2	17,800	2SLDK	78.2	11	19	2019年7月
1047	ブルーコート虎ノ門	東京都港区虎ノ門	日比谷線	神谷町	18	20,700	2LDK	68.2	13	15	2023年3月
集計		54				9,224					

物件一覧 / 従業員リスト

従業員リスト

所属店	従業員番号	氏名	役職
渋谷	1995033	井上　太郎	店長
目黒	1998912	園部　幸彦	店長
渋谷	1999184	今村　梓	マネージャー
渋谷	2001442	西　祐子	
目黒	2005673	水谷　志織	マネージャー
渋谷	2010523	沢村　洋一	
目黒	2014021	倉田　莉央	
渋谷	2014138	伊勢崎　重隆	
渋谷	2016441	小野　菜穂子	
目黒	2020383	吉田　真明	
目黒	2022012	竹内　まなみ	

物件一覧 / 従業員リスト

問題（1）

①シート「**物件一覧**」のセル【**B3**】を選択します。
※表内のセルであれば、どこでもかまいません。
②《**挿入**》タブ→《**テーブル**》グループの ⊞ （テーブル）をクリックします。
③《**テーブルに変換するデータ範囲を指定してください**》が「**$B$3:$M$58**」になっていることを確認します。
④《**先頭行をテーブルの見出しとして使用する**》が ☑ になっていることを確認します。
⑤《**OK**》をクリックします。
⑥《**テーブルデザイン**》タブ→《**テーブルスタイル**》グループの ⊽ →《**淡色**》の《**白, テーブルスタイル（淡色）1**》をクリックします。

問題（2）

①シート「**物件一覧**」のテーブルの「**間取り**」の ▼ をクリックします。
②《**（すべて選択）**》を ☐ にします。
③「**2LDK**」を ☑ にします。
④《**OK**》をクリックします。
※26件のレコードが抽出されます。

問題（3）

①シート「**物件一覧**」のテーブルから、「**間取り**」が「**2LDK**」のレコードが抽出されていることを確認します。
②「**最寄駅**」の ▼ をクリックします。
③《**（すべて選択）**》を ☐ にします。
④「**代々木上原**」を ☑ にします。
⑤《**OK**》をクリックします。
※1件のレコードが抽出されます。

問題（4）

①シート「**物件一覧**」のテーブルから、「**間取り**」が「**2LDK**」かつ「**最寄駅**」が「**代々木上原**」のレコードが抽出されていることを確認します。
②「**最寄駅**」の ▼ をクリックします。
③「**代々木公園**」を ☑ にします。
④《**OK**》をクリックします。
※3件のレコードが抽出されます。
⑤セル【**B3**】を選択します。
※テーブル内のセルであれば、どこでもかまいません。
⑥《**データ**》タブ→《**並べ替えとフィルター**》グループの ⧖クリア （クリア）をクリックします。

問題（5）

①シート「**物件一覧**」のテーブルの「**価格（万円）**」の ▼ をクリックします。
②《**数値フィルター**》→《**指定の値以上**》をクリックします。
③左上のボックスが《**以上**》になっていることを確認します。
④右上のボックスに「**8000**」と入力します。
⑤《**OK**》をクリックします。
※29件のレコードが抽出されます。

問題（6）

①シート「**物件一覧**」のテーブルの「**価格（万円）**」の ▼ をクリックします。
②《**数値フィルター**》→《**指定の範囲内**》をクリックします。
③左上のボックスが《**以上**》になっていることを確認します。
④右上のボックスに「**8000**」と入力します。
⑤《**AND**》を ⦿ にします。
⑥左下のボックスが《**以下**》になっていることを確認します。
⑦右下のボックスに「**9000**」と入力します。
⑧《**OK**》をクリックします。
※11件のレコードが抽出されます。

問題（7）

①シート「**物件一覧**」のテーブルから、「**価格（万円）**」が8000万円以上9000万円以下のレコードが抽出されていることを確認します。
②「**専有面積（㎡）**」の ▼ をクリックします。
③《**数値フィルター**》→《**指定の値より大きい**》をクリックします。
④左上のボックスが《**より大きい**》になっていることを確認します。
⑤右上のボックスに「**80**」と入力します。
⑥《**OK**》をクリックします。
※4件のレコードが抽出されます。
⑦セル【**B3**】を選択します。
※テーブル内のセルであれば、どこでもかまいません。
⑧《**データ**》タブ→《**並べ替えとフィルター**》グループの ⧖クリア （クリア）をクリックします。

問題（8）

①シート「**物件一覧**」のテーブルの「**価格（万円）**」の ▼ をクリックします。
②《**昇順**》をクリックします。

問題（9）

①シート「**物件一覧**」のテーブルの「**価格（万円）**」が6000万円のセル【**H7**】を右クリックします。
※7行目のテーブル内のセルであれば、どこでもかまいません。
②《**削除**》→《**テーブルの行**》をクリックします。

求められるスキル
出題範囲1
出題範囲2
出題範囲3
出題範囲4
出題範囲5
確認問題 標準解答

問題（10）

①シート「**物件一覧**」のテーブルのセル【B3】を選択します。
※テーブル内のセルであれば、どこでもかまいません。

②《データ》タブ→《並べ替えとフィルター》グループの 🔲（並べ替え）をクリックします。

③《最優先されるキー》に「価格（万円）」の小さい順が設定されていることを確認します。

④《レベルの追加》をクリックします。

⑤《次に優先されるキー》の《列》の 🔽 をクリックし、一覧から「専有面積（㎡）」を選択します。

⑥《並べ替えのキー》の 🔽 をクリックし、一覧から《セルの値》を選択します。

⑦《順序》の 🔽 をクリックし、一覧から《大きい順》を選択します。

⑧《OK》をクリックします。

問題（11）

①シート「**物件一覧**」のテーブルのセル【B3】を選択します。
※テーブル内のセルであれば、どこでもかまいません。

②《テーブルデザイン》タブ→《テーブルスタイルのオプション》グループの《集計行》を ✔ にします。

③集計行の「物件名」のセル【C58】を選択します。

④ 🔽 をクリックし、一覧から《個数》を選択します。

⑤集計行の「価格（万円）」のセル【H58】を選択します。

⑥ 🔽 をクリックし、一覧から《平均》を選択します。

⑦集計行の「築年月」のセル【M58】を選択します。

⑧ 🔽 をクリックし、一覧から《なし》を選択します。

問題（12）

①シート「**従業員リスト**」のセル【B3】を選択します。
※テーブル内のセルであれば、どこでもかまいません。

②《テーブルデザイン》タブ→《プロパティ》グループの 🔲 テーブルのサイズ変更 （テーブルのサイズ変更）をクリックします。

③《テーブルに変換する新しいデータ範囲を指定してください》が「$B$3:$D$14」になっていることを確認します。

④セル範囲【B3:E14】を選択します。

⑤《テーブルに変換する新しいデータ範囲を指定してください》が「$B$3:$E$14」に変更されたことを確認します。

⑥《OK》をクリックします。

問題（13）

①シート「**従業員リスト**」のセル【B3】を選択します。
※テーブル内のセルであれば、どこでもかまいません。

②《テーブルデザイン》タブ→《テーブルスタイルのオプション》グループの《最初の列》を ✔ にします。

●完成図

	A	B	C	D	E	F	G	H	I	J	K	L
1		試験ID：	7501									
2		試験名称：プログラミング技術認定試験							受験者用問い合わせ先		申込者数	
3									7501_info@pgkentei.xx.xx		23	
4												
5		受験番号	申込番号	氏名	選択科目ID	基礎一般	セキュリティ	プログラミングA	プログラミングB	総合点	判定	
6		7501-M4001-A	M4001	浅田　孝男	A	71	81	80	—	232	合格	
7		7501-M4002-A	M4002	伊東　優幸	A	63	58	66	—	187	合格	
8		7501-M4003-A	M4003	井上　泰成	A	50	57	58	—	165		
9		7501-M4004-B	M4004	小野　聡	B	欠席	欠席	欠席	欠席	0		
10		7501-M4005-B	M4005	加藤　勇	B	35	70	—	62	167		
11		7501-M4006-A	M4006	木田　英彰	A	98	91	90	—	279	合格	
12		7501-M4007-A	M4007	坂村　太郎	A	53	72	78	—	203	合格	
13		7501-M4008-B	M4008	多田　光男	B	32	67	—	70	169		
14		7501-M4009-A	M4009	都村　和仁	A	75	82	82	—	239	合格	
15		7501-M4010-B	M4010	中村　浩二	B	53	35	—	50	138		
16		7501-M4011-B	M4011	沼田　勝	B	30	50	—	59	139		
17		7501-M4012-B	M4012	三田　博信	B	52	70	—	66	188	合格	
18		7501-M4013-A	M4013	森　孝一	A	42	51	80	—	173	合格	
19		7501-M4014-A	M4014	森　弘志	A	55	50	75	—	180	合格	
20		7501-M4015-B	M4015	和田　純	B	50	45	—	35	130		
21		7501-M4016-A	M4016	安藤　静香	A	34	60	55	—	149		
22		7501-M4017-B	M4017	飯田　幸恵	B	52	45	—	58	155		
23		7501-M4018-A	M4018	井原　美穂	A	66	64	52	—	182	合格	
24		7501-M4019-A	M4019	江原　由香里	A	93	80	72	—	245	合格	
25		7501-M4020-A	M4020	小田　香	A	30	56	55	—	141		
26		7501-M4021-B	M4021	金井　里江子	B	61	55	—	56	172	合格	
27		7501-M4022-A	M4022	木村　慶子	A	55	40	40	—	135		
28		7501-M4023-B	M4023	近藤　由美	B	欠席	欠席	欠席	欠席	0		
29												

試験結果 ｜ 科目別集計 ｜ 9月試験 ｜ 登録アルバイト ｜ ⊕

科目別集計

	A	B	C	D	E	F	G
1		科目別集計					
2							
3			基礎一般	セキュリティ	プログラミングA	プログラミングB	
4		受験者数	21	21	13	8	
5		平均点	54.8	60.9	67.9	57.0	
6		最高点	98	91	90	70	
7		最低点	30	35	40	35	
8							

試験結果 ｜ 科目別集計 ｜ 9月試験 ｜ 登録アルバイト ｜ ⊕

申込状況

	A	B	C	D	E	F	G	H	I
1		申込状況			2023年8月1日現在				
2							●9月会場割当		
3		試験実施日	曜日	試験会場名	定員	申込者数	試験会場名		
4		2023/9/10	日	みなと駅前A	8	2	みなと駅前A		
5		2023/9/12	火	みなと駅前B	10	1	みなと駅前B		
6		2023/9/14	木	公園駅東口	10	2	公園駅東口		
7		2023/9/16	土	みなと駅前A	8	4	FOMビル3階		
8		2023/9/16	土	FOMビル3階	20	1			
9		2023/9/21	木	公園駅東口	10	1			
10		2023/9/23	土	みなと駅前A	8	0			
11		2023/9/23	土	FOMビル3階	20	6			
12		2023/9/24	日	みなと駅前A	8	4			
13		2023/9/26	火	みなと駅前B	10	0			
14		2023/9/28	木	公園駅東口	10	7			
15		2023/9/30	土	みなと駅前A	20	10			
16		2023/9/30	土	FOMビル3階	8	2			
17									

試験結果 ｜ 科目別集計 ｜ 9月試験 ｜ 登録アルバイト ｜ ⊕

試験官登録リスト

	A	B	C	D	E	F	G
1		試験官登録リスト					
2							
3		ID	氏名		9月対応可能者	回答日	
4		SK-001	アイダ　ヨウコ		イトウ　ショウ	7/20	
5		SK-002	イトウ　ジュンキ		ヤマニシ　ケント	7/21	
6		SK-003	イトウ　ショウ		イトウ　ジュンキ	7/21	
7		SK-004	コバヤシ　ジュン		トツカ　レイナ	7/26	
8		SK-005	ササキ　カオリ		マツモト　ヒロコ	7/27	
9		SK-006	トツカ　レイナ		ササキ　カオリ	7/27	
10		SK-007	ナカガワ　キラリ		アイダ　ヨウコ	7/27	
11		SK-008	マツモト　ヒロコ		ワダ　アイリ	7/28	
12		SK-009	ヤマニシ　ケント		ナカガワ　キラリ	7/29	
13		SK-010	ワダ　アイリ		コバヤシ　ジュン	7/30	
14							

試験結果 ｜ 科目別集計 ｜ 9月試験 ｜ 登録アルバイト ｜ ⊕

求められるスキル

出題範囲1

出題範囲2

出題範囲3

出題範囲4

出題範囲5

確認問題　標準解答

問題（1）

①シート「**試験結果**」のセル【I3】に「=CONCAT（C1,"_info@pgkentei.xx.xx"）」と入力します。

問題（2）

①シート「**試験結果**」のセル【K3】に「=COUNTA（試験結果[氏名]）」と入力します。

※「試験結果[氏名]」は、「氏名」の列見出しの上側をポイントし、マウスポインターの形が↓に変わったらクリックして指定します。

問題（3）

①シート「**試験結果**」のセル【B6】に「=TEXTJOIN("-",TRUE,$C$1,[@申込番号],[@選択科目ID]）」と入力します。

※「[@申込番号]」はセル【C6】、「[@選択科目ID]」はセル【E6】を選択して指定します。
※フィールド内の残りのセルにも自動的に数式が作成されます。

問題（4）

①シート「**試験結果**」のセル【J6】を選択します。
②《**ホーム**》タブ→《**編集**》グループの[Σ]（合計）をクリックします。
③数式バーに「=SUM（試験結果[@[基礎一般]:[プログラミングB]]）」と表示されていることを確認します。
④[Enter]を押します。
※フィールド内の残りのセルにも自動的に数式が作成されます。

問題（5）

①シート「**試験結果**」のセル【K6】に「=IF（[@総合点]>=170,"合格",""）」と入力します。

※「[@総合点]」は、セル【J6】を選択して指定します。
※フィールド内の残りのセルにも自動的に数式が作成されます。

問題（6）

①シート「**科目別集計**」のセル【C4】を選択します。
②《**ホーム**》タブ→《**編集**》グループの[Σ|˅]（合計）の[˅]→《**数値の個数**》をクリックします。
③シート「**試験結果**」のテーブルの「**基礎一般**」の列を選択します。
※「基礎一般」の列見出しの上側をポイントし、マウスポインターの形が↓に変わったらクリックして指定します。
④数式バーに「=COUNT（試験結果[基礎一般]）」と表示されていることを確認します。
⑤[Enter]を押します。
⑥セル【C4】を選択し、セル右下の■（フィルハンドル）をセル【F4】までドラッグします。

問題（7）

①シート「**科目別集計**」のセル【C5】を選択します。
②《**ホーム**》タブ→《**編集**》グループの[Σ|˅]（合計）の[˅]→《**平均**》をクリックします。
③シート「**試験結果**」のテーブルの「**基礎一般**」の列を選択します。
※「基礎一般」の列見出しの上側をポイントし、マウスポインターの形が↓に変わったらクリックして指定します。
④数式バーに「=AVERAGE（試験結果[基礎一般]）」と表示されていることを確認します。
⑤[Enter]を押します。
※セル【C5】には、表示形式が設定されています。
⑥シート「**科目別集計**」のセル【C6】を選択します。
⑦《**ホーム**》タブ→《**編集**》グループの[Σ|˅]（合計）の[˅]→《**最大値**》をクリックします。
⑧シート「**試験結果**」のテーブルの「**基礎一般**」の列を選択します。
⑨数式バーに「=MAX（試験結果[基礎一般]）」と表示されていることを確認します。
⑩[Enter]を押します。
⑪シート「**科目別集計**」のセル【C7】を選択します。
⑫《**ホーム**》タブ→《**編集**》グループの[Σ|˅]（合計）の[˅]→《**最小値**》をクリックします。
⑬シート「**試験結果**」のテーブルの「**基礎一般**」の列を選択します。
⑭数式バーに「=MIN（試験結果[基礎一般]）」と表示されていることを確認します。
⑮[Enter]を押します。
⑯セル範囲【C5:C7】を選択し、セル範囲右下の■（フィルハンドル）をセル【F7】までドラッグします。

問題（8）

①シート「**9月試験**」のセル【H4】に「=UNIQUE（D4:D16）」と入力します。

問題（9）

①シート「**登録アルバイト**」のセル【C4】に「=SORT（E4:E13）」と入力します。

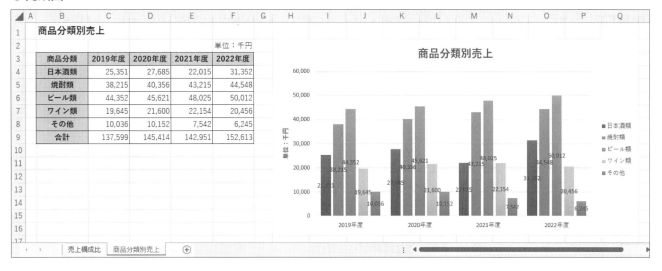

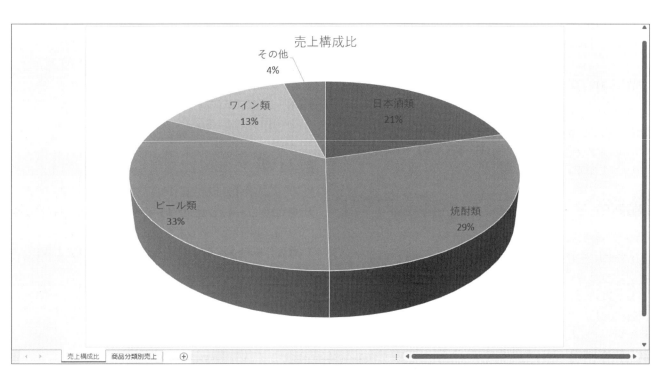

●完成図

求められるスキル

出題範囲1

出題範囲2

出題範囲3

出題範囲4

出題範囲5

確認問題 標準解答

問題 (1)

①グラフを選択します。

②《グラフのデザイン》タブ→《データ》グループの ▦ (行/列の切り替え) をクリックします。

問題 (2)

①グラフを選択します。

②《グラフのデザイン》タブ→《データ》グループの ▦ (データの選択) をクリックします。

③《グラフデータの範囲》に現在のデータ範囲が表示され、選択されていることを確認します。

④セル範囲【B3:F8】を選択します。

⑤《グラフデータの範囲》が「=商品分類別売上!$B$3:$F$8」になっていることを確認します。

⑥《OK》をクリックします。

問題 (3)

①グラフを選択します。

②《グラフのデザイン》タブ→《グラフスタイル》グループの ▼ →《スタイル6》をクリックします。

問題 (4)

①グラフを選択します。

②《グラフのデザイン》タブ→《グラフのレイアウト》グループの ▦ (グラフ要素を追加) →《データラベル》→《中央》をクリックします。

問題 (5)

①グラフを選択します。

②《グラフのデザイン》タブ→《グラフのレイアウト》グループの ▦ (グラフ要素を追加) →《軸ラベル》→《第1縦軸》をクリックします。

③軸ラベル内をクリックします。

※軸ラベル内にカーソルが表示されます。

④「軸ラベル」を「単位：千円」に修正します。

⑤軸ラベル以外の場所をクリックします。

問題 (6)

①グラフを選択します。

②《グラフのデザイン》タブ→《グラフのレイアウト》グループの ▦ (グラフ要素を追加) →《凡例》→《右》をクリックします。

問題 (7)

①セル範囲【B3:B8】を選択します。

②[Ctrl] を押しながら、セル範囲【F3:F8】を選択します。

③《挿入》タブ→《グラフ》グループの ▦ (円またはドーナツグラフの挿入) →《3-D円》の《3-D円》をクリックします。

④グラフタイトル内を2回クリックします。

※グラフタイトル内にカーソルが表示されます。

⑤「グラフタイトル」を「売上構成比」に修正します。

⑥グラフタイトル以外の場所をクリックします。

問題 (8)

①円グラフを選択します。

②《グラフのデザイン》タブ→《場所》グループの ▦ (グラフの移動) をクリックします。

③《新しいシート》を ⦿ にし、「売上構成比」と入力します。

④《OK》をクリックします。

問題 (9)

①グラフシート「売上構成比」のグラフを選択します。

②《グラフのデザイン》タブ→《グラフのレイアウト》グループの ▦ (クイックレイアウト) →《レイアウト1》をクリックします。

③グラフエリアが選択されていることを確認します。

④《ホーム》タブ→《フォント》グループの [9 ▼] (フォントサイズ) の ▼ →《16》をクリックします。

問題 (10)

①グラフシート「売上構成比」のグラフを選択します。

②《書式》タブ→《アクセシビリティ》グループの ▦ (代替テキストウィンドウを表示します) をクリックします。

③《代替テキスト》作業ウィンドウのボックスに「売上構成比のグラフ」と入力します。

※《代替テキスト》作業ウィンドウを閉じておきましょう。

MOS Excel 365

模擬試験プログラム
の使い方

模擬試験プログラムを起動しましょう。

※事前に模擬試験プログラムをインストールしておきましょう。模擬試験プログラムのダウンロード・インストールについては、P.6「5 模擬試験プログラムについて」を参照してください。

① すべてのアプリを終了します。

※アプリを起動していると、模擬試験プログラムが正しく動作しない場合があります。

② デスクトップを表示します。

③ ■（スタート）→《すべてのアプリ》→《MOS Excel 365 模擬試験プログラム》をクリックします。

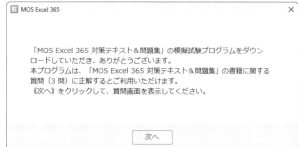

④ 模擬試験プログラムの利用に関するメッセージが表示されます。

※模擬試験プログラムを初めて起動したときに表示されます。以降の質問に正解すると、次回からは表示されません。

⑤《次へ》をクリックします。

⑥ 書籍に関する質問が表示されます。該当ページを参照して、答えを入力します。

※質問は3問表示されます。質問の内容はランダムに出題されます。

⑦ 模擬試験プログラムのスタートメニューが表示されます。

模擬試験プログラムの使い方

第1回模擬試験

第2回模擬試験

第3回模擬試験

第4回模擬試験

第5回模擬試験

!Point

模擬試験プログラム利用時のおすすめ環境

模擬試験プログラムは、ディスプレイの解像度が1280×768ピクセル以上の環境でご利用いただけます。
ディスプレイの解像度と拡大率との組み合わせによっては、文字やボタンが小さかったり、逆に大きすぎてはみ
出したりすることがあります。
そのような場合には、次の解像度と拡大率の組み合わせをお試しください。

ディスプレイの解像度	拡大率
1280×768ピクセル	100%
1920×1080ピクセル	125%または150%

※ディスプレイの解像度と拡大率を変更する方法は、P.3「Point ディスプレイの解像度と拡大率の設定」を参
照してください。

本書に掲載しているボタンと
同じ状態で操作できる！

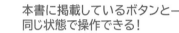

●解像度1280×768ピクセル・拡大率100%の場合

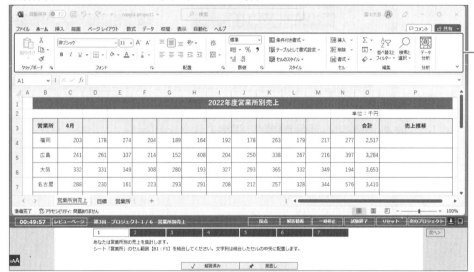

Excelウィンドウの作業領域が広くて
全体を見ながら操作できる！

●解像度1920×1080ピクセル・拡大率125%の場合

模擬試験プログラムを使って、模擬試験を実施する流れを確認しましょう。

❶ スタートメニューで試験回とオプションを選択する

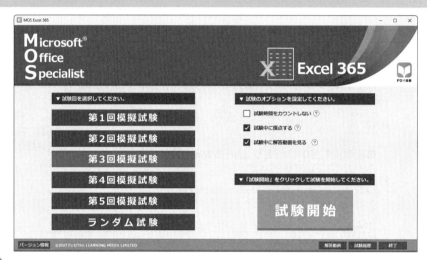

❷ 試験実施画面で問題に解答する

❸ 試験結果画面で採点結果や正答率を確認する

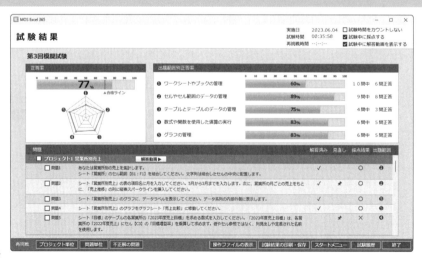

模擬試験プログラムの使い方

第1回模擬試験

第2回模擬試験

第3回模擬試験

第4回模擬試験

第5回模擬試験

④ 解答動画で標準解答の操作を確認する

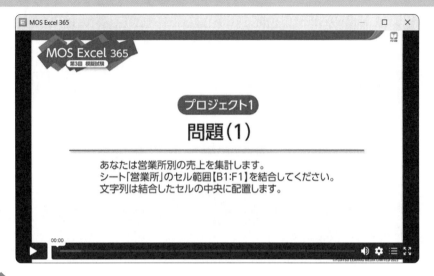

⑤ 間違えた問題に再挑戦する

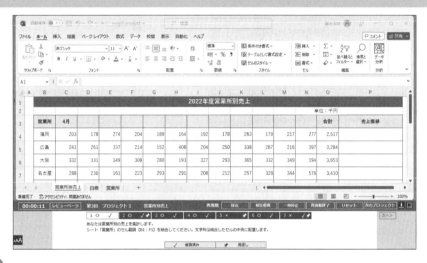

⑥ 試験履歴画面で過去の正答率を確認する

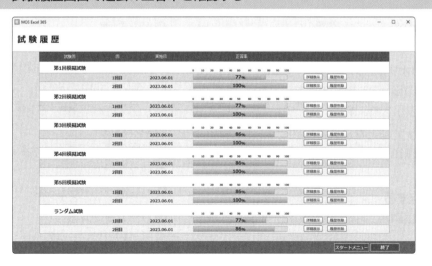

3 模擬試験プログラムの使い方

1 スタートメニュー

模擬試験プログラムを起動すると、スタートメニューが表示されます。
スタートメニューから実施する試験回を選択します。

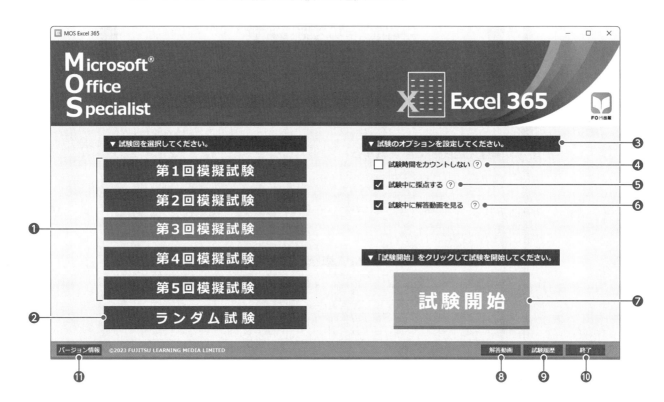

❶模擬試験
5回分の模擬試験から実施する試験を選択します。

❷ランダム試験
5回分の模擬試験のすべての問題の中からランダムに出題されます。

❸試験モードのオプション
試験モードのオプションを設定できます。 ⑦ をポイントすると、説明が表示されます。

❹試験時間をカウントしない
☑にすると、試験時間をカウントしないで、試験を行うことができます。

❺試験中に採点する
☑にすると、試験中に問題ごとの採点結果を確認できます。

❻試験中に解答動画を見る
☑にすると、試験中に標準解答の動画を確認できます。

❼試験開始
選択した試験回、設定したオプションで試験を開始します。

❽解答動画
FOM出版のホームページを表示して、標準解答の動画を確認できます。模擬試験を行う前に、操作を確認したいときにご利用ください。
※インターネットに接続できる環境が必要です。

❾試験履歴
試験履歴画面を表示します。

❿終了
模擬試験プログラムを終了します。

⓫バージョン情報
模擬試験プログラムのバージョンを確認します。

模擬試験プログラムの使い方

第1回模擬試験

第2回模擬試験

第3回模擬試験

第4回模擬試験

第5回模擬試験

❗ Point

模擬試験プログラムのアップデート

模擬試験プログラムはアップデートする場合があります。模擬試験プログラムをアップデートするための更新プログラムの提供については、FOM出版のホームページでお知らせします。

《更新プログラムの確認》をクリックすると、FOM出版のホームページが表示され、更新プログラムに関する最新情報を確認できます。

※インターネットに接続できる環境が必要です。

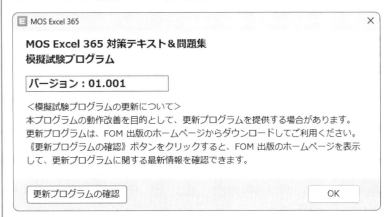

❗ Point

模擬試験の解答動画

模擬試験の解答動画は、FOM出版のホームページで見ることができます。スマートフォンやタブレットで解答動画を見ながらパソコンで操作したり、スマートフォンで操作手順を復習したりと活用範囲が広がります。

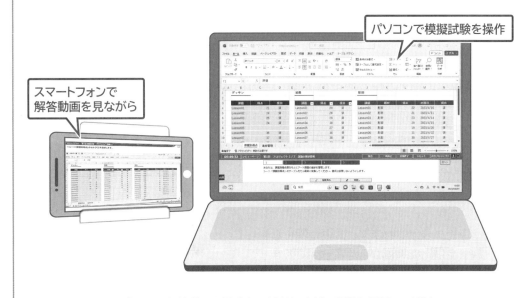

パソコンで模擬試験を操作

スマートフォンで解答動画を見ながら

※スマートフォンやタブレットで解答動画を視聴する方法は、表紙の裏側を参照してください。

2 試験実施画面

試験を開始すると、次のような画面が表示されます。

> **模擬試験プログラムの試験形式について**
> 模擬試験プログラムの試験実施画面や試験形式は、FOM出版が独自に開発したもので、本試験とは異なります。

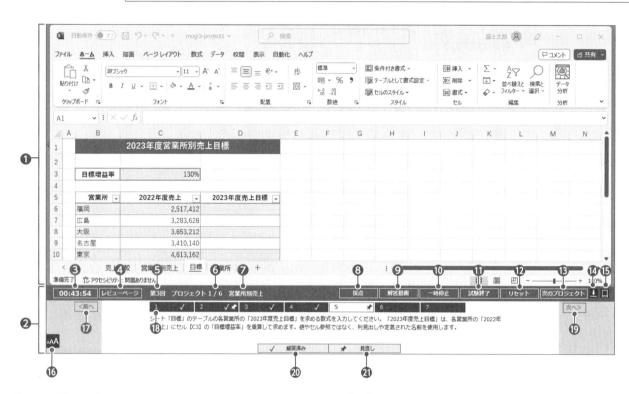

❶ Excelウィンドウ

Excelが起動し、ファイルが開かれます。問題の指示に従って、解答操作を行います。

❷ 問題ウィンドウ

問題が表示されます。問題には、ファイルに対して行う具体的な指示が記述されています。複数の問題が用意されています。

❸ タイマー

試験の残り時間が表示されます。試験時間を延長して実施した場合、超過した時間が赤字で表示されます。
※タイマーは、スタートメニューで《試験時間をカウントしない》を☑にすると表示されません。

❹ レビューページ

レビューページを表示します。別のプロジェクトの問題に切り替えたり、試験を終了したりできます。
※レビューページについては、P.255を参照してください。

❺ 試験回

選択している試験回が表示されます。

❻ プロジェクト番号／全体のプロジェクト数

表示されているプロジェクトの番号と全体のプロジェクト数が表示されます。

「プロジェクト」とは、操作を行うファイルのことです。複数のプロジェクトが用意されています。

❼ プロジェクト名

表示されているプロジェクト名が表示されます。
※拡大率を「100%」より大きくしている場合、プロジェクト名の一部またはすべてが表示されないことがあります。

❽ 採点

表示されているプロジェクトの正誤を判定します。試験中に採点結果を確認できます。
※《採点》ボタンは、スタートメニューで《試験中に採点する》を☑にすると表示されます。

❾ 解答動画

表示されているプロジェクトの標準解答の動画を表示します。

※インターネットに接続できる環境が必要です。

※解答動画については、P.256を参照してください。

※《解答動画》ボタンは、スタートメニューで《試験中に解答動画を見る》を☑にすると表示されます。

❿ 一時停止

タイマーが一時停止します。

※《再開》をクリックすると、一時停止が解除されます。

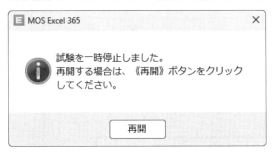

⓫ 試験終了

試験を終了します。

※《採点して終了》をクリックすると、試験を採点して終了し、試験結果画面が表示されます。《採点せずに終了》をクリックすると、試験を採点せずに終了し、スタートメニューに戻ります。採点せずに終了した場合は、試験結果は試験履歴に残りません。

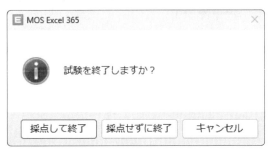

⓬ リセット

表示されているプロジェクトを初期の状態に戻します。プロジェクトは最初からやり直すことができますが、経過した試験時間は元に戻りません。

⓭ 次のプロジェクト

次のプロジェクトを表示します。

⓮ ⬇

問題ウィンドウを折りたたんで、Excelウィンドウを大きく表示します。問題ウィンドウを折りたたむと、⬇から⬆に切り替わります。クリックすると、問題ウィンドウが元のサイズに戻ります。

⓯ 🔲

Excelウィンドウと問題ウィンドウのサイズを初期の状態に戻します。

⓰ 🅰🅰

問題の文字サイズを調整するスケールを表示します。《＋》や《－》をクリックしたり、🔽をドラッグしたりして文字サイズを調整します。文字サイズは5段階で調整できます。

⓱ 前へ

プロジェクト内の前の問題に切り替えます。

⓲ 問題番号

問題を切り替えます。表示されている問題番号は、背景が白色で表示されます。

⓳ 次へ

プロジェクト内の次の問題に切り替えます。

⓴ 解答済み

問題番号の横に✓を表示します。解答済みにする場合などに使用します。マークの有無は、採点に影響しません。

㉑ 見直し

問題番号の横に📌を表示します。あとから見直す場合などに使用します。マークの有無は、採点に影響しません。

❗ Point

試験時間の延長

試験時間の50分が経過すると、次のようなメッセージが表示されます。

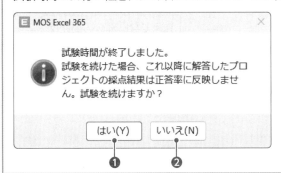

❶ はい

試験時間を延長して、解答の操作を続けることができます。ただし、正答率に反映されるのは、時間内に解答したプロジェクトだけです。

❷ いいえ

試験を終了します。

模擬試験プログラムの使い方

第1回模擬試験

第2回模擬試験

第3回模擬試験

第4回模擬試験

第5回模擬試験

❶ Point

模擬試験プログラムの便利な機能

試験を快適に操作するための機能や、Excelの設定には、次のようなものがあります。

問題の文字のコピー

問題で下線が付いている文字は、クリックするだけでコピーできます。コピーした文字は、Excelウィンドウ内に貼り付けることができます。

正しい操作を行っていても、入力した文字が間違っていたら不正解になってしまいます。入力の手間を減らし、入力ミスを防ぐためにも、問題の文字のコピーを積極的に活用しましょう。

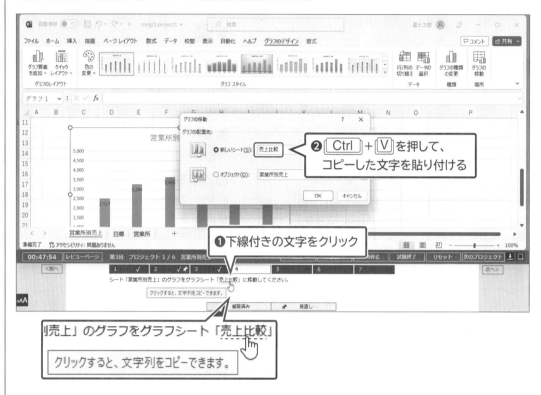

❷ Ctrl + V を押して、コピーした文字を貼り付ける

❶下線付きの文字をクリック

「別売上」のグラフをグラフシート「売上比較」

クリックすると、文字列をコピーできます。

問題の文字サイズの調整

🔠 をクリックするとスケールが表示され、5段階で文字サイズを調整できます。また、問題ウィンドウがアクティブになっている場合は、 Ctrl + 🞣 または Ctrl + 🞢 を使っても文字サイズを調整できます。

文字を大きくすると、問題がすべて表示されない場合があります。その場合は、問題の右端に表示されるスクロールバーを使って、問題を表示します。

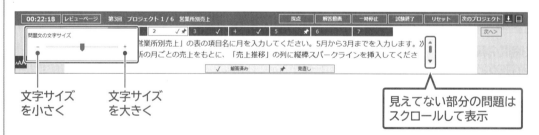

文字サイズ
を小さく

文字サイズ
を大きく

見えてない部分の問題は
スクロールして表示

リボンの折りたたみ

Excelのリボンを折りたたんで作業領域を広げることができます。リボンのタブをダブルクリックすると、タブだけの表示になります。折りたたまれたリボンは、タブをクリックすると表示されます。

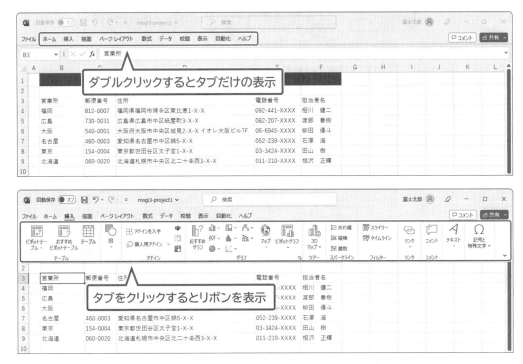

問題ウィンドウとExcelウィンドウのサイズ変更

問題ウィンドウの上側やExcelウィンドウの下側をドラッグすると、ウィンドウの高さを調整できます。
問題の文字が小さくて読みにくいときは、問題ウィンドウを広げて文字のサイズを大きくすると読みやすくなります。
また、作業領域が狭くて操作しにくいときは、Excelウィンドウを広げるとよいでしょう。
問題ウィンドウの ▣ をクリックすると、問題ウィンドウとExcelウィンドウのサイズを初期の状態に戻します。

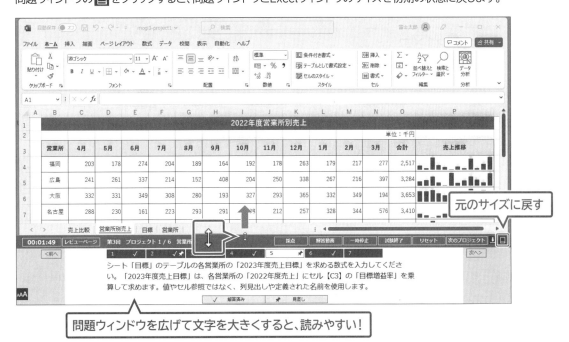

3 レビューページ

試験実施画面の《レビューページ》ボタンをクリックすると、レビューページが表示されます。問題番号をクリックすると、試験実施画面が表示されます。

❶問題

プロジェクト番号と問題番号、問題の先頭の文章が表示されます。

問題番号をクリックすると、その問題の試験実施画面が表示され、解答の操作をやり直すことができます。

❷解答済み

試験中に解答済みマークを付けた問題に✔が表示されます。

❸見直し

試験中に見直しマークを付けた問題に📌が表示されます。

❹タイマー

試験の残り時間が表示されます。試験時間を延長して実施した場合、超過した時間が赤字で表示されます。

※タイマーは、スタートメニューで《試験時間をカウントしない》を☑にすると表示されません。

❺試験終了

試験を終了します。

※《採点して終了》をクリックすると、試験を採点して終了し、試験結果画面が表示されます。《採点せずに終了》をクリックすると、試験を採点せずに終了し、スタートメニューに戻ります。採点せずに終了した場合は、試験結果は試験履歴に残りません。

4 解答動画画面

各問題の標準解答の操作手順を動画で確認できます。動画はプロジェクト単位で表示されます。
動画の再生や問題の切り替えは、画面下側に表示されるコントローラーを使って操作します。コントローラーが表示されていない場合は、マウスを動かすと表示されます。
※動画を視聴するには、インターネットに接続できる環境が必要です。

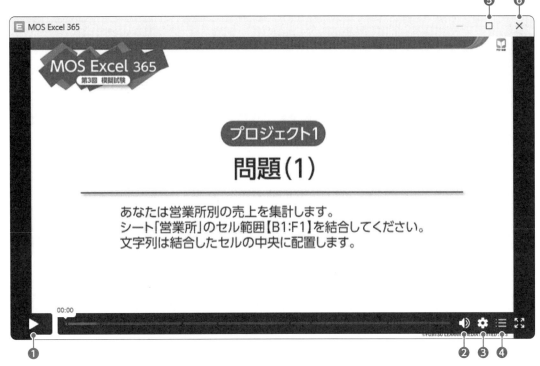

❶ ▶ (再生／一時停止)
動画を再生します。再生中は ❚❚ に変わります。❚❚ をクリックすると、動画が一時停止します。

❷ 🔊 (音声)
音量を調節します。ポイントすると、音量スライダーが表示されます。クリックすると、🔇 になり、音声をオフにできます。

❸ ⚙ (設定)
動画の画質とスピードを設定するコマンドを表示します。

❹ ▤ (チャプター)
問題番号の一覧を表示します。一覧から問題番号を選択すると、解答動画が切り替わります。

❺ ▢ (最大化)
解答動画画面を最大化します。最大化すると、▢ になります。

❻ ✕ (閉じる)
解答動画画面を終了します。

5 試験結果画面

試験を採点して終了すると、試験結果画面が表示されます。

模擬試験プログラムの採点方法について
模擬試験プログラムの採点方法は、FOM出版が独自に開発したもので、本試験とは異なります。採点の基準や配点は公開されていません。

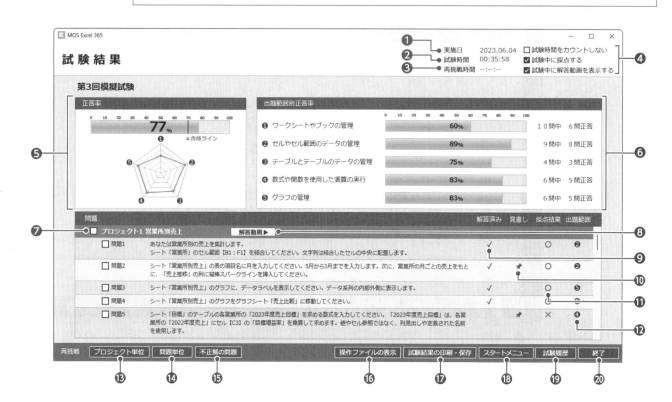

❶実施日
試験を実施した日付が表示されます。

❷試験時間
試験開始から試験終了までに要した時間が表示されます。

❸再挑戦時間
再挑戦に要した時間が表示されます。

❹試験モードのオプション
試験を実施するときに設定した試験モードのオプションが表示されます。

❺正答率
全体の正答率が%で表示されます。合格ラインの目安の70%を超えているかどうかを確認できます。
※試験時間を延長して解答した場合、時間内に解答したプロジェクトだけが正答率に反映されます。

❻出題範囲別正答率
出題範囲別の正答率が%で表示されます。
※試験時間を延長して解答した場合、時間内に解答したプロジェクトだけが正答率に反映されます。

❼チェックボックス
クリックすると、☑️と☐を切り替えることができます。
※プロジェクト番号の左側にあるチェックボックスをクリックすると、プロジェクト内のすべての問題をまとめて切り替えることができます。

❽解答動画
プロジェクトの標準解答の動画を表示します。
※解答動画については、P.256を参照してください。
※インターネットに接続できる環境が必要です。

❾解答済み
試験中に解答済みマークを付けた問題に✓が表示されます。

❿見直し
試験中に見直しマークを付けた問題に📌が表示されます。

⓫採点結果
採点結果が表示されます。
※試験時間を延長して解答した問題や再挑戦で解答した問題は、「○」や「×」が灰色で表示されます。

⓬出題範囲
問題に対応する出題範囲の番号が表示されます。

模擬試験プログラムの使い方

第1回模擬試験

第2回模擬試験

第3回模擬試験

第4回模擬試験

第5回模擬試験

再挑戦

⓭プロジェクト単位

チェックボックスが ☑ になっているプロジェクト、または
チェックボックスが ☑ になっている問題を含むプロジェクトの再挑戦を開始します。

⓮問題単位

チェックボックスが ☑ になっている問題の再挑戦を開始します。

⓯不正解の問題

不正解の問題の再挑戦を開始します。

⓰操作ファイルの表示

試験中に自分で操作したファイルを表示します。

※試験を採点して終了した直後にだけ表示されます。試験履歴画面から試験結果画面を表示した場合は表示されません。

⓱試験結果の印刷・保存

試験結果レポートを印刷したり、PDFファイルとして保存したりします。また、試験結果をCSVファイルで保存します。

⓲スタートメニュー

スタートメニューを表示します。

⓳試験履歴

試験履歴画面を表示します。

⓴終了

模擬試験プログラムを終了します。

❗ Point

操作ファイルの表示

試験中に自分で操作したファイルが表示されます。試験中に表示しなかったプロジェクトや、問題と異なる名前で保存したファイルは、表示されません。

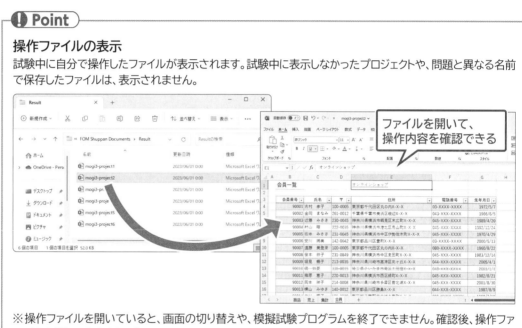

※操作ファイルを開いていると、画面の切り替えや、模擬試験プログラムを終了できません。確認後、操作ファイルを閉じておきましょう。

❗ Point

操作ファイルの保存

再挑戦画面や試験履歴画面、スタートメニューなど別の画面に切り替えたり、模擬試験プログラムを終了したりすると、操作ファイルは削除されます。
操作ファイルを保存しておく場合は、試験結果画面が表示されたら、すぐに別のフォルダーなどにコピーしておきましょう。

! Point

試験結果の印刷・保存

試験結果レポートやCSVファイルには、名前を入力できます。名前の入力を省略すると、空白になります。

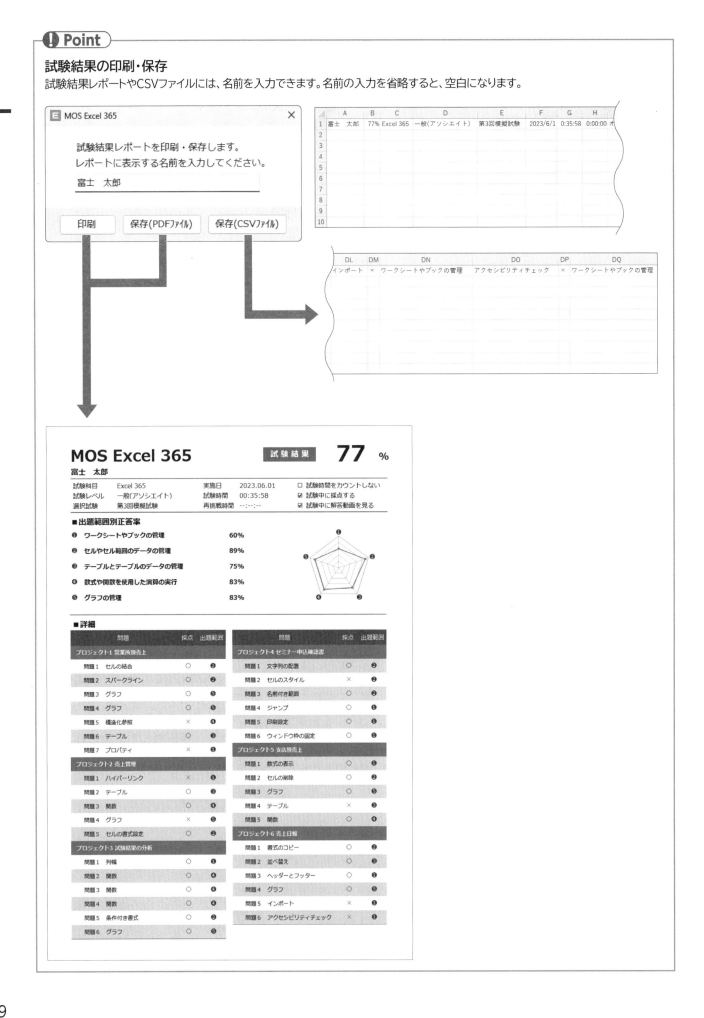

6 再挑戦画面

試験結果画面の再挑戦の《プロジェクト単位》、《問題単位》、《不正解の問題》の各ボタンをクリックすると、問題に再挑戦できます。
再挑戦画面では、操作前のファイルが表示されます。

1 プロジェクト単位で再挑戦

《プロジェクト単位》ボタンをクリックすると、選択したプロジェクトに含まれるすべての問題に再挑戦できます。

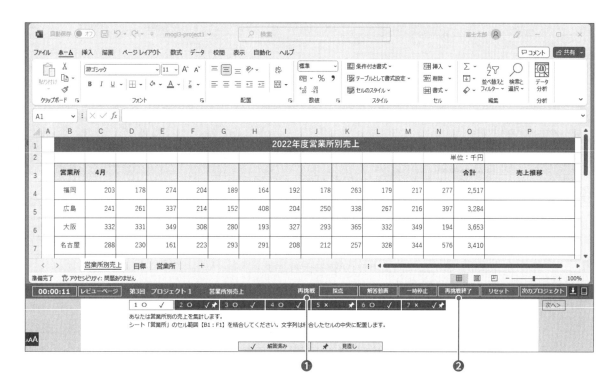

❶再挑戦

再挑戦モードの場合、「**再挑戦**」と表示されます。

❷再挑戦終了

再挑戦を終了します。

※《採点して終了》をクリックすると、試験を採点して終了し、試験結果画面に戻ります。《採点せずに終了》をクリックすると、試験を採点せずに終了し、試験結果画面に戻ります。採点せずに終了した場合は、試験結果は試験結果画面に反映されません。

2 問題単位で再挑戦

《問題単位》ボタンをクリックすると、選択した問題に再挑戦できます。また、《不正解の問題》ボタンをクリックすると、採点結果が×の問題に再挑戦できます。

❶ 再挑戦

再挑戦モードの場合、「**再挑戦**」と表示されます。

❷ 再挑戦終了

再挑戦を終了します。

※《採点して終了》をクリックすると、試験を採点して終了し、試験結果画面に戻ります。《採点せずに終了》をクリックすると、試験を採点せずに終了し、試験結果画面に戻ります。採点せずに終了した場合は、試験結果は試験結果画面に反映されません。

❸ 次へ

次の問題を表示します。

❗ Point

問題単位で再挑戦中のレビューページ

問題単位で再挑戦しているときにレビューページを表示すると、選択した問題以外は灰色で表示されます。

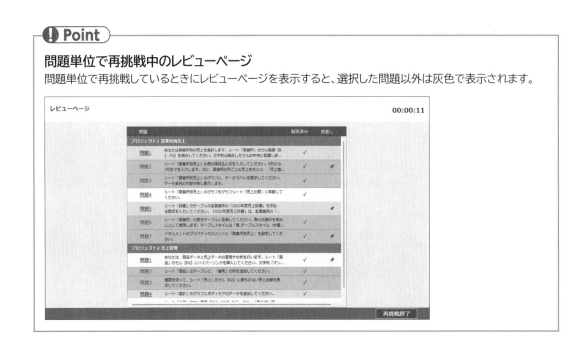

模擬試験プログラムの使い方
第1回模擬試験
第2回模擬試験
第3回模擬試験
第4回模擬試験
第5回模擬試験

7 | 試験履歴画面

試験履歴画面では、実施した試験が一覧で表示されます。

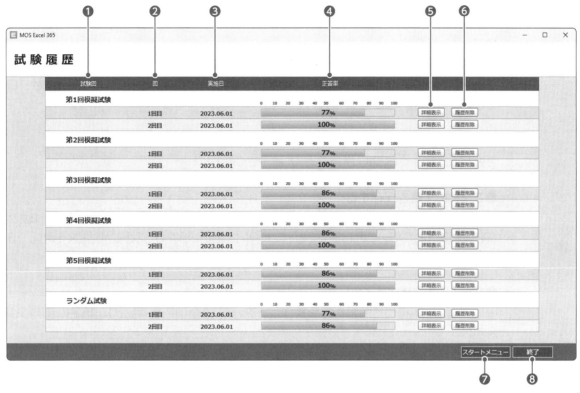

❶試験回
試験回が表示されます。

❷回
試験を実施した回数が表示されます。試験履歴として記録されるのは、最も新しい10回分です。
11回以上試験を実施した場合は、古いものから削除されます。

❸実施日
試験を実施した日付が表示されます。

❹正答率
試験の正答率が表示されます。

❺詳細表示
選択した試験の試験結果画面を表示します。

❻履歴削除
選択した試験の履歴を削除します。

❼スタートメニュー
スタートメニューを表示します。

❽終了
模擬試験プログラムを終了します。

模擬試験プログラムを使って学習する場合、次のような点に注意してください。

●ファイル操作

模擬試験で使用するファイルは、デスクトップのフォルダー「FOM Shuppan Documents」のフォルダー「MOS 365-Excel(2)」に保存されています。このフォルダーは、模擬試験プログラムを起動すると自動的に作成されます。

●文字入力の操作

英数字を入力するときは、半角で入力します。

●こまめに上書き保存する

試験中の停電やフリーズに備えて、ファイルはこまめに上書き保存しましょう。模擬試験プログラムを強制終了した場合、再起動すると、ファイルを最後に保存した状態から試験を再開できます。
※強制終了については、P.317を参照してください。

●指示がない操作はしない

問題で指示されている内容だけを操作します。特に指示がない場合は、既定のままにしておきます。

●試験中の採点

問題の内容によっては、試験中に《採点》ボタンを押したあと、採点結果が表示されるまでに時間がかかる場合があります。採点は試験時間に含まれないため、試験結果が表示されるまで、しばらくお待ちください。

●ダイアログボックスは閉じて、試験を終了する

次の問題に切り替えたり、試験を終了したりする前に、必ずダイアログボックスを閉じてください。

●入力中のデータは確定して、試験を終了する

データを入力したら、必ず確定してください。確定せずに試験を終了すると、正しく動作しなくなる可能性があります。

●試験開始後、Windowsの設定を変更しない

模擬試験プログラムの起動中にWindowsの設定を変更しないでください。設定を変更すると、正しく動作しなくなる可能性があります。

MOS Excel 365

模擬試験

模擬試験プログラムを使わずに学習される方へ
模擬試験プログラムを使わずに学習される場合は、データファイルの場所を自分がセットアップした
場所に読み替えてください。

プロジェクト1

理解度チェック ☑☑☑☑☑

問題(1) あなたは、課題別得点表をもとにアート課題の進捗を管理します。
シート「課題別得点」のテーブルをセル範囲に変換してください。書式は変更しないようにします。

理解度チェック ☑☑☑☑☑

問題(2) 関数を使って、シート「進捗管理」のセル【C4】にデッサンの提出済みの課題数を表示してください。シート「課題別得点」の「提出」の列の「済」の数をもとに求めます。

理解度チェック ☑☑☑☑☑

問題(3) シート「進捗管理」のグラフに、代替テキスト「課題提出状況のグラフ」を追加してください。

理解度チェック ☑☑☑☑☑

問題(4) 名前「デッサン」の範囲に移動し、得点の高い順に表を並べ替えてください。

理解度チェック ☑☑☑☑☑

問題(5) シート「課題別得点」の「題材」と「出題日」の列を削除してください。

プロジェクト2

理解度チェック ☑☑☑☑☑

問題(1) あなたは、イギリス語学留学プログラムの案内を作成します。
シート「留学案内」のセル範囲【B4:I7】を横方向に結合してください。次に、セル範囲【B5:B7】の内容がすべて表示されるように文字列を折り返し、5～7行目の行の高さを「42」に変更してください。

理解度チェック ☑☑☑☑☑

問題(2) シート「留学案内」の「全生徒数：」「クラス人数：」「8週間：」「12週間：」「24週間：」「48週間：」を右揃えで表示してください。

理解度チェック ☑☑☑☑☑

問題(3) シート「プログラム詳細」のテーブルに、1列おきに背景の色が付くように書式を適用してください。書式は、自動的に更新されるようにします。

理解度チェック ☑☑☑☑☑

問題(4) シート「留学案内」と「プログラム詳細」をグループにしてください。次に、PDFファイルとして「イギリス語学留学」という名前でデスクトップのフォルダー「FOM Shuppan Documents」のフォルダー「MOS 365-Excel(2)」に保存してください。PDFファイルは開かないようにします。

 プロジェクト3

理解度チェック

☑☑☑☑☑ 問題(1) あなたは、2022年度の売上データをもとに売上集計表を作成します。
シート「販売店別集計」のセル【B1】の文字列が、セル内で折り返して表示されるように設定してください。

☑☑☑☑☑ 問題(2) シート「販売店別集計」の「2022年度売上」の列を、売上が大きい順に並べ替えてください。2022年度の売上が同じ場合は、2021年度の売上が大きい順に並べ替えます。

☑☑☑☑☑ 問題(3) シート「担当者別集計」のグラフに、色「カラフルなパレット4」を適用してください。

☑☑☑☑☑ 問題(4) シート「売上一覧」の「No.」の列すべてに、入力済みの数値に続く連続番号を入力してください。

☑☑☑☑☑ 問題(5) シート「売上一覧」に、組み込みのヘッダー「シート名, 機密, ○ページ」を挿入してください。

☑☑☑☑☑ 問題(6) ドキュメントを検査し、プロパティと個人情報を削除してください。

 プロジェクト4

理解度チェック

☑☑☑☑☑ 問題(1) あなたはオーディオ製品販売店の社員で、売上管理表を作成します。
シート「売上一覧」に設定されている条件付き書式のルールをすべて削除してください。

☑☑☑☑☑ 問題(2) シート「売上一覧」のテーブルをフィルターして、秋葉原店の「販売単価」が「30000」以上のレコードだけを表示してください。

☑☑☑☑☑ 問題(3) シート「店舗別売上」のグラフに、横浜店のデータ系列を追加してください。

☑☑☑☑☑ 問題(4) シート「商品一覧」の印刷の向きを「縦」に変更し、余白を「標準」に設定してください。

☑☑☑☑☑ 問題(5) 関数を使って、シート「商品一覧」の「注文カード」の列に、「ご注文商品-」と、「商品型番」、「販売単価」の列の文字列を結合して表示してください。

プロジェクト5

理解度チェック

☑ ☑ ☑ ☑ ☑ 　問題(1)　あなたはレジャー施設の社員で、施設の利用状況を分析します。
シート「利用状況」のセル範囲【C33:D35】に、名前「会員種別」を定義してください。

☑ ☑ ☑ ☑ ☑ 　問題(2)　シート「利用状況」を改ページプレビューで表示してください。次に、利用状況（10月）の表と、会員種別の表が1ページで印刷されるように設定してください。

☑ ☑ ☑ ☑ ☑ 　問題(3)　シート「施設利用状況」の表のデータをもとに、会員種別の利用区分別売上の割合を表すツリーマップを作成してください。作成したグラフは、既定のまま変更しないようにします。

☑ ☑ ☑ ☑ ☑ 　問題(4)　シート「会員名簿」のテーブルスタイルをクリアしてください。

☑ ☑ ☑ ☑ ☑ 　問題(5)　関数を使って、シート「会員名簿」の「英字」の列の文字列を、「氏名（英字）」の列に小文字で表示してください。

 プロジェクト6

理解度チェック

☑ ☑ ☑ ☑ ☑ 　問題(1)　あなたは、会社が運営しているシェアオフィスの資料を作成します。
シート「料金表」のセル【E3】に、「下期より料金改定」とメモを挿入してください。

☑ ☑ ☑ ☑ ☑ 　問題(2)　シート「料金表」の数値が負の値のときに黒色で「-0,000」と表示されるように、表示形式を設定してください。

☑ ☑ ☑ ☑ ☑ 　問題(3)　シート「会員利用明細」の「利用時間」の列に条件付き書式を設定して、「3つのフラグ」を表示してください。

☑ ☑ ☑ ☑ ☑ 　問題(4)　関数を使って、シート「会員利用明細」のセル【I4】を開始位置として、8月の利用者リストを作成してください。「会員名」の列を参照して、利用者の名前を重複しないように取り出します。

 プロジェクト7

理解度チェック

☑ ☑ ☑ ☑ ☑ 　問題(1)　あなたは旅行代理店に勤務しており、売上集計表を作成します。
シート「案内フォーマット」の表内の空白セルを削除して、表を整えてください。

☑ ☑ ☑ ☑ ☑ 　問題(2)　シート「10月売上」を垂直方向にスクロールしても、表の1行目が常に表示されるように設定してください。

☑ ☑ ☑ ☑ ☑ 　問題(3)　シート「10月売上」の「消費税」の列に、消費税額を求める数式を入力してください。消費税額は「金額×消費税率」で求め、「消費税率」はセルを参照します。

☑ ☑ ☑ ☑ ☑ 　問題(4)　シート「支店別売上」のグラフのレイアウトを「レイアウト6」に変更してください。

☑ ☑ ☑ ☑ ☑ 　問題(5)　シート「案内フォーマット」をページレイアウトで表示してください。

☑ ☑ ☑ ☑ ☑ 　問題(6)　シート「宿泊先リスト」の「都道府県コード」の列の計算結果を、値として同じ場所に貼り付けてください。

模擬試験プログラムの使い方

第1回模擬試験

第2回模擬試験

第3回模擬試験

第4回模擬試験

第5回模擬試験

●解答は、標準的な操作手順で記載しています。
●📖は、問題を解くために必要な機能を解説しているページを示しています。

● プロジェクト1

問題(1) 📖 P.152

①シート「**課題別得点**」のセル【**F3**】を選択します。
※テーブル内のセルであれば、どこでもかまいません。
②《**テーブルデザイン**》タブ→《**ツール**》グループの 🔲 範囲に変換 (範囲に変換) をクリックします。
③《**はい**》をクリックします。

問題(2) 📖 P.185

①シート「**進捗管理**」のセル【**C4**】に「**=COUNTA(**」と入力します。
②シート「**課題別得点**」のセル範囲【**D4:D19**】を選択します。
③続けて、「**)**」を入力します。
④数式バーに「**=COUNTA(課題別得点!D4:D19)**」と表示されていることを確認します。
⑤[**Enter**]を押します。

問題(3) 📖 P.228

①シート「**進捗管理**」のグラフを選択します。
②《**書式**》タブ→《**アクセシビリティ**》グループの 🖼️代替 (代替テキストウィンドウを表示します) をクリックします。
③問題文の「**課題提出状況のグラフ**」をクリックして、コピーします。
④《**代替テキスト**》作業ウィンドウのボックスをクリックして、カーソルを表示します。
⑤[**Ctrl**]+[**V**]を押して貼り付けます。
※ボックスに直接入力してもかまいません。
※《**代替テキスト**》作業ウィンドウを閉じておきましょう。

問題(4) 📖 P.29,159

①名前ボックスの ⌄ をクリックし、一覧から「**デッサン**」を選択します。
②シート「**課題別得点**」のセル範囲【**B3:D19**】が選択されます。
③セル【**C3**】を選択します。
※デッサンの表のC列であればどこでもかまいません。
④《**データ**》タブ→《**並べ替えとフィルター**》グループの ⬇️ (降順) をクリックします。

問題(5) 📖 P.87

①シート「**課題別得点**」の列番号【**K**】を選択します。
②[**Ctrl**]を押しながら、列番号【**M**】を選択します。
③選択した範囲を右クリックします。
④《**削除**》をクリックします。

● プロジェクト2

問題(1) 📖 P.39,103,104

①シート「**留学案内**」のセル範囲【**B4:I7**】を選択します。
②《**ホーム**》タブ→《**配置**》グループの 🔲⌄ (セルを結合して中央揃え) の ⌄ →《**横方向に結合**》をクリックします。
③セル範囲【**B5:B7**】を選択します。
④《**ホーム**》タブ→《**配置**》グループの 🔲 (折り返して全体を表示する) をクリックします。
⑤行番号【**5:7**】を選択します。
⑥選択した範囲を右クリックします。
⑦《**行の高さ**》をクリックします。
⑧《**行の高さ**》に「**42**」と入力します。
⑨《**OK**》をクリックします。

問題(2) 📖 P.99

①シート「**留学案内**」のセル範囲【**B10:B11**】を選択します。
②[**Ctrl**]を押しながら、セル範囲【**B14:B17**】を選択します。
③《**ホーム**》タブ→《**配置**》グループの ⬛ (右揃え) をクリックします。

問題(3) 📖 P.157

①シート「**プログラム詳細**」のセル【**A3**】を選択します。
※テーブル内のセルであれば、どこでもかまいません。
②《**テーブルデザイン**》タブ→《**テーブルスタイルのオプション**》グループの《**縞模様(列)**》を ✔️ にします。

問題(4) 📖 P.63

①シート「**留学案内**」のシート見出しをクリックします。
②[**Shift**]を押しながら、シート「**プログラム詳細**」のシート見出しをクリックします。
③《**ファイル**》タブを選択します。
④《**エクスポート**》→《**PDF/XPSドキュメントの作成**》→《**PDF/XPSの作成**》をクリックします。

⑤デスクトップのフォルダー「**FOM Shuppan Documents**」のフォルダー「**MOS 365-Excel（2）**」を開きます。

⑥問題文の「**イギリス語学留学**」をクリックして、コピーします。

⑦《**ファイル名**》の文字列を選択します。

⑧ Ctrl + V を押して貼り付けます。

※《**ファイル名**》に直接入力してもかまいません。

⑨《**ファイルの種類**》の ∨ をクリックし、一覧から《**PDF**》を選択します。

⑩《**発行後にファイルを開く**》を □ にします。

⑪《**発行**》をクリックします。

● プロジェクト3

問題（1）　📖 P.103

①シート「**販売店別集計**」のセル【**B1**】を選択します。

②《**ホーム**》タブ→《**配置**》グループの 🔁 （折り返して全体を表示する）をクリックします。

問題（2）　📖 P.160

①シート「**販売店別集計**」のセル【**B3**】を選択します。

※テーブル内のセルであれば、どこでもかまいません。

②《**データ**》タブ→《**並べ替えとフィルター**》グループの 📊 （並べ替え）をクリックします。

③《**最優先されるキー**》の《**列**》の ∨ をクリックし、一覧から「**2022年度売上**」を選択します。

④《**並べ替えのキー**》の ∨ をクリックし、一覧から《**セルの値**》を選択します。

⑤《**順序**》の ∨ をクリックし、一覧から《**大きい順**》を選択します。

⑥《**レベルの追加**》をクリックします。

⑦《**次に優先されるキー**》の《**列**》の ∨ をクリックし、一覧から「**2021年度売上**」を選択します。

⑧《**並べ替えのキー**》の ∨ をクリックし、一覧から《**セルの値**》を選択します。

⑨《**順序**》の ∨ をクリックし、一覧から《**大きい順**》を選択します。

⑩《**OK**》をクリックします。

問題（3）　📖 P.226

①シート「**担当者別集計**」のグラフを選択します。

②《**グラフのデザイン**》タブ→《**グラフスタイル**》グループの 🎨 （グラフクイックカラー）→《**カラフル**》の《**カラフルなパレット4**》をクリックします。

問題（4）　📖 P.92

①シート「**売上一覧**」のセル範囲【**B4：B5**】を選択し、セル範囲右下の ■ （フィルハンドル）をダブルクリックします。

問題（5）　📖 P.37

①シート「**売上一覧**」が表示されていることを確認します。

②《**挿入**》タブ→《**テキスト**》グループの 📄 （ヘッダーとフッター）をクリックします。

※《**テキスト**》グループが折りたたまれている場合は、展開して操作します。

③《**ヘッダーとフッター**》タブ→《**ヘッダーとフッター**》グループの 📄 （ヘッダー）→《**売上一覧, 機密, 1ページ**》をクリックします。

※ヘッダーに設定内容が表示されない場合は、ヘッダーの領域をポイントすると表示されます。

問題（6）　📖 P.68

①《**ファイル**》タブを選択します。

②《**情報**》→《**問題のチェック**》→《**ドキュメント検査**》をクリックします。

③ファイルの保存に関するメッセージが表示される場合は、《**はい**》をクリックします。

④《**ドキュメントのプロパティと個人情報**》が ✔ になっていることを確認します。

⑤《**検査**》をクリックします。

⑥《**ドキュメントのプロパティと個人情報**》の《**すべて削除**》をクリックします。

⑦《**閉じる**》をクリックします。

● プロジェクト4

問題（1）　📖 P.144

①シート「**売上一覧**」が表示されていることを確認します。

②《**ホーム**》タブ→《**スタイル**》グループの 🔲 条件付き書式 ∨ （条件付き書式）→《**ルールのクリア**》→《**シート全体からルールをクリア**》をクリックします。

問題（2）　📖 P.163

①シート「**売上一覧**」の「**店舗名**」の ▼ をクリックします。

②《**（すべて選択）**》を □ にします。

③「**秋葉原**」を ✔ にします。

④《**OK**》をクリックします。

⑤「**販売単価**」の ▼ をクリックします。

⑥《**数値フィルター**》→《**指定の値以上**》をクリックします。

⑦左上のボックスが《**以上**》になっていることを確認します。

⑧問題文の「**30000**」をクリックして、コピーします。

⑨右上のボックスをクリックして、カーソルを表示します。

⑩ Ctrl + V を押して貼り付けます。

⑪《**OK**》をクリックします。

※3件のレコードが抽出されます。

問題 (3)

📖 P.215

① シート「**店舗別売上**」のグラフを選択します。

② 《**グラフのデザイン**》タブ→《**データ**》グループの (データの選択) をクリックします。

③ 《**グラフデータの範囲**》に現在のデータ範囲が表示され、選択されていることを確認します。

④ セル範囲【B3:C9】を選択します。

⑤ 《**グラフデータの範囲**》が「=店舗別売上!＄B＄3:＄C＄9」に変更されます。

⑥ 《**OK**》をクリックします。

問題 (4)

📖 P.35

① シート「**商品一覧**」のシート見出しをクリックします。

② 《**ページレイアウト**》タブ→《**ページ設定**》グループの (ページの向きを変更) →《**縦**》をクリックします。

③ 《**ページレイアウト**》タブ→《**ページ設定**》グループの (余白の調整) →《**標準**》をクリックします。

問題 (5)

📖 P.199

① シート「**商品一覧**」のセル【E4】に「=CONCAT("」と入力します。

② 問題文の「**ご注文商品-**」をクリックして、コピーします。

③ 「=CONCAT("」の後ろをクリックして、カーソルを表示します。

④ Ctrl + V を押して貼り付けます。

※数式に直接入力してもかまいません。「-」は半角で入力します。

⑤ 続けて、「",[@商品型番],[@販売単価])」と入力します。

※「[@商品型番]」はセル【B4】、「[@販売単価]」はセル【D4】を選択して指定します。

⑥ 数式バーに、「=CONCAT("ご注文商品-",[@商品型番],[@販売単価])」と表示されていることを確認します。

⑦ Enter を押します。

※フィールド内の残りのセルにも自動的に数式が作成されます。

●プロジェクト5

問題 (1)

📖 P.120

① シート「**利用状況**」のセル範囲【C33:D35】を選択します。

② 問題文の「**会員種別**」をクリックして、コピーします。

③ 名前ボックスをクリックして、文字列を選択します。

④ Ctrl + V を押して貼り付けます。

※名前ボックスに直接入力してもかまいません。

⑤ Enter を押します。

問題 (2)

📖 P.41

① シート「**利用状況**」が表示されていることを確認します。

---

② ステータスバーの 凹 (改ページプレビュー) をクリックします。

③ 行番号【26】の下側の青い点線をポイントし、マウスポインターの形が ↕ に変わったら、行番号【35】の下側までドラッグします。

問題 (3)

📖 P.203.207

① シート「**施設利用状況**」のセル範囲【B3:D14】を選択します。

② 《**挿入**》タブ→《**グラフ**》グループの (階層構造グラフの挿入) →《**ツリーマップ**》の《**ツリーマップ**》をクリックします。

問題 (4)

📖 P.151

① シート「**会員名簿**」のセル【B3】を選択します。

※テーブル内のセルであれば、どこでもかまいません。

② 《**テーブルデザイン**》タブ→《**テーブルスタイル**》グループの →《**クリア**》をクリックします。

※セル範囲【B3:I3】には、塗りつぶしの色が設定されています。

問題 (5)

📖 P.196

① シート「**会員名簿**」のセル【E4】に「=LOWER([@英字])」と入力します。

※「[@英字]」は、セル【D4】を選択して指定します。

※フィールド内の残りのセルにも自動的に数式が作成されます。

●プロジェクト6

問題 (1)

📖 P.78

① シート「**料金表**」のセル【E3】を選択します。

② 《**校閲**》タブ→《**メモ**》グループの (メモ) →《**新しいメモ**》をクリックします。

③ 問題文の「**下期より料金改定**」をクリックして、コピーします。

④ メモ内をクリックして、カーソルを表示します。

⑤ Ctrl + V を押して貼り付けます。

⑥ メモ以外の場所をクリックします。

問題 (2)

📖 P.107

① シート「**料金表**」のセル範囲【D4:G7】を選択します。

② 《**ホーム**》タブ→《**数値**》グループの (表示形式) をクリックします。

③ 《**表示形式**》タブを選択します。

④ 《**分類**》の一覧から《**数値**》が選択されていることを確認します。

⑤ 《**負の数の表示形式**》の一覧から黒字の《**-1,234**》を選択します。

⑥ 《**OK**》をクリックします。

模擬試験プログラムの使い方

第1回模擬試験

第2回模擬試験

第3回模擬試験

第4回模擬試験

第5回模擬試験

問題(3)　📖 P.133

①シート「**会員利用明細**」のセル範囲【**G4:G44**】を選択します。

※「利用時間」の列見出しの上側をポイントし、マウスポインターの形が↓に変わったらクリックして選択します。

②《**ホーム**》タブ→《**スタイル**》グループの〔📊条件付き書式〕(条件付き書式)→《**アイコンセット**》→《**インジケーター**》の《**3つのフラグ**》をクリックします。

問題(4)　📖 P.191

①シート「**会員利用明細**」のセル【**I4**】に「**=UNIQUE(会員利用状況[会員名])**」と入力します。

※「会員利用状況[会員名]」は、「会員名」の列見出しの上側をポイントし、マウスポインターの形が↓に変わったらクリックして指定します。

●プロジェクト7

問題(1)　📖 P.89

①シート「**案内フォーマット**」のセル範囲【**B24:D25**】を選択します。

②選択した範囲を右クリックします。

③《**削除**》をクリックします。

④《**上方向にシフト**》を◉にします。

⑤《**OK**》をクリックします。

問題(2)　📖 P.43

①シート「**10月売上**」の1行目を表示します。

②《**表示**》タブ→《**ウィンドウ**》グループの〔📊ウィンドウ枠の固定 ▾〕(ウィンドウ枠の固定)→《**先頭行の固定**》をクリックします。

問題(3)　📖 P.171

①シート「**10月売上**」のセル【**K2**】に「**=J2*$O$1**」と入力します。

※消費税率は、常に同じセルを参照するように絶対参照にします。

②セル【**K2**】を選択し、セル右下の■(フィルハンドル)をダブルクリックします。

問題(4)　📖 P.225

①シート「**支店別売上**」のグラフを選択します。

②《**グラフのデザイン**》タブ→《**グラフのレイアウト**》グループの〔📊クイックレイアウト〕(クイックレイアウト)→《**レイアウト6**》をクリックします。

問題(5)　📖 P.41

①シート「**案内フォーマット**」のシート見出しをクリックします。

②ステータスバーの〔▥〕(ページレイアウト)をクリックします。

問題(6)　📖 P.83

①シート「**宿泊先リスト**」のセル範囲【**B4:B16**】を選択します。

②《**ホーム**》タブ→《**クリップボード**》グループの〔📋〕(コピー)をクリックします。

③《**ホーム**》タブ→《**クリップボード**》グループの〔📋〕(貼り付け)の〔貼り付け〕→《**値の貼り付け**》の〔📋123〕(値)をクリックします。

プロジェクト1

理解度チェック

☑☑☑☑☑ 問題(1) あなたは、水泳大会の100m男子自由形での優勝記録管理表を作成します。
シート「歴代優勝者」のテーブルにテーブル名「歴代優勝者一覧」を設定してください。

☑☑☑☑ 問題(2) シート「歴代優勝者」のセル【B1】のタイトルに「見出し1」のスタイルを適用してください。次に、「記録」の列の数値に、1文字分の右詰めインデントを設定してください。

☑☑☑☑ 問題(3) 関数を使って、シート「歴代優勝者」の「開催地」の列に、「大会名」の列の先頭の2文字をそれぞれ表示してください。

☑☑☑☑ 問題(4) シート「歴代優勝者」の1～3行目がすべてのページに印刷されるようにしてください。

☑☑☑☑ 問題(5) シート「優勝回数」のセル範囲【B3:D31】の表をテーブルに変換してください。先頭行はタイトルとして使用します。テーブルのスタイルは、「薄い青,テーブルスタイル(淡色)20」を適用します。

☑☑☑☑☑ 問題(6) 関数を使って、シート「大会記録」のセル【C3】とセル【C4】に、シート「歴代優勝者」の「記録」の列から最高記録と平均をそれぞれ表示してください。最高記録は最も速いタイムを求めます。

プロジェクト2

理解度チェック

☑☑☑☑☑ 問題(1) あなたは、フルーツパーラーの限定メニューの売上を集計します。
シート「売上一覧」のテーブルから、「数量」と「合計」が0の行を削除してください。テーブル以外には影響がないようにします。

☑☑☑☑☑ 問題(2) シート「各週集計」の各メニューの売上をもとに、「売上推移」の列に折れ線スパークラインを挿入してください。縦軸の最小値は「0」にし、最大値は「すべてのスパークラインで同じ値」にします。

☑☑☑☑☑ 問題(3) シート「各週集計」のヘッダーの左側に文字列「印刷日時」、現在の日付、現在の時刻を表示してください。「印刷日時　2023/7/1　12:00」のように、文字列、現在の日付、現在の時刻の間は、全角スペースを入力します。

☑☑☑☑ 問題(4) シート「売上分析」のグラフをグラフシート「構成比」に移動してください。

☑☑☑☑☑ 問題(5) 関数を使って、シート「メニュー」の「メニュー文字数」の列に、「メニュー」の文字数を表示してください。

☑☑☑☑☑ 問題(6) ドキュメントのプロパティのタイトルに「売上集計」、分類に「限定メニュー」と設定してください。

模擬試験プログラムの使い方　第1回模擬試験　第2回模擬試験　第3回模擬試験　第4回模擬試験　第5回模擬試験

プロジェクト3

理解度チェック

☑☑☑☑☑ 問題(1) あなたはスポーツ用品店の社員で、売上を分析します。
シート「商品一覧」の「在庫数（10月末）」が10より小さいセルに、「明るい赤の背景」の書式を設定してください。

☑☑☑☑☑ 問題(2) シート「商品一覧」から「登山用」を含む商品を検索し、セルを「薄い緑」で塗りつぶしてください。

☑☑☑☑☑ 問題(3) シート「商品一覧」のテーブルに集計行を追加し、「商品名」のデータの個数、「入庫数（10月）」の平均、「出庫数（10月）」の平均を表示してください。「備考」の集計は非表示にします。

☑☑☑☑☑ 問題(4) シート「商品一覧」のテーブルの一部だけが印刷されるように設定してください。列の範囲は「商品コード」から「定価」まで、行の範囲は見出しから商品コード「1010」までとします。

☑☑☑☑☑ 問題(5) シート「年間集計」の数式を表示してください。

☑☑☑☑☑ 問題(6) シート「売上推移」のグラフに、線形の近似曲線を追加してください。

☑☑☑☑☑ 問題(7) シート「ランキング」のセル【C4】に入力されている数式を編集して、「売上個数」の降順に並べ替えて表示してください。数式は、並べ替えの順序の引数だけを修正し、その他の構成は変更しないようにします。

プロジェクト4

理解度チェック

☑☑☑☑☑ 問題(1) あなたは、ミナトカレッジで開講されている講座の申込状況を分析します。
シート「講座マスター」の「紹介割引価格」の列に、「価格」の列から名前「割引額」を引いた紹介割引価格を表示する数式を入力してください。

☑☑☑☑☑ 問題(2) シート「医療福祉系」の「合計」の列すべてに、10月の数式をコピーしてください。

☑☑☑☑☑ 問題(3) シート「実務系」のグラフの軸のデータを入れ替えて、横軸（項目軸）に講座名が表示されるようにしてください。次に、凡例を非表示にしてください。

☑☑☑☑☑ 問題(4) シート「年間申込者数」のテーブルに、テーブルスタイルのオプションを設定して、最後の列を強調してください。書式は自動的に更新されるようにします。

☑☑☑☑☑ 問題(5) シート「会員名簿」のセル【A1】を開始位置として、デスクトップのフォルダー「FOM Shuppan Documents」のフォルダー「MOS 365-Excel（2）」にあるテキストファイル「会員名簿」のデータをインポートしてください。データソースの先頭行をテーブルの見出しとして使用します。

プロジェクト5

理解度チェック		
☑ ☑ ☑ ☑ ☑	問題(1)	あなたはウェディングプランナーで、海外挙式のチラシを作成します。 シート「ご提案」のグラフに、スタイル「スタイル4」を適用してください。
☑ ☑ ☑ ☑ ☑	問題(2)	シート「会場リスト」のテーブルをフィルターして、「地域」が「青山」と「表参道」のレコードが表示されないようにしてください。
☑ ☑ ☑ ☑ ☑	問題(3)	関数を使って、シート「会場リスト」のセル範囲【B14:B19】に、20を開始値として、50単位で増加する値を表示してください。
☑ ☑ ☑ ☑ ☑	問題(4)	関数を使って、シート「相談会予約状況」のセル【L4】に、非会員の予約件数を表示してください。非会員の予約件数は、「会員番号」の列の空白のセルをカウントして求めます。
☑ ☑ ☑ ☑ ☑	問題(5)	ブックのアクセシビリティをチェックし、おすすめアクションから結合セルの解除を選択してください。

プロジェクト6

理解度チェック		
☑ ☑ ☑ ☑ ☑	問題(1)	あなたは梅干しの卸問屋の社員で、売上を集計します。 シート「売上明細」を右へスクロールしても、常に「売上日」の列が表示されるように設定してください。
☑ ☑ ☑ ☑ ☑	問題(2)	関数を使って、シート「売上明細」の「評価」の列に「数量」が100個より多く売れた商品には「在庫確認」と表示し、そうでなければ何も表示しないようにしてください。
☑ ☑ ☑ ☑ ☑	問題(3)	シート「売上明細」のテーブルを、「支店名」の昇順、「支店名」が同じ場合は「商品コード」の昇順、さらに「支店名」と「商品コード」が同じ場合は、「数量」の多い順に並べ替えてください。
☑ ☑ ☑ ☑ ☑	問題(4)	グラフシート「支店別売上グラフ」の縦棒グラフを、円グラフに変更してください。次に、グラフにレイアウト「レイアウト1」を適用してください。
☑ ☑ ☑ ☑ ☑	問題(5)	関数を使って、シート「売上数量」のセル【I3】に、商品別の売上総数の中で最も多く売れた数量を表示してください。値やセル参照ではなく、商品別の売上総数に定義されている名前を使います。
☑ ☑ ☑ ☑ ☑	問題(6)	シート「売上数量」のセル【G1】にハイパーリンクを挿入してください。文字列「商品情報」と表示し、リンク先は「https://www.fomfoods.xx.xx/umeboshi/」とします。

●解答は、標準的な操作手順で記載しています。
●📖は、問題を解くために必要な機能を解説しているページを示しています。

●プロジェクト1

問題（1） 📖 P.150

①シート「**歴代優勝者**」のセル【B3】を選択します。
※テーブル内のセルであれば、どこでもかまいません。
②問題文の「**歴代優勝者一覧**」をクリックして、コピーします。
③《**テーブルデザイン**》タブ→《**プロパティ**》グループの《**テーブル名**》をクリックして、文字列を選択します。
④ Ctrl + V を押して貼り付けます。
※《テーブル名》に直接入力してもかまいません。
⑤ Enter を押します。

問題（2） 📖 P.115,109

①シート「**歴代優勝者**」のセル【B1】を選択します。
②《**ホーム**》タブ→《**スタイル**》グループの（セルのスタイル）→《**タイトルと見出し**》の《**見出し1**》をクリックします。
③「記録」の列を選択します。
※「記録」の列見出しの上側をポイントし、マウスポインターの形が↓に変わったらクリックして選択します。
④《**ホーム**》タブ→《**配置**》グループの（配置の設定）をクリックします。
⑤《**配置**》タブを選択します。
⑥《**横位置**》の∨をクリックし、一覧から《**右詰め（インデント）**》を選択します。
⑦《**インデント**》を「1」に設定します。
⑧《**OK**》をクリックします。

問題（3） 📖 P.193

①シート「**歴代優勝者**」のセル【H4】に「=LEFT（[@大会名],2)」と入力します。
※「[@大会名]」は、セル【G4】を選択して指定します。
※フィールド内の残りのセルにも自動的に数式が作成されます。

問題（4） 📖 P.60

①シート「**歴代優勝者**」が表示されていることを確認します。
②《**ページレイアウト**》タブ→《**ページ設定**》グループの（印刷タイトル）をクリックします。

③《**シート**》タブを選択します。
④《**タイトル行**》をクリックして、カーソルを表示します。
⑤行番号【1：3】を選択します。
⑥《**タイトル行**》に「$1：$3」と表示されていることを確認します。
⑦《**OK**》をクリックします。
※印刷イメージを確認しておきましょう。

問題（5） 📖 P.149,151

①シート「**優勝回数**」のセル【B3】を選択します。
※表内のセルであれば、どこでもかまいません。
②《**挿入**》タブ→《**テーブル**》グループの（テーブル）をクリックします。
③《**テーブルに変換するデータ範囲を指定してください**》が「$B$3：$D$31」になっていることを確認します。
④《**先頭行をテーブルの見出しとして使用する**》を✔にします。
⑤《**OK**》をクリックします。
⑥《**テーブルデザイン**》タブ→《**テーブルスタイル**》グループの∨→《**淡色**》の《**薄い青，テーブルスタイル（淡色）20**》をクリックします。

問題（6） 📖 P.180

①シート「**大会記録**」のセル【C3】を選択します。
②《**ホーム**》タブ→《**編集**》グループの∑∨（合計）の∨→《**最小値**》をクリックします。
③シート「**歴代優勝者**」の「記録」の列を選択します。
※「記録」の列見出しの上側をポイントし、マウスポインターの形が↓に変わったらクリックして指定します。
④数式バーに「=MIN（歴代優勝者一覧[記録]）」と表示されていることを確認します。
⑤ Enter を押します。
⑥シート「**大会記録**」のセル【C4】を選択します。
⑦《**ホーム**》タブ→《**編集**》グループの∑∨（合計）の∨→《**平均**》をクリックします。
⑧シート「**歴代優勝者**」の「記録」の列を選択します。
⑨数式バーに「=AVERAGE（歴代優勝者一覧[記録]）」と表示されていることを確認します。
⑩ Enter を押します。

● プロジェクト2

📖 P.153
問題(1)

①シート「**売上一覧**」のセル【**B12**】を右クリックします。
※12行目のテーブル内のセルであれば、どこでもかまいません。
②《**削除**》→《**テーブルの行**》をクリックします。

📖 P.127,128
問題(2)

①シート「**各週集計**」のセル範囲【**D4:G12**】を選択します。
※スパークラインのもとになるセル範囲を選択します。
②《**挿入**》タブ→《**スパークライン**》グループの [📉 折れ線] (折れ線スパークライン) をクリックします。
③《**データ範囲**》に「**D4:G12**」と表示されていることを確認します。
④《**場所の範囲**》にカーソルが表示されていることを確認します。
⑤セル範囲【**J4:J12**】を選択します。
※《場所の範囲》に「**$J$4:$J$12**」と表示されます。
⑥《**OK**》をクリックします。
⑦《**スパークライン**》タブ→《**グループ**》グループの [📊] (スパークラインの軸) →《**縦軸の最小値のオプション**》の《**ユーザー設定値**》をクリックします。
⑧《**縦軸の最小値を入力してください**》が「**0.0**」になっていることを確認します。
⑨《**OK**》をクリックします。
⑩《**スパークライン**》タブ→《**グループ**》グループの [📊] (スパークラインの軸) →《**縦軸の最大値のオプション**》の《**すべてのスパークラインで同じ値**》をクリックします。

📖 P.37
問題(3)

①シート「**各週集計**」が表示されていることを確認します。
②《**挿入**》タブ→《**テキスト**》グループの [📄] (ヘッダーとフッター) をクリックします。
※《テキスト》グループが折りたたまれている場合は、展開して操作します。
③問題文の「**印刷日時**」をクリックして、コピーします。
④ヘッダーの左側をクリックします。
⑤ [Ctrl] + [V] を押して貼り付けます。
※ヘッダーに直接入力してもかまいません。
⑥全角スペースを入力します。
⑦《**ヘッダーとフッター**》タブ→《**ヘッダー/フッター要素**》グループの [📅] (現在の日付) をクリックします。
※「**&[日付]**」と表示されます。
⑧全角スペースを入力します。
⑨《**ヘッダーとフッター**》タブ→《**ヘッダー/フッター要素**》グループの [🕐] (現在の時刻) をクリックします。
※「**&[時刻]**」と表示されます。
⑩ヘッダー、フッター以外の場所をクリックします。

📖 P.211
問題(4)

①シート「**売上分析**」のグラフを選択します。
②問題文の「**構成比**」をクリックして、コピーします。
③《**グラフのデザイン**》タブ→《**場所**》グループの [📊] (グラフの移動) をクリックします。
④《**新しいシート**》を ● にします。
⑤グラフシート名が選択されていることを確認します。
⑥ [Ctrl] + [V] を押して貼り付けます。
※《新しいシート》に直接入力してもかまいません。
⑦《**OK**》をクリックします。

📖 P.196
問題(5)

①シート「**メニュー**」のセル【**E4**】に「**=LEN([@メニュー])**」と入力します。
※「**[@メニュー]**」は、セル【**C4**】を選択して指定します。
※フィールド内の残りのセルにも自動的に数式が作成されます。

📖 P.51
問題(6)

①《**ファイル**》タブを選択します。
②《**情報**》をクリックします。
③問題文の「**売上集計**」をクリックして、コピーします。
④《**タイトルの追加**》をクリックして、カーソルを表示します。
⑤ [Ctrl] + [V] を押して貼り付けます。
※《タイトルの追加》に直接入力してもかまいません。
⑥問題文の「**限定メニュー**」をクリックして、コピーします。
⑦《**分類の追加**》をクリックして、カーソルを表示します。
⑧ [Ctrl] + [V] を押して貼り付けます。
※《分類の追加》に直接入力してもかまいません。
⑨《**分類の追加**》以外の場所をクリックします。

● プロジェクト3

📖 P.133
問題(1)

①シート「**商品一覧**」の「**在庫数（10月末）**」の列を選択します。
※「在庫数（10月末）」の列見出しの上側をポイントし、マウスポインターの形が ↓ に変わったらクリックして選択します。
②《**ホーム**》タブ→《**スタイル**》グループの [条件付き書式 ▾] (条件付き書式) →《**セルの強調表示ルール**》→《**指定の値より小さい**》をクリックします。
③《**次の値より小さいセルを書式設定**》に「**10**」と入力します。
④《**書式**》の 🔽 をクリックし、一覧から《**明るい赤の背景**》を選択します。
⑤《**OK**》をクリックします。
※範囲選択を解除しておきましょう。

模擬試験プログラムの使い方

第1回模擬試験

第2回模擬試験

第3回模擬試験

第4回模擬試験

第5回模擬試験

問題(2)

📖 P.27

①シート「**商品一覧**」が表示されていることを確認します。

②《**ホーム**》タブ→《**編集**》グループの（検索と選択）→《**検索**》をクリックします。

③《**検索**》タブを選択します。

④問題文の「**登山用**」をクリックして、コピーします。

⑤《**検索する文字列**》をクリックして、カーソルを表示します。

⑥ Ctrl + V を押して貼り付けます。
※《**検索する文字列**》に直接入力してもかまいません。

⑦《**すべて検索**》をクリックします。

⑧検索結果の一覧に、セル【C21】とセル【C29】が表示されていることを確認します。

⑨セル【C21】が選択されていることを確認します。

⑩《**ホーム**》タブ→《**フォント**》グループの（塗りつぶしの色）の→《**標準の色**》の《**薄い緑**》をクリックします。

⑪検索結果の一覧からセル【C29】を選択します。

⑫セル【C29】が選択されていることを確認します。

⑬《**ホーム**》タブ→《**フォント**》グループの（塗りつぶしの色）をクリックします。

⑭《**閉じる**》をクリックします。

問題(3)

📖 P.158

①シート「**商品一覧**」のセル【B3】を選択します。
※テーブル内のセルであれば、どこでもかまいません。

②《**テーブルデザイン**》タブ→《**テーブルスタイルのオプション**》グループの《**集計行**》を☑にします。

③集計行の「**商品名**」のセル【C31】を選択します。

④▼をクリックし、一覧から《**個数**》を選択します。

⑤集計行の「**入庫数(10月)**」のセル【G31】を選択します。

⑥▼をクリックし、一覧から《**平均**》を選択します。

⑦集計行の「**出庫数(10月)**」のセル【H31】を選択します。

⑧▼をクリックし、一覧から《**平均**》を選択します。

⑨集計行の「**備考**」のセル【J31】を選択します。

⑩▼をクリックし、一覧から《**なし**》を選択します。

問題(4)

📖 P.62

①シート「**商品一覧**」のセル範囲【B3:E13】を選択します。

②《**ページレイアウト**》タブ→《**ページ設定**》グループの（印刷範囲）→《**印刷範囲の設定**》をクリックします。
※印刷イメージを確認しておきましょう。

問題(5)

📖 P.53

①シート「**年間集計**」のシート見出しをクリックします。

②《**数式**》タブ→《**ワークシート分析**》グループの（数式の表示）をクリックします。

問題(6)

📖 P.217,224

①シート「**売上推移**」のグラフを選択します。

②《**グラフのデザイン**》タブ→《**グラフのレイアウト**》グループの（グラフ要素を追加）→《**近似曲線**》→《**線形**》をクリックします。

問題(7)

📖 P.189

①シート「**ランキング**」のセル【C4】を「**=SORT(G4:H13,2,-1)**」に修正します。

●プロジェクト4

問題(1)

📖 P.125,177

①シート「**講座マスター**」のセル【G4】に「**=[@価格]-**」と入力します。
※「**[@価格]**」は、セル【F4】を選択して指定します。

②《**数式**》タブ→《**定義された名前**》グループの（数式で使用）→《**割引額**》をクリックします。

③数式バーに「**=[@価格]-割引額**」と表示されていることを確認します。

④ Enter を押します。
※フィールド内の残りのセルにも自動的に数式が作成されます。

問題(2)

📖 P.92

①シート「**医療福祉系**」のセル【G4】を選択し、セル右下の■（フィルハンドル）をセル【G10】までドラッグします。

問題(3)

📖 P.213,217

①シート「**実務系**」のグラフを選択します。

②《**グラフのデザイン**》タブ→《**データ**》グループの（行/列の切り替え）をクリックします。

③《**グラフのデザイン**》タブ→《**グラフのレイアウト**》グループの（グラフ要素を追加）→《**凡例**》→《**なし**》をクリックします。

問題(4)

📖 P.157

①シート「**年間申込者数**」のセル【B3】を選択します。
※テーブル内のセルであれば、どこでもかまいません。

②《**テーブルデザイン**》タブ→《**テーブルスタイルのオプション**》グループの《**最後の列**》を☑にします。

問題(5)

📖 P.17

①シート「**会員名簿**」のセル【A1】を選択します。

②《**データ**》タブ→《**データの取得と変換**》グループの（テキストまたはCSVから）をクリックします。

③デスクトップのフォルダー「FOM Shuppan Documents」のフォルダー「MOS 365-Excel（2）」を開きます。

④一覧から「**会員名簿**」を選択します。

⑤《**インポート**》をクリックします。

⑥データの先頭行が見出しになっていないことを確認します。

⑦《**データの変換**》をクリックします。

⑧《**ホーム**》タブ→《**変換**》グループの ▦ 1行目をヘッダーとして使用 （1行目をヘッダーとして使用）をクリックします。

※データの先頭行が見出しとして設定されます。

⑨《**ホーム**》タブ→《**閉じる**》グループの （閉じて読み込む）の 閉じて読み込む ▾ →《**閉じて次に読み込む**》をクリックします。

⑩《**テーブル**》が ⦿ になっていることを確認します。

⑪《**既存のワークシート**》を ⦿ にします。

⑫「**=$A$1**」と表示されていることを確認します。

⑬《**OK**》をクリックします。

※《クエリと接続》作業ウィンドウを閉じておきましょう。

●プロジェクト5

問題（1） 📖 P.226

①シート「**ご提案**」のグラフを選択します。

②《**グラフのデザイン**》タブ→《**グラフスタイル**》グループの ▾ →《**スタイル4**》をクリックします。

問題（2） 📖 P.163

①シート「**会場リスト**」の「**地域**」の ▾ をクリックします。

②「**青山**」を ☐ にします。

③「**表参道**」を ☐ にします。

④《**OK**》をクリックします。

※4件のレコードが抽出されます。

問題（3） 📖 P.97

①シート「**会場リスト**」のセル【**B14**】に「**=SEQUENCE（6,, 20,50）**」と入力します。

問題（4） 📖 P.185

①シート「**相談会予約状況**」のセル【**L4**】に「**=COUNTBLANK （相談会予約状況[会員番号]）**」と入力します。

※「相談会予約状況[会員番号]」は、「会員番号」の列見出しの上側をポイントし、マウスポインターの形が ⬇ に変わったらクリックして指定します。

問題（5） 📖 P.70

①《**ファイル**》タブを選択します。

②《**情報**》→《**問題のチェック**》→《**アクセシビリティチェック**》をクリックします。

③《**警告**》の《**結合されたセルの使用**》をクリックします。

④《**B13：D13（人気エリアアンケート）**》をクリックします。

⑤シート「**人気エリアアンケート**」のセル範囲【**B13：D13**】が選択されていることを確認します。

⑥《**おすすめアクション**》の《**結合解除**》をクリックします。

※《アクセシビリティ》作業ウィンドウを閉じておきましょう。

●プロジェクト6

問題（1） 📖 P.43

①シート「**売上明細**」のA列が表示されていることを確認します。

②《**表示**》タブ→《**ウィンドウ**》グループの 🔲 ウィンドウ枠の固定 ▾ （ウィンドウ枠の固定）→《**先頭列の固定**》をクリックします。

問題（2） 📖 P.187

①シート「**売上明細**」のセル【**H4**】に「**=IF（[@数量]>100,"**」と入力します。

※「[@数量]」は、セル【F4】を選択して指定します。

②問題文の「**在庫確認**」をクリックして、コピーします。

③「**=IF（[@数量]>100,"**」の後ろをクリックして、カーソルを表示します。

④ Ctrl + V を押して貼り付けます。

⑤続けて、「**,""）**」と入力します。

⑥数式バーに「**=IF（[@数量]>100,"在庫確認",""）**」と表示されていることを確認します。

⑦ Enter を押します。

※フィールド内の残りのセルにも自動的に数式が作成されます。

問題（3） 📖 P.160

①シート「**売上明細**」のセル【**A3**】を選択します。

※テーブル内のセルであれば、どこでもかまいません。

②《**データ**》タブ→《**並べ替えとフィルター**》グループの 🔳 （並べ替え）をクリックします。

③《**最優先されるキー**》の《**列**》の ▾ をクリックし、一覧から「**支店名**」を選択します。

④《**並べ替えのキー**》の ▾ をクリックし、一覧から《**セルの値**》を選択します。

⑤《**順序**》の ▾ をクリックし、一覧から《**昇順**》を選択します。

⑥《**レベルの追加**》をクリックします。

⑦《**次に優先されるキー**》の《**列**》の ▾ をクリックし、一覧から「**商品コード**」を選択します。

⑧《**並べ替えのキー**》の ▾ をクリックし、一覧から《**セルの値**》を選択します。

⑨《**順序**》の ▾ をクリックし、一覧から《**小さい順**》を選択します。

⑩《**レベルの追加**》をクリックします。

⑪《次に優先されるキー》の《列》の☑をクリックし、一覧から「数量」を選択します。

⑫《並べ替えのキー》の☑をクリックし、一覧から《セルの値》を選択します。

⑬《順序》の☑をクリックし、一覧から《大きい順》を選択します。

⑭《OK》をクリックします。

問題 (4)　📖 P.203,225

①グラフシート「支店別売上グラフ」のグラフを選択します。

②《グラフのデザイン》タブ→《種類》グループの 📊 (グラフの種類の変更) をクリックします。

③《すべてのグラフ》タブを選択します。

④左側の一覧から《円》を選択します。

⑤右側の一覧から《円》を選択します。

⑥《OK》をクリックします。

⑦《グラフのデザイン》タブ→《グラフのレイアウト》グループの 📊 (クイックレイアウト) →《レイアウト1》をクリックします。

問題 (5)　📖 P.125,180

①シート「売上数量」のセル【I8】を選択します。

②名前ボックスに「しそ漬け」と表示されていることを確認します。

③同様に、セル【I13】、セル【I18】、セル【I23】、セル【I28】の名前を確認します。

④シート「売上数量」のセル【I3】を選択します。

⑤《ホーム》タブ→《編集》グループの Σ☑ (合計) の☑→《最大値》をクリックします。

⑥《数式》タブ→《定義された名前》グループの ⎡数式で使用 ✓⎤ (数式で使用) →《しそ漬け》をクリックします。

※ほかの名前でもかまいません。

⑦続けて、「,」を入力します。

⑧同様に、名前「こんぶ」、「うす塩」、「はちみつ」、「かつお」と「,」を入力します。

⑨数式バーに「=MAX(しそ漬け,こんぶ,うす塩,はちみつ,かつお)」と表示されていることを確認します。

⑩ Enter を押します。

問題 (6)　📖 P.31

①シート「売上数量」のセル【G1】を選択します。

②《挿入》タブ→《リンク》グループの 🔗 (リンク) をクリックします。

③《リンク先》の《ファイル、Webページ》をクリックします。

④問題文の「商品情報」をクリックして、コピーします。

⑤《表示文字列》をクリックして、カーソルを表示します。

⑥ Ctrl + V を押して貼り付けます。

※ボックスに直接入力してもかまいません。

⑦問題文の「https://www.fomfoods.xx.xx/umeboshi/」をクリックして、コピーします。

⑧《アドレス》をクリックして、カーソルを表示します。

⑨ Ctrl + V を押して貼り付けます。

⑩《OK》をクリックします。

プロジェクト1

理解度チェック

☑☑☑☑☑ 問題(1) あなたは営業所別の売上を集計します。
シート「営業所」のセル範囲【B1:F1】を結合してください。文字列は結合したセルの中央に配置します。

☑☑☑☑☑ 問題(2) シート「営業所別売上」の表の項目名に月を入力してください。5月から3月までを入力します。次に、営業所の月ごとの売上をもとに、「売上推移」の列に縦棒スパークラインを挿入してください。

☑☑☑☑☑ 問題(3) シート「営業所別売上」のグラフに、データラベルを表示してください。データ系列の内部外側に表示します。

☑☑☑☑☑ 問題(4) シート「営業所別売上」のグラフをグラフシート「売上比較」に移動してください。

☑☑☑☑☑ 問題(5) シート「目標」のテーブルの各営業所の「2023年度売上目標」を求める数式を入力してください。「2023年度売上目標」は、各営業所の「2022年度売上」にセル【C3】の「目標増益率」を乗算して求めます。値やセル参照ではなく、列見出しや定義された名前を使用します。

☑☑☑☑☑ 問題(6) シート「営業所」の表をテーブルに変換してください。表の先頭行を見出しとして使用します。テーブルスタイルは「青,テーブルスタイル(中間)2」を適用します。

☑☑☑☑☑ 問題(7) ドキュメントのプロパティのコメントに「営業所別売上」を設定してください。

 プロジェクト2

理解度チェック

☑☑☑☑☑ 問題(1) あなたは、商品データと売上データの管理や分析を行います。
シート「商品」のセル【D1】にハイパーリンクを挿入してください。文字列「オンラインストア」と表示し、リンク先は「https://www.karadashop.xx.xx/」とします。また、ハイパーリンクをポイントすると「オンラインストアを表示」と表示されるようにします。

☑☑☑☑☑ 問題(2) シート「商品」のテーブルに、「備考」の列を追加してください。

☑☑☑☑☑ 問題(3) 関数を使って、シート「売上」のセル【K2】に最も少ない売上金額を表示してください。

☑☑☑☑☑ 問題(4) シート「集計」のグラフにボディケアのデータを追加してください。

☑☑☑☑☑ 問題(5) シート「会員」のセル範囲【B13:G13】のデータに、「取り消し線」とフォントの色「赤」を設定してください。

模擬試験プログラムの使い方 第1回模擬試験 第2回模擬試験 第3回模擬試験 第4回模擬試験 第5回模擬試験

プロジェクト3

理解度チェック ☑ ☑ ☑ ☑ ☑

問題（1）	あなたは、担当しているクラスの英語の試験結果を分析します。 シート「学生」のC列の列幅を「18」に設定してください。
問題（2）	関数を使って、シート「学生」の「ローマ字（大文字）」の列に、「ローマ字（小文字）」の文字列を大文字に変換して表示してください。
問題（3）	関数を使って、シート「試験結果」のセル【H2】に、受験者数を表示してください。「氏名」の数をもとに求めます。
問題（4）	関数を使って、シート「試験結果」の46行目に「リーディング」から「合計点」までの各列の最高点を表示してください。
問題（5）	シート「試験結果」の「リーディング」から「スピーキング」までの個人の点数に「青、白、赤のカラースケール」を設定してください。
問題（6）	シート「試験分析」のグラフの凡例を「左」に設定してください。

プロジェクト4

理解度チェック ☑ ☑ ☑ ☑ ☑

問題（1）	あなたは、ステンドグラス教室の申込確認書を作成します。 シート「申込確認書」のセル範囲【E8：E10】の文字列に、1文字分の左詰めインデントを設定してください。
問題（2）	シート「申込確認書」のセル範囲【D28：F30】に、スタイル「集計」を適用してください。
問題（3）	シート「申込確認書」のセル【F30】に名前「合計金額」を定義してください。
問題（4）	名前「当日」に移動し、セルの値を「100％」に変更してください。
問題（5）	シート「申込確認書」の印刷の向きを縦にし、印刷するときにすべてのデータが横1ページに収まるように設定してください。
問題（6）	シート「開講コース」の1〜3行目とA〜C列が常に表示されるように設定してください。

プロジェクト5

理解度チェック

☑☑☑☑☑ 問題(1) あなたは、四半期ごとの支店別の売上データをもとに売上を分析します。
シート「年間」の数式を非表示にしてください。

☑☑☑☑☑ 問題(2) シート「年間」の「増加売上金額」の列を削除して、「増加率」の列を左に詰めてください。
ほかの表には影響がないようにします。

☑☑☑☑☑ 問題(3) シート「4Q」のグラフの縦軸（項目軸）に売上月、凡例に支店名が表示されるように変更
してください。

☑☑☑☑☑ 問題(4) シート「商品リスト」のテーブルの「商品番号」の列を強調してください。

☑☑☑☑☑ 問題(5) 関数を使って、シート「商品リスト」の「対応人数」の列に、「商品番号」の最後の1文字を
表示してください。

プロジェクト6

理解度チェック

☑☑☑☑☑ 問題(1) あなたは、売上日報をもとに時間帯別の売上を分析します。
シート「0701」のセル【B1】の書式を、シート「0702」のセル【B1】にコピーしてください。

☑☑☑☑☑ 問題(2) シート「0701」のテーブルを、「性別」の列を基準にして昇順に並べ替えてください。「性
別」が同じ場合は「購入金額」が低い順に並べ替えます。

☑☑☑☑☑ 問題(3) シート「0701」に、組み込みのフッター「〇ページ,シート名」を挿入してください。

☑☑☑☑☑ 問題(4) シート「時間帯別」の折れ線グラフに、レイアウト「レイアウト9」を適用してください。

☑☑☑☑☑ 問題(5) シート「0702」のセル【B3】を開始位置として、デスクトップのフォルダー「FOM Shuppan
Documents」のフォルダー「MOS 365-Excel(2)」にあるテキストファイル「uriage」の
データをテーブルとしてインポートしてください。データソースの先頭行をテーブルの見
出しとして使用します。

☑☑☑☑☑ 問題(6) ブックのアクセシビリティをチェックし、シート「時間帯別」の読み取りにくいテキストの
コントラストを修正してください。おすすめアクションから、セルの背景を塗りつぶしなし
にします。

● 解答は、標準的な操作手順で記載しています。
● 📖は、問題を解くために必要な機能を解説しているページを示しています。

●プロジェクト1

問題 (1) 📖 P.104

①シート「**営業所**」のセル範囲【**B1：F1**】を選択します。
②《**ホーム**》タブ→《**配置**》グループの 🔳（セルを結合して中央揃え）をクリックします。

問題 (2) 📖 P.92,127

①シート「**営業所別売上**」のセル【**C3**】を選択し、セル右下の ■（フィルハンドル）をセル【**N3**】までドラッグします。
②セル範囲【**C4：N9**】を選択します。
※スパークラインのもとになるセル範囲を選択します。
③《**挿入**》タブ→《**スパークライン**》グループの [📊 縦棒]（縦棒スパークライン）をクリックします。
④《**データ範囲**》に「**C4：N9**」と表示されていることを確認します。
⑤《**場所の範囲**》にカーソルが表示されていることを確認します。
⑥セル範囲【**P4：P9**】を選択します。
※《場所の範囲》に「$P$4：$P$9」と表示されます。
⑦《**OK**》をクリックします。

問題 (3) 📖 P.217

①シート「**営業所別売上**」のグラフを選択します。
②《**グラフのデザイン**》タブ→《**グラフのレイアウト**》グループの [📊]（グラフ要素を追加）→《**データラベル**》→《**内部外側**》をクリックします。

問題 (4) 📖 P.211

①シート「**営業所別売上**」のグラフを選択します。
②問題文の「**売上比較**」をクリックして、コピーします。
③《**グラフのデザイン**》タブ→《**場所**》グループの [📊]（グラフの移動）をクリックします。
④《**新しいシート**》を ⦿ にします。
⑤グラフシート名が選択されていることを確認します。
⑥ [Ctrl] + [V] を押して貼り付けます。
※《新しいシート》に直接入力してもかまいません。
⑦《**OK**》をクリックします。

問題 (5) 📖 P.177

①シート「**目標**」のセル【**D6**】に「**＝[@2022年度売上]＊目標増益率**」と入力します。
※「[@2022年度売上]」はセル【C6】、「目標増益率」はセル【C3】を選択して指定します。
※フィールド内の残りのセルにも自動的に数式が作成されます。

問題 (6) 📖 P.149,151

①シート「**営業所**」のセル【**B3**】を選択します。
※表内のセルであれば、どこでもかまいません。
②《**挿入**》タブ→《**テーブル**》グループの [📋]（テーブル）をクリックします。
③《**テーブルに変換するデータ範囲を指定してください**》が「**$B$3：$F$9**」になっていることを確認します。
④《**先頭行をテーブルの見出しとして使用する**》を ☑ にします。
⑤《**OK**》をクリックします。
⑥《**テーブルデザイン**》タブ→《**テーブルスタイル**》グループの [▽]→《**中間**》の《**青,テーブルスタイル（中間）2**》が適用されていることを確認します。

問題 (7) 📖 P.51

①《**ファイル**》タブを選択します。
②《**情報**》→《**プロパティをすべて表示**》をクリックします。
③問題文の「**営業所別売上**」をクリックして、コピーします。
④《**コメントの追加**》をクリックして、カーソルを表示します。
⑤ [Ctrl] + [V] を押して貼り付けます。
※《コメントの追加》に直接入力してもかまいません。
⑥《**コメントの追加**》以外の場所をクリックします。

●プロジェクト2

問題 (1) 📖 P.31

①シート「**商品**」のセル【**D1**】を選択します。
②《**挿入**》タブ→《**リンク**》グループの [🔗]（リンク）をクリックします。
③《**リンク先**》の《**ファイル、Webページ**》をクリックします。
④問題文の「**オンラインストア**」をクリックして、コピーします。
⑤《**表示文字列**》をクリックして、カーソルを表示します。
⑥ [Ctrl] + [V] を押して貼り付けます。
※《表示文字列》に直接入力してもかまいません。
⑦問題文の「**https://www.karadashop.xx.xx/**」をクリックして、コピーします。

⑧《アドレス》をクリックして、カーソルを表示します。

⑨ Ctrl + V を押して貼り付けます。

※《アドレス》に直接入力してもかまいません。

⑩《ヒント設定》をクリックします。

⑪問題文の「オンラインストアを表示」をクリックして、コピーします。

⑫《ヒントのテキスト》をクリックして、カーソルを表示します。

⑬ Ctrl + V を押して貼り付けます。

※《ヒントのテキスト》に直接入力してもかまいません。

⑭《OK》をクリックします。

⑮《OK》をクリックします。

問題 (2) 　　　　　　　　　　　　📖 P.153

①シート「**商品**」のセル【B3】を選択します。

※テーブル内のセルであれば、どこでもかまいません。

②《テーブルデザイン》タブ→《プロパティ》グループの ⊕ テーブルのサイズ変更 (テーブルのサイズ変更)をクリックします。

③《テーブルに変換する新しいデータ範囲を指定してください》が「$B$3:$F$24」になっていることを確認します。

④セル範囲【B3:G24】を選択します。

⑤《テーブルに変換する新しいデータ範囲を指定してください》が「$B$3:$G$24」に変更されます。

⑥《OK》をクリックします。

問題 (3) 　　　　　　　　　　　　📖 P.180

①シート「**売上**」のセル【K2】を選択します。

②《ホーム》タブ→《編集》グループの Σ ▼ (合計)の ▼ →《最小値》をクリックします。

③「**売上金額**」の列を選択します。

※「売上金額」の列見出しの上側をポイントし、マウスポインターの形が ↓ に変わったらクリックして指定します。

④数式バーに「=MIN(売上一覧[売上金額])」と表示されていることを確認します。

⑤ Enter を押します。

問題 (4) 　　　　　　　　　　　　📖 P.215

①シート「**集計**」のグラフを選択します。

②《グラフのデザイン》タブ→《データ》グループの 🔲 (データの選択)をクリックします。

③《グラフデータの範囲》に現在のデータ範囲が表示され、選択されていることを確認します。

④セル範囲【B3:H7】を選択します。

⑤《グラフデータの範囲》が「=集計!$B$3:$H$7」に変更されます。

⑥《OK》をクリックします。

問題 (5) 　　　　　　　　　　　　📖 P.109

①シート「**会員**」のセル範囲【B13:G13】を選択します。

※セル【B13】の左側をポイントし、マウスポインターの形が ➡ に変わったらクリックして選択します。

②《ホーム》タブ→《フォント》グループの 🔲 (フォントの設定)をクリックします。

③《フォント》タブを選択します。

④《文字飾り》の《取り消し線》を ✔ にします。

⑤《色》の ▼ をクリックし、一覧から《標準の色》の《赤》を選択します。

⑥《OK》をクリックします。

●プロジェクト3

問題 (1) 　　　　　　　　　　　　📖 P.39

①シート「**学生**」の列番号【C】を右クリックします。

②《列の幅》をクリックします。

③《列の幅》に「18」と入力します。

④《OK》をクリックします。

問題 (2) 　　　　　　　　　　　　📖 P.196

①シート「**学生**」のセル【E4】に「=UPPER([@ローマ字(小文字)])」と入力します。

※「[@ローマ字(小文字)]」は、セル【D4】を選択して指定します。

※フィールド内の残りのセルにも自動的に数式が作成されます。

問題 (3) 　　　　　　　　　　　　📖 P.185

①シート「**試験結果**」のセル【H2】に「=COUNTA(C5:C44)」と入力します。

問題 (4) 　　　　　　　　　　　　📖 P.180

①シート「**試験結果**」のセル【D46】を選択します。

②《ホーム》タブ→《編集》グループの Σ ▼ (合計)の ▼ →《最大値》をクリックします。

③「=MAX(D5:D45)」と表示されていることを確認します。

④セル範囲【D5:D44】を選択します。

⑤数式バーに「=MAX(D5:D44)」と表示されていることを確認します。

⑥ Enter を押します。

⑦セル【D46】を選択し、セル右下の ■ (フィルハンドル)をセル【H46】までドラッグします。

模擬試験プログラムの使い方

第1回模擬試験

第2回模擬試験

第3回模擬試験

第4回模擬試験

第5回模擬試験

問題 (5) 📖 P.133

①シート「**試験結果**」のセル範囲【D5:G44】を選択します。

②《**ホーム**》タブ→《**スタイル**》グループの 条件付き書式 ▾ (条件付き書式)→《**カラースケール**》→《**青、白、赤のカラースケール**》をクリックします。

問題 (6) 📖 P.217

①シート「**試験分析**」のグラフを選択します。

②《**グラフのデザイン**》タブ→《**グラフのレイアウト**》グループの (グラフ要素を追加)→《**凡例**》→《**左**》をクリックします。

● プロジェクト4

問題 (1) 📖 P.99

①シート「**申込確認書**」のセル範囲【E8:E10】を選択します。

②《**ホーム**》タブ→《**配置**》グループの (インデントを増やす)をクリックします。

問題 (2) 📖 P.115

①シート「**申込確認書**」のセル範囲【D28:F30】を選択します。

②《**ホーム**》タブ→《**スタイル**》グループの セルのスタイル ▾ (セルのスタイル)→《**タイトルと見出し**》の《**集計**》をクリックします。

問題 (3) 📖 P.120

①シート「**申込確認書**」のセル【F30】を選択します。

②問題文の「**合計金額**」をクリックして、コピーします。

③名前ボックスをクリックして、「F30」を選択します。

④ [Ctrl] + [V] を押して貼り付けます。

※名前ボックスに直接入力してもかまいません。

⑤ [Enter] を押します。

問題 (4) 📖 P.29

①問題文の「**100%**」をクリックして、コピーします。

②名前ボックスの ▾ をクリックし、一覧から「**当日**」を選択します。

③シート「**申込確認書**」のセル【D38】が選択されます。

④ [Ctrl] + [V] を押して貼り付けます。

※セルに直接入力してもかまいません。

問題 (5) 📖 P.35,60

①シート「**申込確認書**」が表示されていることを確認します。

②《**ページレイアウト**》タブ→《**ページ設定**》グループの (ページの向きを変更)→《**縦**》をクリックします。

③《**ページレイアウト**》タブ→《**拡大縮小印刷**》グループの 横:(横)の ▾ →《**1ページ**》をクリックします。

※印刷イメージを確認しておきましょう。

問題 (6) 📖 P.43

①シート「**開講コース**」の1～3行と、A～C列が表示されていることを確認します。

②セル【D4】を選択します。

③《**表示**》タブ→《**ウィンドウ**》グループの ウィンドウ枠の固定 ▾ (ウィンドウ枠の固定)→《**ウィンドウ枠の固定**》をクリックします。

● プロジェクト5

問題 (1) 📖 P.53

①シート「**年間**」の数式が表示されていることを確認します。

②《**数式**》タブ→《**ワークシート分析**》グループの 数式の表示 (数式の表示)をクリックします。

※ボタンが標準の色に戻ります。

問題 (2) 📖 P.89

①シート「**年間**」のセル範囲【C14:C17】を選択します。

②選択したセル範囲を右クリックします。

③《**削除**》をクリックします。

④《**左方向にシフト**》を ◉ にします。

⑤《**OK**》をクリックします。

問題 (3) 📖 P.213

①シート「**4Q**」のグラフを選択します。

②《**グラフのデザイン**》タブ→《**データ**》グループの (行/列の切り替え)をクリックします。

問題 (4) 📖 P.157

①シート「**商品リスト**」のセル【B3】を選択します。

※テーブル内のセルであれば、どこでもかまいません。

②《**テーブルデザイン**》タブ→《**テーブルスタイルのオプション**》グループの《**最初の列**》を ✔ にします。

問題 (5) 📖 P.193

①シート「**商品リスト**」のセル【E4】に「**=RIGHT([@商品番号],1)**」と入力します。

※「[@商品番号]」は、セル【B4】を選択して指定します。

※フィールド内の残りのセルにも自動的に数式が作成されます。

●プロジェクト6

問題(1) 📖 P.113

①シート「0701」のセル【B1】を選択します。

②《ホーム》タブ→《クリップボード》グループの 🖌 (書式のコピー/貼り付け) をクリックします。

③シート「0702」のセル【B1】を選択します。

問題(2) 📖 P.160

①シート「0701」のセル【B3】を選択します。

※テーブル内のセルであれば、どこでもかまいません。

②《データ》タブ→《並べ替えとフィルター》グループの 🔲 (並べ替え) をクリックします。

③《最優先されるキー》の《列》の ⌄ をクリックし、一覧から「性別」を選択します。

④《並べ替えのキー》の ⌄ をクリックし、一覧から《セルの値》を選択します。

⑤《順序》の ⌄ をクリックし、一覧から《昇順》を選択します。

⑥《レベルの追加》をクリックします。

⑦《次に優先されるキー》の《列》の ⌄ をクリックし、一覧から「購入金額」を選択します。

⑧《並べ替えのキー》の ⌄ をクリックし、一覧から《セルの値》を選択します。

⑨《順序》の ⌄ をクリックし、一覧から《小さい順》を選択します。

⑩《OK》をクリックします。

問題(3) 📖 P.37

①シート「0701」が表示されていることを確認します。

②《挿入》タブ→《テキスト》グループの 📄 (ヘッダーとフッター) をクリックします。

※《テキスト》グループが折りたたまれている場合は、展開して操作します。

③《ヘッダーとフッター》タブ→《ヘッダーとフッター》グループの 📄 (フッター) →《1ページ,0701》をクリックします。

問題(4) 📖 P.225

①シート「時間帯別」の折れ線グラフを選択します。

②《グラフのデザイン》タブ→《グラフのレイアウト》グループの 📊 (クイックレイアウト) →《レイアウト9》をクリックします。

問題(5) 📖 P.17

①シート「0702」のセル【B3】を選択します。

②《データ》タブ→《データの取得と変換》グループの 📄 (テキストまたはCSVから) をクリックします。

③デスクトップのフォルダー「FOM Shuppan Documents」のフォルダー「MOS 365-Excel(2)」を開きます。

④一覧から「uriage」を選択します。

⑤《インポート》をクリックします。

⑥データの先頭行が見出しになっていることを確認します。

⑦《読み込み》の ⌄ をクリックし、一覧から《読み込み先》を選択します。

⑧《テーブル》が ⦿ になっていることを確認します。

⑨《既存のワークシート》を ⦿ にします。

⑩「=$B$3」と表示されていることを確認します。

⑪《OK》をクリックします。

※《クエリと接続》作業ウィンドウを閉じておきましょう。

問題(6) 📖 P.70

①《ファイル》タブを選択します。

②《情報》→《問題のチェック》→《アクセシビリティチェック》をクリックします。

③《警告》の《読み取りにくいテキストのコントラストです》をクリックします。

※お使いの環境によっては、《読みにくいテキストコントラスト》と表示される場合があります。

④《C3:O3(時間帯別)》をクリックします。

⑤シート「時間帯別」のセル範囲【C3:O3】が選択されていることを確認します。

⑥《おすすめアクション》の《塗りつぶしの色》の > →《塗りつぶしなし》をクリックします。

※《アクセシビリティ》作業ウィンドウを閉じておきましょう。

模擬試験プログラムの使い方

第1回模擬試験

第2回模擬試験

第3回模擬試験

第4回模擬試験

第5回模擬試験

第4回 | 模擬試験 問題

プロジェクト1

理解度チェック

☑ ☑ ☑ ☑ ☑ **問題(1)** あなたは、商品の年間売上の資料を作成します。
シート「集計」のグラフに、スタイル「スタイル13」を適用してください。

☑ ☑ ☑ ☑ ☑ **問題(2)** シート「集計」の「分析」の列の折れ線スパークラインに、スタイル「オレンジ, スパークライン スタイル アクセント2、(基本色)」を適用し、マーカーを表示してください。

☑ ☑ ☑ ☑ ☑ **問題(3)** シート「集計」のセル【B3】の書式を、シート「商品一覧」のセル範囲【B3:E3】にコピーしてください。

☑ ☑ ☑ ☑ ☑ **問題(4)** ドキュメントのプロパティと個人情報をすべて削除してください。その他の項目は変更しないようにします。

プロジェクト2

理解度チェック

☑ ☑ ☑ ☑ ☑ **問題(1)** あなたは、男子体操の団体成績表と個人成績表を集計します。
シート「団体総合」のテーブルの各大学名に、文字列の折り返しを設定してください。

☑ ☑ ☑ ☑ ☑ **問題(2)** シート「団体総合」のセル【B4】にハイパーリンクを挿入してください。文字列「北町学院大学」と表示し、リンク先はシート「参加校一覧」のセル【B13】とします。

☑ ☑ ☑ ☑ ☑ **問題(3)** シート「団体総合」のテーブルをセル範囲に変換してください。書式は変更しないようにします。

☑ ☑ ☑ ☑ ☑ **問題(4)** シート「団体総合」のグラフに、グラフタイトル「男子団体総合」を追加してください。グラフタイトルの場所は「グラフの上」にします。

☑ ☑ ☑ ☑ ☑ **問題(5)** 関数を使って、シート「個人総合」の「棄権者の人数」の行に、各種目の棄権者の人数を表示してください。棄権者は得点の空白セルをもとに求めます。

プロジェクト3

理解度チェック

☑ ☑ ☑ ☑ ☑ **問題(1)** あなたは、社員の成果評価を入力する表を作成します。
関数を使って、シート「社員リスト」の「メールアドレス」の列に、「FirstName」の列と「@fom.xx.xx」を結合してメールアドレスを作成してください。

☑ ☑ ☑ ☑ ☑ **問題(2)** シート「社員リスト」のテーブルの行に縞模様を設定してください。書式は自動的に更新されるようにします。

☑☑☑☑☑　問題(3)　シート「評価ポイント」の1〜2行目の固定を解除して、シート全体がスクロールできるようにしてください。

☑☑☑☑☑　問題(4)　シート「評価ポイント」の「賞与ポイント」の列に、「合計」の列と定義された名前「ベースアップ」を乗算する数式を入力してください。

☑☑☑☑☑　問題(5)　関数を使って、シート「表彰者」の「記念品」の列に、セル範囲【H4：H7】の「2022年度記念品」を昇順に並べ替えて表示してください。

☑☑☑☑☑　問題(6)　シート「表彰者」のタイトル「2022年度表彰者」から表の最終セルまでが印刷されるように設定してください。

プロジェクト4

理解度チェック

☑☑☑☑☑　問題(1)　あなたは、提出されたデータをもとに食生活を改善するための資料を作成します。
関数を使って、シート「改善ポイント」の「食物繊維を多く含む野菜」の「総量」の列に、「水溶性」と「不溶性」の合計を表示してください。

☑☑☑☑☑　問題(2)　シート「改善ポイント」のグラフ「必須脂肪酸の含有量」に、軸ラベル「mg」を追加し、文字列の方向を横書きに設定してください。「mg」は半角で入力します。

☑☑☑☑☑　問題(3)　シート「改善ポイント」の余白を「狭い」、ページの向きを「縦」に変更してください。

☑☑☑☑☑　問題(4)　シート「改善ポイント」の「あなたにおすすめの成分：食物繊維」の「成分量」を、小数点以下1桁まで表示してください。

☑☑☑☑☑　問題(5)　シート「献立分析」のセル【D7】に、「食物繊維を積極的に取りましょう。」とメモを挿入してください。

プロジェクト5

理解度チェック

☑☑☑☑☑　問題(1)　あなたは、2022年度下期の売上データをもとに売上集計表を作成します。
シート「3Q売上」の「売上金額」を求める数式を入力してください。売上金額は、値やセル参照ではなく、「価格」と「数量」の列見出しをもとに計算します。

☑☑☑☑☑　問題(2)　シート「商品別集計」のテーブルに集計行を表示して、「商品名」の個数を表示してください。「売上金額（円）」の集計は非表示にします。

☑☑☑☑☑　問題(3)　シート「地区別集計」に含まれる条件付き書式のルールをすべて削除してください。

☑☑☑☑☑　問題(4)　シート「地区別集計」のグラフに代替テキスト「地区別集計」を追加してください。

☑☑☑☑☑　問題(5)　シート「4Q売上」のセル【B3】を開始位置として、デスクトップのフォルダー「FOM Shuppan Documents」のフォルダー「MOS 365-Excel（2）」にあるXMLファイル「売上」のデータをテーブルとしてインポートしてください。取り込むデータは「row」を指定し、データソースの先頭行をテーブルの見出しとして使用します。

プロジェクト6

理解度チェック	

☑ ☑ ☑ ☑ ☑ **問題(1)** あなたは、イベントの報告用資料を作成します。
シート「チケット売上」のセル【B2】に設定されている書式をクリアしてください。

☑ ☑ ☑ ☑ ☑ **問題(2)** シート「チケット売上」のテーブルに、テーブルスタイル「薄いオレンジ,テーブルスタイル（淡色）17」を適用してください。

☑ ☑ ☑ ☑ ☑ **問題(3)** シート「チケット売上」の「月日」の列に、7月21日に続けて、7月22日から8月31日までを入力してください。

☑ ☑ ☑ ☑ ☑ **問題(4)** シート「チケット売上」の「大人売上金額」の列と「小人売上金額」の列に、売上金額を表示する数式を入力してください。入場料と来場者数をもとに計算し、入場料はセルを参照します。

☑ ☑ ☑ ☑ ☑ **問題(5)** シート「チケット売上」が上下で個別にスクロールできるように、ウィンドウを2分割してください。上側のウィンドウは4行分表示されるようにします。

☑ ☑ ☑ ☑ ☑ **問題(6)** 関数を使って、シート「寄贈先」の「商品名」の列に、「希望分類」が「知育」の場合は「モクモクジグソーパズル」を表示し、そうでなければ「コロリンブースター」を表示してください。

プロジェクト7

理解度チェック	

☑ ☑ ☑ ☑ ☑ **問題(1)** あなたは、家電製品の年間売上と市場調査の資料を作成します。
シート「集計」の「炊飯器」の毎月の売上が平均より高いセルに「濃い黄色の文字、黄色の背景」の書式を設定してください。

☑ ☑ ☑ ☑ ☑ **問題(2)** シート「集計」の表をもとに、商品分類ごとの合計を表す3-D集合縦棒グラフを作成してください。作成したグラフは、表に重ならないように表の右側に移動します。

☑ ☑ ☑ ☑ ☑ **問題(3)** シート「商品一覧」のテーブルから、「分類」が「炊飯器」、「希望小売価格」が「95000」より高いレコードを抽出してください。

☑ ☑ ☑ ☑ ☑ **問題(4)** 関数を使って、シート「価格調査」のセル【E22】に、「最安値」が調査済みの商品数を表示してください。

模擬試験プログラムの使い方

第1回模擬試験

第2回模擬試験

第3回模擬試験

第4回模擬試験

第5回模擬試験

●解答は、標準的な操作手順で記載しています。
●📖は、問題を解くために必要な機能を解説しているページを示しています。

● プロジェクト1

問題（1） 📖 P.226

①シート「**集計**」のグラフを選択します。
②《**グラフのデザイン**》タブ→《**グラフスタイル**》グループの ▽ →《**スタイル13**》をクリックします。

問題（2） 📖 P.128

①シート「**集計**」のセル【**P4**】を選択します。
※セル範囲【P4：P9】内であれば、どこでもかまいません。
②《**スパークライン**》タブ→《**スタイル**》グループの ▽ →《**オレンジ, スパークライン スタイル アクセント2、（基本色）**》をクリックします。
③《**スパークライン**》タブ→《**表示**》グループの《**マーカー**》を ☑ にします。

問題（3） 📖 P.113

①シート「**集計**」のセル【**B3**】を選択します。
②《**ホーム**》タブ→《**クリップボード**》グループの 🖌 （書式のコピー/貼り付け）をクリックします。
③シート「**商品一覧**」のセル範囲【**B3：E3**】を選択します。

問題（4） 📖 P.68

①《**ファイル**》タブを選択します。
②《**情報**》→《**問題のチェック**》→《**ドキュメント検査**》をクリックします。
③ファイルの保存に関するメッセージが表示される場合は、《**はい**》をクリックします。
④《**ドキュメントのプロパティと個人情報**》が ☑ になっていることを確認します。
⑤《**検査**》をクリックします。
⑥《**ドキュメントのプロパティと個人情報**》の《**すべて削除**》をクリックします。
⑦《**閉じる**》をクリックします。

● プロジェクト2

問題（1） 📖 P.103

①シート「**団体総合**」の「**大学名**」の列を選択します。
※「大学名」の列見出しの上側をポイントし、マウスポインターの形が ⬇ に変わったらクリックして選択します。
②《**ホーム**》タブ→《**配置**》グループの 🔁 （折り返して全体を表示する）をクリックします。

問題（2） 📖 P.31

①シート「**団体総合**」のセル【**B4**】を選択します。
②《**挿入**》タブ→《**リンク**》グループの 🔗 （リンク）をクリックします。
③《**リンク先**》の《**このドキュメント内**》をクリックします。
④《**表示文字列**》に「**北町学院大学**」が表示されていることを確認します。
⑤《**またはドキュメント内の場所を選択してください**》の「**参加校一覧**」をクリックします。
⑥問題文の「**B13**」をクリックして、コピーします。
⑦《**セル参照を入力してください**》の「**A1**」を選択します。
⑧ Ctrl + V を押して貼り付けます。
※《セル参照を入力してください》に直接入力してもかまいません。
⑨《**OK**》をクリックします。

問題（3） 📖 P.152

①シート「**団体総合**」のセル【**B3**】を選択します。
※テーブル内のセルであれば、どこでもかまいません。
②《**テーブルデザイン**》タブ→《**ツール**》グループの 🔳 範囲に変換 （範囲に変換）をクリックします。
③《**はい**》をクリックします。

問題（4） 📖 P.217

①シート「**団体総合**」のグラフを選択します。
②《**グラフのデザイン**》タブ→《**グラフのレイアウト**》グループの 📊 （グラフ要素を追加）→《**グラフタイトル**》→《**グラフの上**》をクリックします。
③問題文の「**男子団体総合**」をクリックして、コピーします。
④グラフタイトルの文字列を選択します。
⑤ Ctrl + V を押して貼り付けます。
※グラフタイトルに直接入力してもかまいません。
⑥グラフタイトル以外の場所をクリックします。

問題 (5) 　　📖 P.185

①シート「個人総合」のセル【E4】に「=COUNTBLANK(E7：E106)」と入力します。

②セル【E4】を選択し、セル右下の■（フィルハンドル）をセル【J4】までドラッグします。

●プロジェクト3

問題 (1) 　　📖 P.199

①シート「社員リスト」のセル【F5】に「=CONCAT（[@FirstName],"」と入力します。

※「[@FirstName]」は、セル【D5】を選択して指定します。

②問題文の「@fom.xx.xx」をクリックして、コピーします。

③「=CONCAT（[@FirstName],"」の後ろをクリックして、カーソルを表示します。

④ Ctrl + V を押して貼り付けます。

※数式に直接入力してもかまいません。

⑤続けて、「"）」と入力します。

⑥数式バーに「=CONCAT（[@FirstName],"@fom.xx.xx"）」と表示されていることを確認します。

⑦ Enter を押します。

※フィールド内の残りのセルにも自動的に数式が作成されます。

問題 (2) 　　📖 P.157

①シート「社員リスト」のセル【B4】を選択します。

※テーブル内のセルであれば、どこでもかまいません。

②《テーブルデザイン》タブ→《テーブルスタイルのオプション》グループの《縞模様（行）》を✓にします。

問題 (3) 　　📖 P.43,44

①シート「評価ポイント」のシート見出しをクリックします。

②《表示》タブ→《ウィンドウ》グループの ウィンドウ枠の固定▾ （ウィンドウ枠の固定）→《ウィンドウ枠固定の解除》をクリックします。

問題 (4) 　　📖 P.125,177

①シート「評価ポイント」のセル【G5】に「=[@合計]*」と入力します。

※「[@合計]」は、セル【F5】を選択して指定します。

②《数式》タブ→《定義された名前》グループの ⚷ 数式で使用▾ （数式で使用）→《ベースアップ》をクリックします。

③数式バーに「=[@合計]*ベースアップ」と表示されていることを確認します。

④ Enter を押します。

※フィールド内の残りのセルにも自動的に数式が作成されます。

問題 (5) 　　📖 P.189

①シート「表彰者」のセル【E4】に「=SORT(H4:H7)」と入力します。

問題 (6) 　　📖 P.62

①シート「表彰者」のセル範囲【B1：E7】を選択します。

②《ページレイアウト》タブ→《ページ設定》グループの 🖼 （印刷範囲）→《印刷範囲の設定》をクリックします。

※印刷イメージを確認しておきましょう。

●プロジェクト4

問題 (1) 　　📖 P.180

①シート「改善ポイント」のセル【D6】を選択します。

②《ホーム》タブ→《編集》グループの ∑ （合計）をクリックします。

③数式バーに「=SUM(B6:C6)」と表示されていることを確認します。

④ Enter を押します。

⑤セル【D6】を選択し、セル右下の■（フィルハンドル）をダブルクリックします。

問題 (2) 　　📖 P.217

①シート「改善ポイント」のグラフ「必須脂肪酸の含有量」を選択します。

②《グラフのデザイン》タブ→《グラフのレイアウト》グループの グラフ要素を追加 （グラフ要素を追加）→《軸ラベル》→《第1縦軸》をクリックします。

③問題文の「mg」をクリックして、コピーします。

④軸ラベルの文字列を選択します。

⑤ Ctrl + V を押して貼り付けます。

※軸ラベルに直接入力してもかまいません。

⑥軸ラベル以外の場所をクリックします。

⑦軸ラベルを右クリックします。

⑧《軸ラベルの書式設定》をクリックします。

⑨《タイトルのオプション》の 🔲 （サイズとプロパティ）をクリックします。

⑩《配置》の詳細が表示されていることを確認します。

※表示されていない場合は、《配置》をクリックします。

⑪《文字列の方向》の ▾ をクリックし、一覧から《横書き》を選択します。

※《軸ラベルの書式設定》作業ウィンドウを閉じておきましょう。

※グラフの選択を解除しておきましょう。

問題 (3) 　　📖 P.35

①シート「改善ポイント」が表示されていることを確認します。

②《ページレイアウト》タブ→《ページ設定》グループの⬛(余白の調整)→《狭い》をクリックします。

③《ページレイアウト》タブ→《ページ設定》グループの⬛(ページの向きを変更)→《縦》をクリックします。

※印刷イメージを確認しておきましょう。

問題 (4) 📖 P.107

①シート「改善ポイント」のセル範囲【G28:G37】を選択します。

②《ホーム》タブ→《数値》グループの⬛(小数点以下の表示桁数を増やす)をクリックします。

問題 (5) 📖 P.78

①シート「献立分析」のセル【D7】を選択します。

②《校閲》タブ→《メモ》グループの⬛(メモ)→《新しいメモ》をクリックします。

③問題文の「食物繊維を積極的に取りましょう。」をクリックして、コピーします。

④メモ内をクリックして、カーソルを表示します。

⑤ Ctrl + V を押して貼り付けます。

※メモに直接入力してもかまいません。

⑥メモ以外の場所をクリックします。

●プロジェクト5

問題 (1) 📖 P.177

①シート「3Q売上」のセル【L5】に「=[@価格]＊[@数量]」と入力します。

※「[@価格]」はセル【J5】、「[@数量]」はセル【K5】を選択して指定します。

※フィールド内の残りのセルにも自動的に数式が作成されます。

問題 (2) 📖 P.158

①シート「商品別集計」のセル【B3】を選択します。

※テーブル内のセルであれば、どこでもかまいません。

②《テーブルデザイン》タブ→《テーブルスタイルのオプション》グループの《集計行》を✔にします。

③集計行の「商品名」のセル【C16】を選択します。

④⬛をクリックし、一覧から《個数》を選択します。

⑤集計行の「売上金額(円)」のセル【E16】を選択します。

⑥⬛をクリックし、一覧から《なし》を選択します。

問題 (3) 📖 P.144

①シート「地区別集計」のシート見出しをクリックします。

②《ホーム》タブ→《スタイル》グループの⬛条件付き書式 ▾(条件付き書式)→《ルールのクリア》→《シート全体からルールをクリア》をクリックします。

問題 (4) 📖 P.228

①シート「地区別集計」のグラフを選択します。

②《書式》タブ→《アクセシビリティ》グループの⬛(代替テキストウィンドウを表示します)をクリックします。

③問題文の「地区別集計」をクリックして、コピーします。

④《代替テキスト》作業ウィンドウのボックスをクリックして、カーソルを表示します。

⑤ Ctrl + V を押して貼り付けます。

※ボックスに直接入力してもかまいません。

※《代替テキスト》作業ウィンドウを閉じておきましょう。

問題 (5) 📖 P.22

①シート「4Q売上」のセル【B3】を選択します。

②《データ》タブ→《データの取得と変換》グループの⬛(データの取得)→《ファイルから》→《XMLから》をクリックします。

③デスクトップのフォルダー「FOM Shuppan Documents」のフォルダー「MOS 365-Excel(2)」を開きます。

④一覧から「売上」を選択します。

⑤《インポート》をクリックします。

⑥一覧から「row」を選択します。

⑦データの先頭行が見出しになっていることを確認します。

⑧《読み込み》の⬛をクリックし、一覧から《読み込み先》を選択します。

⑨《テーブル》が◉になっていることを確認します。

⑩《既存のワークシート》を◉にします。

⑪「＝$B$3」と表示されていることを確認します。

⑫《OK》をクリックします。

※《クエリと接続》作業ウィンドウを閉じておきましょう。

●プロジェクト6

問題 (1) 📖 P.116

①シート「チケット売上」のセル【B2】を選択します。

②《ホーム》タブ→《編集》グループの⬛ ▾(クリア)→《書式のクリア》をクリックします。

問題 (2) 📖 P.151

①シート「チケット売上」のセル【B5】を選択します。

※テーブル内のセルであれば、どこでもかまいません。

②《テーブルデザイン》タブ→《テーブルスタイル》グループの⬛→《淡色》の《薄いオレンジ,テーブルスタイル(淡色)17》をクリックします。

問題 (3) 📖 P.92

①シート「チケット売上」のセル【B6】を選択し、セル右下の■(フィルハンドル)をダブルクリックします。

問題 (4)　📖 P.171,177

①シート「**チケット売上**」のセル【G6】に「=$H$3*[@来場者数大人]」と入力します。

※「大人の入場料」は、常に同じセルを参照するように絶対参照にします。

※「[@来場者数大人]」は、セル【D6】を選択して指定します。

※フィールド内の残りのセルにも自動的に数式が作成されます。

②セル【H6】に「=$I$3*[@来場者数小人]」と入力します。

※「小人の入場料」は、常に同じセルを参照するように絶対参照にします。

※「[@来場者数小人]」は、セル【E6】を選択して指定します。

問題 (5)　📖 P.45

①シート「**チケット売上**」の行番号【5】を選択します。

※ワークシートの上から5行目の行番号であれば、かまいません。

②《**表示**》タブ→《**ウィンドウ**》グループの □ (分割) をクリックします。

問題 (6)　📖 P.187

①シート「**寄贈先**」のセル【D4】に「=IF([@希望分類]="」と入力します。

※「[@希望分類]」は、セル【C4】を選択して指定します。

②問題文の「知育」をクリックして、コピーします。

③「=IF([@希望分類]="」の後ろをクリックして、カーソルを表示します。

④ Ctrl + V を押して貼り付けます。

※数式に直接入力してもかまいません。

⑤続けて、「","」と入力します。

⑥問題文の「モクモクジグソーパズル」をクリックして、コピーします。

⑦「=IF([@希望分類]="知育","」の後ろをクリックして、カーソルを表示します。

⑧ Ctrl + V を押して貼り付けます。

⑨続けて、「","」と入力します。

⑩問題文の「コロリンブースター」をクリックして、コピーします。

⑪「=IF([@希望分類]="知育","モクモクジグソーパズル","」の後ろをクリックして、カーソルを表示します。

⑫ Ctrl + V を押して貼り付けます。

⑬続けて、「")」と入力します。

⑭数式バーに「=IF([@希望分類]="知育","モクモクジグソーパズル","コロリンブースター")」と表示されていることを確認します。

⑮ Enter を押します。

※フィールド内の残りのセルにも自動的に数式が作成されます。

●プロジェクト7

問題 (1)　📖 P.133

①シート「**集計**」のセル範囲【E4:E15】を選択します。

②《**ホーム**》タブ→《**スタイル**》グループの ▦ 条件付き書式 ▾ (条件付き書式) →《**上位/下位ルール**》→《**平均より上**》をクリックします。

③《**選択範囲内での書式**》の ▾ をクリックし、一覧から《**濃い黄色の文字、黄色の背景**》を選択します。

④《**OK**》をクリックします。

問題 (2)　📖 P.203

①シート「**集計**」のセル範囲【B3:H3】を選択します。

② Ctrl を押しながら、セル範囲【B16:H16】を選択します。

③《**挿入**》タブ→《**グラフ**》グループの 🏛▾ (縦棒/横棒グラフの挿入) →《**3-D縦棒**》の《**3-D集合縦棒**》をクリックします。

④グラフの枠線をポイントし、マウスポインターの形が に変わったら、ドラッグして表の右側に移動します。

問題 (3)　📖 P.163

①シート「**商品一覧**」の「**分類**」の ▾ をクリックします。

②《**(すべて選択)**》を ☐ にします。

③「**炊飯器**」を ☑ にします。

④《**OK**》をクリックします。

※4件のレコードが抽出されます。

⑤「**希望小売価格**」の ▾ をクリックします。

⑥《**数値フィルター**》→《**指定の値より大きい**》をクリックします。

⑦左上のボックスが《**より大きい**》になっていることを確認します。

⑧問題文の「95000」をクリックして、コピーします。

⑨右上のボックスをクリックして、カーソルを表示します。

⑩ Ctrl + V を押して貼り付けます。

⑪《**OK**》をクリックします。

※2件のレコードが抽出されます。

問題 (4)　📖 P.185

①シート「**価格調査**」のセル【E22】を選択します。

②《**ホーム**》タブ→《**編集**》グループの Σ▾ (合計) の ▾ →《**数値の個数**》をクリックします。

③「**最安値**」の列を選択します。

※「最安値」の列見出しの上側をポイントし、マウスポインターの形が ⬇ に変わったらクリックして指定します。

④数式バーに「=COUNT(価格調査[最安値])」と表示されていることを確認します。

⑤ Enter を押します。

第5回 模擬試験 問題

プロジェクト1

理解度チェック

☑☑☑☑☑ 問題(1) あなたは、日本酒の売上を分析します。
関数を使って、シート「取扱商品」の「蔵元情報」の列に、「新潟県-山河酒造店」のように「都道府県」と「蔵元名」を半角の「-(ハイフン)」でつないで表示してください。空白のセルが含まれたときは、「-(ハイフン)」が表示されないようにします。

☑☑☑☑☑ 問題(2) シート「取扱商品」のセル【I5】に利益を表示する数式を入力してください。利益は、「販売価格」から「仕入価格」を引いて求めます。次に、セル【I5】の数式と書式を、セル範囲【I6:I30】にコピーしてください。

☑☑☑☑☑ 問題(3) テーブル「売上一覧」から「仕入価格」の列を削除してください。テーブル以外には影響がないようにします。

☑☑☑☑☑ 問題(4) シート「第4四半期」の「No.」の列すべてに、1から始まる連続番号を入力してください。

☑☑☑☑☑ 問題(5) シート「第4四半期」のヘッダーを削除し、フッターの中央にページ番号を挿入してください。

☑☑☑☑☑ 問題(6) シート「種類別」のグラフに、レイアウト「レイアウト2」を適用してください。

☑☑☑☑☑ 問題(7) シート「京都府」「新潟県」「兵庫県」をグループにして、セル範囲【A4:E4】を「青、アクセント5」で塗りつぶしてください。設定後、グループを解除してください。

プロジェクト2

理解度チェック

☑☑☑☑☑ 問題(1) あなたは、ギフトセットの販売状況を分析します。
関数を使って、シート「7月」の「分類コード」の列に、「商品コード」の左端から3文字目を取り出して表示してください。

☑☑☑☑☑ 問題(2) シート「7月」のテーブルから、「ギフトセット名」が「セレクトギフト」のレコードを抽出してください。

☑☑☑☑☑ 問題(3) 名前「作成日」に移動し、データとすべての書式をクリアしてください。

☑☑☑☑☑ 問題(4) シート「売上集計」のグラフに、スタイル「スタイル3」を適用してください。

☑☑☑☑☑ 問題(5) ブックの互換性をチェックし、結果を新しいシートに表示してください。

プロジェクト3

理解度チェック

☑☑☑☑☑　問題(1)　あなたは、雑誌の売上部数や売上金額を集計します。
シート「月刊誌」の用紙サイズを「A4」、印刷の向きを「横」に変更してください。

☑☑☑☑☑　問題(2)　シート「月刊誌」のタイトル「月刊誌売上（2023年6月）」のセルの結合を解除してください。

☑☑☑☑☑　問題(3)　シート「月刊誌」のテーブルに集計行を追加し、「売上部数」と「売上金額」の平均を表示してください。

☑☑☑☑☑　問題(4)　ブック内から、文字列「K1901S」を検索してください。次に、検索した文字列「K1901S」のレコードをテーブルから削除してください。テーブル以外には影響がないようにします。

☑☑☑☑☑　問題(5)　シート「輸入雑誌」のテーブルの「価格（ドル）」の列に、会計の表示形式を設定してください。「$」記号を表示し、小数点以下2桁まで表示します。

☑☑☑☑☑　問題(6)　ドキュメントのプロパティの分類に「雑誌」と「売上」を設定してください。

 プロジェクト4

理解度チェック

☑☑☑☑☑　問題(1)　あなたは、レンタルスペースに関する資料を作成します。
シート「利用料」にある縦棒グラフの軸のデータを入れ替えて、横軸に利用目的が表示されるようにしてください。

☑☑☑☑☑　問題(2)　シート「予約状況」のC列の列幅を、D〜K列にコピーしてください。

☑☑☑☑☑　問題(3)　シート「予約状況」のセル【C4】に入力されている文字列を、セル範囲【C4：E4】の選択範囲内で中央に配置してください。セルは結合しないようにします。

☑☑☑☑☑　問題(4)　関数を使って、シート「フリーエリア利用実績」の38行目の「利用日数計」に、利用実績のある日数を表示してください。表の書式は変更しないようにします。

☑☑☑☑☑　問題(5)　ブックのアクセシビリティをチェックし、エラーを修正してください。おすすめアクションから、代替テキスト「レンタルスペースの写真」を設定します。

☑☑☑☑☑　問題(6)　シート「概要」の29行目と30行目の間に2行挿入してください。次に、セル【A30】に「・ホワイトボード」、セル【A31】に「・プロジェクター」と入力してください。

プロジェクト5

理解度チェック

☑☑☑☑☑ 問題(1) あなたは、靴販売店の新規会員について分析します。
シート「8月入会者」を横にスクロールしても、「会員番号」から「氏名」までの列が常に表示されるように設定してください。

☑☑☑☑☑ 問題(2) シート「8月入会者」のテーブルの一番右側の列を強調してください。書式は自動的に更新されるようにします。

☑☑☑☑☑ 問題(3) 関数を使って、シート「8月入会者」のセル範囲【K4:K6】に、8001から8027までのランダムな数値を表示してください。数値が重複する場合もあります。

☑☑☑☑☑ 問題(4) 関数を使って、シート「年度別入会者」の「平均」の列に、「2015年度」～「2022年度」の平均を表示してください。

☑☑☑☑☑ 問題(5) シート「年度別入会者」のセル範囲【A4:I10】をもとに、おすすめグラフを使って申込者数の推移を表す折れ線グラフを作成してください。横軸が年度のグラフを選択し、その他の設定は変更しないようにします。

プロジェクト6

理解度チェック

☑☑☑☑☑ 問題(1) あなたは、商品や顧客の情報をもとに請求書を作成します。
シート「商品」のセル範囲【C4:C15】に名前「商品名」を定義してください。

☑☑☑☑☑ 問題(2) シート「顧客」のセル【B3】を開始位置として、デスクトップのフォルダー「FOM Shuppan Documents」のフォルダー「MOS 365-Excel(2)」にあるテキストファイル「顧客」のデータをテーブルとしてインポートしてください。データソースの先頭行をテーブルの見出しとして使用します。次に、テーブルに「青, テーブルスタイル(中間)9」を適用してください。

☑☑☑☑☑ 問題(3) シート「売上」のテーブルを、「顧客番号」の昇順、「顧客番号」が同じ場合は「型番」の昇順、さらに「顧客番号」と「型番」が同じ場合は、「金額」の高い順に並べ替えてください。

☑☑☑☑☑ 問題(4) シート「請求書」のセル【G27】に、「税率対象合計」と「税率」を乗算する数式を入力してください。「税率対象合計」と「税率」は、値やセル参照ではなく、定義された名前を使います。

☑☑☑☑☑ 問題(5) シート「請求書」にあるメールアドレスに設定されたハイパーリンクを削除してください。

☑☑☑☑☑ 問題(6) シート「請求書」をPDFファイルとして「請求書」という名前でデスクトップのフォルダー「FOM Shuppan Documents」のフォルダー「MOS 365-Excel(2)」に保存してください。PDFファイルは開かないようにします。

第5回 模擬試験 標準解答

●解答は、標準的な操作手順で記載しています。
●📖は、問題を解くために必要な機能を解説しているページを示しています。

●プロジェクト1

問題(1) 📖 P.199

①シート「取扱商品」のセル【D5】に「=TEXTJOIN("-",TRUE,F5,E5)」と入力します。
②セル【D5】を選択し、セル右下の■(フィルハンドル)をダブルクリックします。

問題(2) 📖 P.171

①シート「取扱商品」のセル【I5】に「=H5−G5」と入力します。
②セル【I5】を選択し、セル右下の■(フィルハンドル)をダブルクリックします。

問題(3) 📖 P.29,153

①名前ボックスの✓をクリックし、一覧から「売上一覧」を選択します。
②シート「第4四半期」のテーブル「売上一覧」が選択されます。
※範囲選択を解除しておきましょう。
③「仕入価格」の列のセル【F4】を右クリックします。
※テーブル内の「仕入価格」の列のセルであれば、どこでもかまいません。
④《削除》→《テーブルの列》をクリックします。

問題(4) 📖 P.92

①シート「第4四半期」のセル【A5】に「1」を入力します。
②セル【A5】を選択し、セル右下の■(フィルハンドル)をダブルクリックします。
③🔳▾(オートフィルオプション)をクリックし、一覧から《連続データ》を選択します。

問題(5) 📖 P.37

①シート「第4四半期」が表示されていることを確認します。
②《挿入》タブ→《テキスト》グループの🔲(ヘッダーとフッター)をクリックします。
※《テキスト》グループが折りたたまれている場合は、展開して操作します。
③ヘッダーの右側をクリックします。
※ヘッダーに入力されている文字列が選択されます。

④Deleteを押します。
⑤《ヘッダーとフッター》タブ→《ナビゲーション》グループの🔲(フッターに移動)をクリックします。
⑥フッターの中央をクリックします。
⑦《ヘッダーとフッター》タブ→《ヘッダー/フッター要素》グループの🔲(ページ番号)をクリックします。
※「&[ページ番号]」と表示されます。
⑧ヘッダー、フッター以外の場所をクリックします。

問題(6) 📖 P.225

①シート「種類別」のグラフを選択します。
②《グラフのデザイン》タブ→《グラフのレイアウト》グループの🔲(クイックレイアウト)→《レイアウト2》をクリックします。

問題(7) 📖 P.117

①シート「京都府」のシート見出しをクリックします。
②Shiftを押しながら、シート「兵庫県」のシート見出しをクリックします。
③セル範囲【A4:E4】を選択します。
④《ホーム》タブ→《フォント》グループの🔲▾(塗りつぶしの色)の✓→《テーマの色》の《青、アクセント5》をクリックします。
⑤グループ以外のシート見出しをクリックします。

●プロジェクト2

問題(1) 📖 P.194

①シート「7月」のセル【E4】に「=MID([@商品コード],3,1)」と入力します。
※「[@商品コード]」は、セル【D4】を選択して指定します。
※フィールド内の残りのセルにも自動的に数式が作成されます。

問題(2) 📖 P.163

①シート「7月」の「ギフトセット名」の▾をクリックします。
②《(すべて選択)》を☐にします。
③「セレクトギフト」を☑にします。
④《OK》をクリックします。
※13件のレコードが抽出されます。

問題(3)

📖 P.29,116

①名前ボックスの⌄をクリックし、一覧から「**作成日**」を選択します。

②シート「**売上集計**」のセル【**F2**】が選択されます。

③《**ホーム**》タブ→《**編集**》グループの◇⌄(クリア)→《**すべてクリア**》をクリックします。

問題(4)

📖 P.226

①シート「**売上集計**」のグラフを選択します。

②《**グラフのデザイン**》タブ→《**グラフスタイル**》グループの▽→《**スタイル3**》をクリックします。

問題(5)

📖 P.72

①《**ファイル**》タブを選択します。

②《**情報**》→《**問題のチェック**》→《**互換性チェック**》をクリックします。

③《**新しいシートにコピー**》をクリックします。

●プロジェクト3

問題(1)

📖 P.35

①シート「**月刊誌**」が表示されていることを確認します。

②《**ページレイアウト**》タブ→《**ページ設定**》グループの📄(ページサイズの選択)→《**A4**》をクリックします。

③《**ページレイアウト**》タブ→《**ページ設定**》グループの📄(ページの向きを変更)→《**横**》をクリックします。

※印刷イメージを確認しておきましょう。

問題(2)

📖 P.104

①シート「**月刊誌**」のセル【**A1**】を選択します。

②《**ホーム**》タブ→《**配置**》グループの📧⌄(セルを結合して中央揃え)の⌄→《**セル結合の解除**》をクリックします。

問題(3)

📖 P.158

①シート「**月刊誌**」のセル【**A3**】を選択します。

※テーブル内のセルであれば、どこでもかまいません。

②《**テーブルデザイン**》タブ→《**テーブルスタイルのオプション**》グループの《**集計行**》を✔にします。

③集計行の「**売上部数**」のセル【**D16**】を選択します。

④▽をクリックし、一覧から《**平均**》を選択します。

⑤集計行の「**売上金額**」のセル【**E16**】を選択します。

⑥▽をクリックし、一覧から《**平均**》を選択します。

問題(4)

📖 P.27,153

①《**ホーム**》タブ→《**編集**》グループの🔍(検索と選択)→《**検索**》をクリックします。

②《**検索**》タブを選択します。

③問題文の「**K1901S**」をクリックして、コピーします。

④《**検索する文字列**》をクリックして、カーソルを表示します。

⑤「**Ctrl**」+「**V**」を押して貼り付けます。

※《**検索する文字列**》に直接入力してもかまいません。

⑥《**オプション**》をクリックして、詳細を表示します。

⑦《**検索場所**》の⌄をクリックし、一覧から《**ブック**》を選択します。

⑧《**すべて検索**》をクリックします。

⑨検索結果の一覧に、シート「**増刊号**」のセル【**A4**】が表示されていることを確認します。

⑩シート「**増刊号**」のセル【**A4**】が選択されていることを確認します。

⑪《**閉じる**》をクリックします。

⑫シート「**増刊号**」のセル【**A4**】を右クリックします。

※4行目のテーブル内のセルであれば、どこでもかまいません。

⑬《**削除**》→《**テーブルの行**》をクリックします。

問題(5)

📖 P.109

①シート「**輸入雑誌**」の「**価格(ドル)**」の列を選択します。

※「価格(ドル)」の列見出しの上側をポイントし、マウスポインターの形が↓に変わったらクリックして選択します。

②《**ホーム**》タブ→《**数値**》グループの🔲(表示形式)をクリックします。

③《**表示形式**》タブを選択します。

④《**分類**》の一覧から《**会計**》を選択します。

⑤《**記号**》の⌄をクリックし、一覧から《**$**》を選択します。

⑥《**小数点以下の桁数**》が「**2**」になっていることを確認します。

⑦《**OK**》をクリックします。

問題(6)

📖 P.51

①《**ファイル**》タブを選択します。

②《**情報**》をクリックします。

③問題文の「**雑誌**」をクリックして、コピーします。

④《**分類の追加**》をクリックして、カーソルを表示します。

⑤「**Ctrl**」+「**V**」を押して貼り付けます。

※《**分類の追加**》に直接入力してもかまいません。

⑥「**;**」を入力します。

※「;(セミコロン)」は半角で入力します。

⑦問題文の「**売上**」をクリックして、コピーします。

⑧「**雑誌;**」の後ろをクリックして、カーソルを表示します。

⑨「**Ctrl**」+「**V**」を押して貼り付けます。

⑩《**分類の追加**》以外の場所をクリックします。

模擬試験プログラムの使い方

第1回模擬試験

第2回模擬試験

第3回模擬試験

第4回模擬試験

第5回模擬試験

●プロジェクト4

問題 (1)　📖 P.213

①シート「利用料」のグラフを選択します。

②《グラフのデザイン》タブ→《データ》グループの [行/列の切り替え] (行/列の切り替え) をクリックします。

問題 (2)　📖 P.83

①シート「予約状況」の列番号【C】を選択します。

②《ホーム》タブ→《クリップボード》グループの [📋] (コピー) をクリックします。

③列番号【D:K】を選択します。

④《ホーム》タブ→《クリップボード》グループの [📋] (貼り付け) の [📋] →《形式を選択して貼り付け》をクリックします。

⑤《列幅》を ⦿ にします。

⑥《OK》をクリックします。

問題 (3)　📖 P.109,110

①シート「予約状況」のセル範囲【C4:E4】を選択します。

②《ホーム》タブ→《配置》グループの [🔲] (配置の設定) をクリックします。

③《配置》タブを選択します。

④《横位置》の [∨] をクリックし、一覧から《選択範囲内で中央》を選択します。

⑤《OK》をクリックします。

問題 (4)　📖 P.92,185

①シート「フリーエリア利用実績」のセル【C38】を選択します。

②《ホーム》タブ→《編集》グループの [Σ∨] (合計) の [∨] →《数値の個数》をクリックします。

③数式バーに「=COUNT(C32:C37)」と表示されていることを確認します。

④セル範囲【C6:C36】を選択します。

⑤数式バーに「=COUNT(C6:C36)」と表示されていることを確認します。

⑥ [Enter] を押します。

⑦セル【C38】を選択し、セル右下の■ (フィルハンドル) をセル【E38】までドラッグします。

⑧ [📋∨] (オートフィルオプション) をクリックし、一覧から《書式なしコピー (フィル)》を選択します。

問題 (5)　📖 P.70

①《ファイル》タブを選択します。

②《情報》→《問題のチェック》→《アクセシビリティチェック》をクリックします。

③《エラー》の《不足オブジェクトの説明》をクリックします。

※お使いの環境によっては、《代替テキストがありません》と表示される場合があります。

④《図1 (概要)》をクリックします。

⑤シート《概要》の図が選択されていることを確認します。

⑥《おすすめアクション》の《説明を追加》をクリックします。

⑦問題文の「レンタルスペースの写真」をクリックして、コピーします。

⑧《代替テキスト》作業ウィンドウのボックスをクリックして、カーソルを表示します。

⑨ [Ctrl] + [V] を押して貼り付けます。

※ボックスに直接入力してもかまいません。

※《代替テキスト》と《アクセシビリティ》作業ウィンドウを閉じておきましょう。

問題 (6)　📖 P.87

①シート「概要」の行番号【30:31】を選択します。

②選択した範囲を右クリックします。

③《挿入》をクリックします。

④問題文の「・ホワイトボード」をクリックして、コピーします。

⑤セル【A30】を選択します。

⑥ [Ctrl] + [V] を押して貼り付けます。

※セル【A30】に直接入力してもかまいません。

⑦問題文の「・プロジェクター」をクリックして、コピーします。

⑧セル【A31】を選択します。

⑨ [Ctrl] + [V] を押して貼り付けます。

※セル【A31】に直接入力してもかまいません。

●プロジェクト5

問題 (1)　📖 P.43

①シート「8月入会者」のA～C列が表示されていることを確認します。

②列番号【D】を選択します。

③《表示》タブ→《ウィンドウ》グループの [ウィンドウ枠の固定∨] (ウィンドウ枠の固定) →《ウィンドウ枠の固定》をクリックします。

問題 (2)　📖 P.157

①シート「8月入会者」のセル【A3】を選択します。

※テーブル内のセルであれば、どこでもかまいません。

②《テーブルデザイン》タブ→《テーブルスタイルのオプション》グループの《最後の列》を [✔] にします。

問題(3)

📖 P.96

①シート「8月入会者」のセル【K4】に「=RANDBETWEEN(8001,8027)」と入力します。
※数値はランダムに表示されます。
②セル【K4】を選択し、セル右下の■(フィルハンドル)をダブルクリックします。

問題(4)

📖 P.180

①シート「年度別入会者」のセル【K5】を選択します。
②《ホーム》タブ→《編集》グループの [Σ▼](合計)の[▼]→《平均》をクリックします。
③数式バーに「=AVERAGE(B5:J5)」と表示されていることを確認します。
④セル範囲【B5:I5】を選択します。
⑤数式バーに「=AVERAGE(B5:I5)」と表示されていることを確認します。
⑥[Enter]を押します。
⑦セル【K5】を選択し、セル右下の■(フィルハンドル)をダブルクリックします。

問題(5)

📖 P.209

①シート「年度別入会者」のセル範囲【A4:I10】を選択します。
②《挿入》タブ→《グラフ》グループの[📊](おすすめグラフ)をクリックします。
③《おすすめグラフ》タブを選択します。
④左側の一覧から、横軸に年度が表示されている折れ線グラフを選択します。
⑤《OK》をクリックします。

●プロジェクト6

問題(1)

📖 P.120

①シート「商品」のセル範囲【C4:C15】を選択します。
②問題文の「**商品名**」をクリックして、コピーします。
③名前ボックスをクリックして、文字列を選択します。
④[Ctrl]+[V]を押して貼り付けます。
※名前ボックスに直接入力してもかまいません。
⑤[Enter]を押します。

問題(2)

📖 P.17,151

①シート「顧客」のセル【B3】を選択します。
②《データ》タブ→《データの取得と変換》グループの[📄](テキストまたはCSVから)をクリックします。

③デスクトップのフォルダー「**FOM Shuppan Documents**」のフォルダー「**MOS 365-Excel(2)**」を開きます。
④一覧から「**顧客**」を選択します。
⑤《**インポート**》をクリックします。
⑥データの先頭行が見出しになっていないことを確認します。
⑦《**データの変換**》をクリックします。
⑧《**ホーム**》タブ→《**変換**》グループの [🔲 1行目をヘッダーとして使用](1行目をヘッダーとして使用)をクリックします。
⑨データの先頭行が見出しとして設定されたことを確認します。
⑩《**ホーム**》タブ→《**閉じる**》グループの[📄](閉じて読み込む)の[📄]→《**閉じて次に読み込む**》をクリックします。
⑪《**テーブル**》が◉になっていることを確認します。
⑫《**既存のワークシート**》を◉にします。
⑬「=$B$3」と表示されていることを確認します。
⑭《**OK**》をクリックします。
⑮《**テーブルデザイン**》タブ→《**テーブルスタイル**》グループの[▼]→《**中間**》の《**青,テーブルスタイル(中間)9**》をクリックします。
※《クエリと接続》作業ウィンドウを閉じておきましょう。

問題(3)

📖 P.160

①シート「売上」のセル【B3】を選択します。
※テーブル内のセルであれば、どこでもかまいません。
②《**データ**》タブ→《**並べ替えとフィルター**》グループの[🔽](並べ替え)をクリックします。
③《**最優先されるキー**》の《**列**》の[▽]をクリックし、一覧から「**顧客番号**」を選択します。
④《**並べ替えのキー**》の[▽]をクリックし、一覧から《**セルの値**》を選択します。
⑤《**順序**》の[▽]をクリックし、一覧から《**昇順**》を選択します。
⑥《**レベルの追加**》をクリックします。
⑦《**次に優先されるキー**》の《**列**》の[▽]をクリックし、一覧から「**型番**」を選択します。
⑧《**並べ替えのキー**》の[▽]をクリックし、一覧から《**セルの値**》を選択します。
⑨《**順序**》の[▽]をクリックし、一覧から《**昇順**》を選択します。
⑩《**レベルの追加**》をクリックします。
⑪《**次に優先されるキー**》の《**列**》の[▽]をクリックし、一覧から「**金額**」を選択します。
⑫《**並べ替えのキー**》の[▽]をクリックし、一覧から《**セルの値**》を選択します。
⑬《**順序**》の[▽]をクリックし、一覧から《**大きい順**》を選択します。
⑭《**OK**》をクリックします。

問題 (4)　📖 P.125

①シート「**請求書**」のセル【**G27**】を選択します。

②《**数式**》タブ→《**定義された名前**》グループの〔*fx* 数式で使用 ▾〕
（数式で使用）→《**税率対象合計**》をクリックします。

③続けて、「**＊**」を入力します。

④《**数式**》タブ→《**定義された名前**》グループの〔*fx* 数式で使用 ▾〕
（数式で使用）→《**税率**》をクリックします。

⑤数式バーに「**＝税率対象合計＊税率**」と表示されていること
を確認します。

⑥〔**Enter**〕を押します。

問題 (5)　📖 P.31

①シート「**請求書**」のセル【**F9**】を右クリックします。

②《**ハイパーリンクの削除**》をクリックします。

※表示されていない場合は、スクロールして調整します。

問題 (6)　📖 P.63

①シート「**請求書**」が表示されていることを確認します。

②《**ファイル**》タブを選択します。

③《**エクスポート**》→《**PDF/XPSドキュメントの作成**》→《**PDF/
XPSの作成**》をクリックします。

④デスクトップのフォルダー「**FOM Shuppan Documents**」
のフォルダー「**MOS 365-Excel（2）**」を開きます。

⑤問題文の「**請求書**」をクリックして、コピーします。

⑥《**ファイル名**》の文字列を選択します。

⑦〔**Ctrl**〕＋〔**V**〕を押して貼り付けます。

※《ファイル名》に直接入力してもかまいません。

⑧《**ファイルの種類**》の〔▾〕をクリックし、一覧から《**PDF**》を選
択します。

⑨《**発行後にファイルを開く**》を〔　〕にします。

⑩《**発行**》をクリックします。

MOS Excel 365

MOS 365
攻略ポイント

1 | MOS 365の試験形式

Excelの機能や操作方法をマスターするだけでなく、試験そのものについても理解を深めておきましょう。

1 マルチプロジェクト形式とは

MOS 365は、「**マルチプロジェクト形式**」という試験形式で実施されます。
このマルチプロジェクト形式を図解で表現すると、次のようになります。

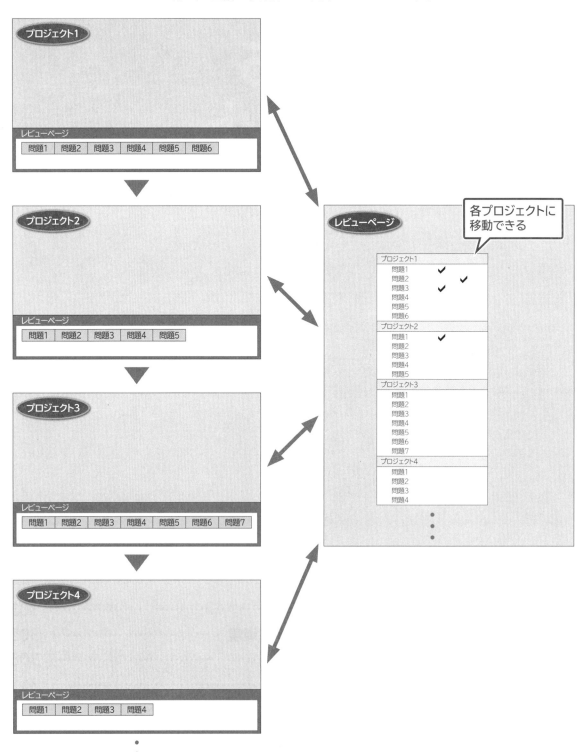

■プロジェクト

「マルチプロジェクト」の「マルチ」は"複数"という意味で、「プロジェクト」は"操作すべきファイル"を指しています。マルチプロジェクトは、言い換えると、"操作すべき複数のファイル"となります。
複数のファイルを操作して、すべて完成させていく試験、それがMOS 365の試験形式です。
1回の試験で出題されるプロジェクト数、つまりファイル数は、5〜10個程度です。各プロジェクトはそれぞれ独立しており、1つ目のプロジェクトで行った操作が、2つ目以降のプロジェクトに影響することはありません。

「プロジェクト＝ファイル」
と考えると、いいんだね！

また、1つのプロジェクトには、1〜7個程度の問題（タスク）が用意されています。問題には、ファイルに対してどのような操作を行うのか、具体的な指示が記述されています。

■レビューページ

すべてのプロジェクトから、「レビューページ」と呼ばれるプロジェクトの一覧に移動できます。レビューページから、未解答の問題や見直したい問題に戻ることができます。

レビューページから
見直しができるんだね！

2 | MOS 365の画面構成と試験環境

本試験の画面構成や試験環境について、受験前に不安や疑問を解消しておきましょう。

1 | 本試験の画面構成を確認しよう

MOS 365の試験画面については、模擬試験プログラムと異なる部分を確認しましょう。
本試験は、次のような画面で行われます。

（株式会社オデッセイコミュニケーションズ提供）

❶アプリケーションウィンドウ

実際のアプリケーションが起動するウィンドウです。開いたファイルに対して操作を行います。
アプリケーションウィンドウは、サイズ変更や移動が可能です。

❷試験パネル

解答に必要な指示事項が記載されたウィンドウです。試験パネルは、サイズ変更が可能です。

❸ ⚙

試験パネルの文字のサイズの変更や、電卓を表示できます。
※文字のサイズは、キーボードからも変更できます。
※模擬試験プログラムでは電卓は表示できません。

❹レビューページ

レビューページに移動できます。
※レビューページに移動する前に確認のメッセージが表示されます。

❺ 次のプロジェクト

次のプロジェクトに移動できます。

※次のプロジェクトに移動する前に確認のメッセージが表示されます。

❻ [⬇]

試験パネルを最小化します。

❼ [🖥]

アプリケーションウィンドウや試験パネルをサイズ変更したり移動したりした場合に、ウィンドウの配置を元に戻します。

❽ 解答済みにする

解答済みの問題にマークを付けることができます。レビューページで、マークの有無を確認できます。

❾ あとで見直す

わからない問題や解答に自信がない問題に、マークを付けることができます。レビューページで、マークの有無を確認できるので、見直す際の目印になります。

❿ 試験後にコメントする

コメントを残したい問題に、マークを付けることができます。試験中に気になる問題があれば、マークを付けておき、試験後にその問題に対するコメントを入力できます。試験主幹元のMicrosoftにコメントが配信されます。

※模擬試験プログラムには、この機能がありません。

本試験の画面について

本試験の画面は、試験システムの変更などで、予告なく変更される可能性があります。本試験を開始すると、問題が出題される前に試験に関する注意事項（チュートリアル）が表示されます。注意事項には、試験画面の操作方法や諸注意などが記載されているので、よく読んで不明な点があれば試験会場の試験官に確認しましょう。

本試験の最新情報については、MOS公式サイト（https://mos.odyssey-com.co.jp/）をご確認ください。

---

2 本試験の実施環境を確認しよう

普段使い慣れている自分のパソコン環境と、試験のパソコン環境がどれくらい違うのか、受験前に確認しておきましょう。

●コンピューター

本試験では、原則的にデスクトップ型のパソコンが使われます。ノートブック型のパソコンは使われないので、普段ノートブック型を使っている人は注意が必要です。デスクトップ型とノートブック型では、矢印キーや [Delete] など一部のキーの配列が異なるので、慣れていないと使いにくいと感じるかもしれません。普段から本試験と同じ型のキーボードで練習するとよいでしょう。

●日本語入力システム

本試験の日本語入力システムは、「**Microsoft IME**」が使われます。Windowsには、Microsoft IMEが標準で搭載されているため、多くの人が意識せずにMicrosoft IMEを使い、その入力方法に慣れているはずです。しかし、ATOKなどその他の日本語入力システムを使っている人は、入力方法が異なるので注意が必要です。普段から本試験と同じ日本語入力システムで練習するとよいでしょう。

●キーボード

本試験では、「109型」または「106型」のキーボードが使われます。自分のキーボードと比べて確認しておきましょう。

109型キーボード

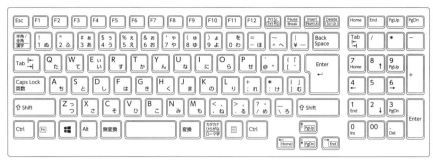

※「106型キーボード」には、⊞と▤のキーがありません。

●ディスプレイ

本試験では、17インチ以上、「1280×1024ピクセル」以上の解像度のディスプレイが使われます。ディスプレイの解像度によって変わるのは、リボン内のボタンのサイズや配置です。例えば、「1280×768ピクセル」と「1920×1080ピクセル」で比較すると、次のようにボタンのサイズや配置が異なります。

1280×768ピクセル

1920×1080ピクセル

自分のパソコンと試験会場のパソコンのディスプレイの解像度が異なっても、ボタンの配置に大きな変わりはありません。ボタンのサイズが変わっても対処できるように、ボタンの大体の配置を覚えておくようにしましょう。

3 MOS 365の攻略ポイント

本試験に取り組む際に、どうすれば効果的に解答できるのか、どうすればうっかりミスをなくすことができるのかなど、気を付けたいポイントを確認しましょう。

1 全体のプロジェクト数と問題数を確認しよう

試験が始まったら、まず、全体のプロジェクト数と問題数を確認しましょう。
出題されるプロジェクト数は5～10個程度で、試験パターンによって変わります。また、レビューページを表示すると、プロジェクト内の問題数も確認できます。

2 時間配分を考えよう

全体のプロジェクト数を確認したら、適切な時間配分を考えましょう。
タイマーにときどき目をやり、進み具合と残り時間を確認しながら進めましょう。

終盤の問題で焦らないために、40分前後ですべての問題に解答できるようにトレーニングしておくとよいでしょう。残った時間を見直しに充てるようにすると、気持ちが楽になります。

【例】
全体のプロジェクト数が6個の場合

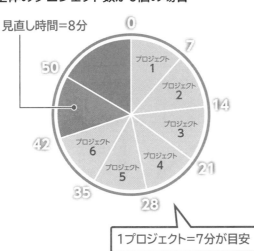

1プロジェクト＝7分が目安

【例】
全体のプロジェクト数が8個の場合

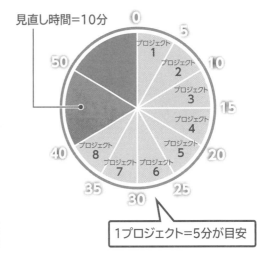

1プロジェクト＝5分が目安

3 　問題をよく読もう

問題をよく読み、指示されている操作だけを行います。
操作に精通していると過信している人は、問題をよく読まずに先走ったり、指示されている以上の操作までしてしまったり、という過ちをおかしがちです。指示されていない余分な操作をしてはいけません。
また、コマンド名や関数名が明示されていない問題も出題されます。問題をしっかり読んでどのコマンド、どの関数を使うのか判断しましょう。

4 　問題の文字をコピーしよう

問題の一部には下線の付いた文字があります。この文字はクリックするとコピーされ、アプリケーションウィンドウ内に貼り付けることができます。
操作が正しくても、入力した文字が間違っていたら不正解になります。
入力ミスを防ぎ、効率よく解答するためにも、問題の文字のコピーを利用しましょう。

5 　レビューページを活用しよう

試験パネルには《レビューページ》のボタンがあり、クリックするとレビューページに移動できます。
また、最後のプロジェクトで《次のプロジェクト》をクリックしても、レビューページが表示されます。
例えば、「プロジェクト1」から「プロジェクト2」に移動したあとで、「プロジェクト1」での操作ミスに気付いたときなどに、レビューページを使って「プロジェクト1」に戻り、操作をやり直すことが可能です。レビューページから前のプロジェクトに戻った場合、自分の解答済みのファイルが保持されています。

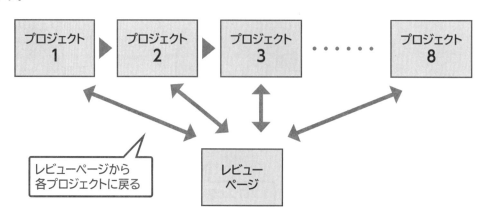

6 わかる問題から解答しよう

レビューページから各プロジェクトに戻ることができるので、わからない問題にはあとから取り組むようにしましょう。前半でわからない問題に時間をかけすぎると、後半で時間不足に陥ってしまいます。時間がなくなると、焦ってしまい、冷静に考えれば解ける問題にも対処できなくなります。わかる問題をひととおり解いて確実に得点を積み上げましょう。

解答できなかった問題には《あとで見直す》のマークを付けておき、見直す際の目印にしましょう。

7 リセットに注意しよう

《リセット》をクリックすると、現在表示されているプロジェクトのファイルが初期状態に戻ります。プロジェクトに対して行ったすべての操作がクリアされるので、注意しましょう。

例えば、問題1と問題2を解答し、問題3で操作ミスをしてリセットすると、問題1や問題2の結果もクリアされます。問題1や問題2の結果を残しておきたい場合には、リセットしてはいけません。

直前の操作を取り消したい場合には、Excelの $\boxed{⤺}$（元に戻す）を使うとよいでしょう。ただし、元に戻らない機能もあるので、頼りすぎるのは禁物です。

8 次のプロジェクトに進む前に選択を解除しよう

セルに文字や数式を入力・編集中の状態や、グラフやスパークラインなどを選択している状態で次のプロジェクトに進もうとすると、注意を促すメッセージが表示される場合があります。メッセージが表示されている間も試験のタイマーは止まりません。

試験時間を有効に使うためにも、セルが入力・編集中でないこと、グラフやスパークラインなどが選択されていないことを確認してから、《次のプロジェクト》をクリックするとよいでしょう。

4 | 試験当日の心構え

本試験で緊張したり焦ったりして、本来の実力が発揮できなかった、という話がときどき聞かれます。本試験ではシーンと静まり返った会場に、キーボードをたたく音だけが響き渡り、思った以上に緊張したり焦ったりするものです。ここでは、試験当日に落ち着いて試験に臨むための心構えを解説します。

1 | 自分のペースで解答しよう

試験会場にはほかの受験者もいますが、他人は気にせず自分のペースで解答しましょう。
受験者の中にはキー入力がとても速い人、早々に試験を終えて退出する人など様々な人がいますが、他人のスピードで焦ることはありません。30分で試験を終了しても、50分で試験を終了しても採点結果に差はありません。自分のペースを大切にして、試験時間50分を上手に使いましょう。

2 | 試験日に合わせて体調を整えよう

試験日の体調には、くれぐれも注意しましょう。体の調子が悪くて受験できなかったり、体調不良のまま受験しなければならなかったりすると、それまでの努力が水の泡になってしまいます。試験を受け直すとしても、費用が再度発生してしまいます。試験に向けて無理をせず、計画的に学習を進めましょう。また、前日には十分な睡眠を取り、当日は食事も十分に摂りましょう。

3 | 早めに試験会場に行こう

事前に試験会場までの行き方や所要時間は調べておき、試験当日に焦ることのないようにしましょう。
受付時間を過ぎると入室禁止になるので、ギリギリの行動はよくありません。早めに試験会場に行って、受付の待合室でテキストを復習するくらいの時間的な余裕をみて行動しましょう。

MOS Excel 365

困ったときには

最新のQ&A情報について

最新のQ&A情報については、FOM出版のホームページから「QAサポート」→「よくあるご質問」をご確認ください。

※FOM出版のホームページへのアクセスについては、P.11を参照してください。

Q&A　模擬試験プログラムのアップデート

1　WindowsやOfficeがアップデートされた場合などに、模擬試験プログラムの内容は変更されますか？

模擬試験プログラムはアップデートする可能性があります。最新情報については、FOM出版のホームページをご確認ください。

※FOM出版のホームページへのアクセスについては、P.11を参照してください。

また、模擬試験プログラムから、FOM出版のホームページを表示して、更新プログラムに関する最新情報を確認することもできます。

模擬試験プログラムから更新プログラムに関する最新情報を確認する方法は、次のとおりです。

※インターネットに接続できる環境が必要です。

---

① 模擬試験プログラムを起動します。
② スタートメニューの《バージョン情報》をクリックします。
③ 《更新プログラムの確認》をクリックします。
④ ブラウザーが起動し、FOM出版の更新プログラムに関するホームページが表示されます。

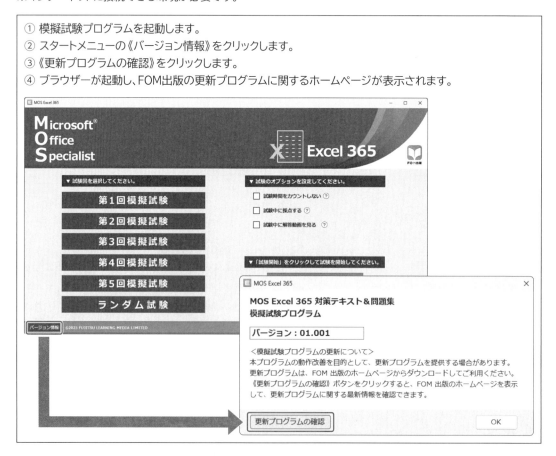

---

2 模擬試験を開始しようとすると、メッセージが表示され、模擬試験プログラムが起動しません。
どうしたらいいですか？

各メッセージと対処方法は次のとおりです。

メッセージ	対処方法
「MOS Excel 365対策テキスト&問題集」の模擬試験プログラムをダウンロードしていただき、ありがとうございます。 本プログラムは、「MOS Excel 365対策テキスト&問題集」の書籍に関する質問（3問）に正解するとご利用いただけます。 《次へ》をクリックして、質問画面を表示してください。	模擬試験プログラムを初めて起動する場合に、このメッセージが表示されます。2回目以降に起動する際には表示されません。 ※模擬試験プログラムの起動方法については、P.245を参照してください。
Excelが起動している場合、模擬試験を起動できません。 Excelを終了してから模擬試験プログラムを起動してください。	模擬試験プログラムを終了して、Excelを終了してください。Excelが起動している場合、模擬試験プログラムを起動できません。
OneDriveと同期していると、模擬試験プログラムが正常に動作しない可能性があります。 OneDriveの同期を一時停止してから模擬試験プログラムを起動してください。	デスクトップとOneDriveが同期している環境で、模擬試験プログラムを起動しようとすると、このメッセージが表示されます。OneDriveの同期を一時停止してから模擬試験プログラムを起動してください。 一時停止中もメッセージは表示されますが、《OK》をクリックして、模擬試験プログラムをご利用ください。 ※OneDriveとの同期を一時停止する方法については、Q&A21を参照してください。
PowerPointが起動している場合、模擬試験を起動できません。 PowerPointを終了してから模擬試験プログラムを起動してください。	模擬試験プログラムを終了して、PowerPointを終了してください。PowerPointが起動している場合、模擬試験プログラムを起動できません。
Wordが起動している場合、模擬試験を起動できません。 Wordを終了してから模擬試験プログラムを起動してください。	模擬試験プログラムを終了して、Wordを終了してください。 Wordが起動している場合、模擬試験プログラムを起動できません。
ディスプレイの解像度が動作環境（1280×768px）より小さいためプログラムを起動できません。 ディスプレイの解像度を変更してから模擬試験プログラムを起動してください。	模擬試験プログラムを終了して、ディスプレイの解像度を「1280×768ピクセル」以上に設定してください。 ※ディスプレイの解像度については、Q&A18を参照してください。
パソコンにMicrosoft 365がインストールされていないため、模擬試験を開始できません。プログラムを一旦終了して、パソコンにインストールしてください。	模擬試験プログラムを終了して、Microsoft 365をインストールしてください。 模擬試験を行うためには、Microsoft 365がパソコンにインストールされている必要があります。ほかのバージョンのExcelでは模擬試験を行うことはできません。 また、Microsoft 365のライセンス認証を済ませておく必要があります。 ※Microsoft 365がインストールされていないパソコンでも模擬試験プログラムの解答動画は確認できます。動画の視聴には、インターネットに接続できる環境が必要です。
他のアプリケーションソフトが起動しています。模擬試験プログラムを起動できますが、正常に動作しない可能性があります。 このまま処理を続けますか？	任意のアプリケーションが起動している状態で、模擬試験プログラムを起動しようとすると、このメッセージが表示されます。また、セキュリティソフトなどの監視プログラムが常に動作している状態でも、このメッセージが表示されることがあります。 《はい》をクリックすると、アプリケーション起動中でも模擬試験プログラムを起動できます。ただし、その場合には模擬試験プログラムが正しく動作しない可能性がありますので、ご注意ください。 《いいえ》をクリックして、アプリケーションをすべて終了してから、模擬試験プログラムを起動することを推奨します。

メッセージ	対処方法
保持していた認証コードが異なります。再認証してください。	初めて模擬試験プログラムを起動したときと、お使いのパソコンが異なる場合に表示される可能性があります。認証コードを再入力してください。 ※再入力しても起動しない場合は、認証コードを削除してください。認証コードの削除については、Q&A15を参照してください。
模擬試験プログラムは、すでに起動しています。模擬試験プログラムが起動していないか、または別のユーザーがサインインして模擬試験プログラムを起動していないかを確認してください。	すでに模擬試験プログラムを起動している場合に、このメッセージが表示されます。模擬試験プログラムが起動していないか、または別のユーザーがサインインして模擬試験プログラムを起動していないかを確認してください。1台のパソコンで同時に複数の模擬試験プログラムを起動することはできません。

※メッセージは五十音順に記載しています。

Q&A　模擬試験中のトラブル

3 模擬試験中にダイアログボックスを表示すると、問題ウィンドウのボタンや問題が隠れて見えなくなります。どうしたらいいですか？

ディスプレイの解像度によって、問題ウィンドウのボタンや問題が見えなくなる場合があります。ダイアログボックスのサイズや位置を変更して調整してください。

4 模擬試験の解答動画を表示すると、「接続に失敗しました。ネットワーク環境を確認してください。」と表示されました。どうしたらいいですか？

解答動画を視聴するには、インターネットに接続した環境が必要です。インターネットに接続した状態で、再度、解答動画を表示してください。

5 模擬試験の解答動画で音声が聞こえません。どうしたらいいですか？

次の内容を確認してください。

●音声ボタンがオフになっていませんか？
解答動画の音声が 🔇 になっている場合は、クリックして 🔊 にします。

●音量がミュートになっていませんか？
タスクバーの音量を確認し、ミュートになっていないか確認します。

●スピーカーまたはヘッドホンが正しく接続されていますか？
音声を聞くには、スピーカーまたはヘッドホンが必要です。接続や電源を確認します。

6 模擬試験中に解答動画を表示すると、Excelウィンドウで操作ができません。どうしたらいいですか？

模擬試験中に解答動画を表示すると、Excelウィンドウで解答操作を行うことはできません。解答動画を終了してから、解答操作を行ってください。
解答動画を見ながら操作したい場合は、スマートフォンやタブレットで解答動画を表示してください。
※スマートフォンやタブレットで解答動画を表示する方法は、表紙の裏側の「特典のご利用方法」を参照してください。

7 **標準解答どおりに操作しても正解にならない箇所があります。なぜですか？**

模擬試験プログラムの動作は、2023年6月時点の次の環境で確認しております。
・Windows 11（バージョン22H2　ビルド22621.1848）
・Microsoft 365（バージョン2305　ビルド16.0.16501.20074）

今後のWindowsやMicrosoft 365のアップデートによって機能が更新された場合には、模擬試験プログラムの採点が正しく行われない可能性があります。
※本書の最新情報については、P.11に記載されているFOM出版のホームページにアクセスして確認してください。

Windows 11のバージョンは、次の手順で確認します。

① ■（スタート）をクリックします。
②《設定》をクリックします。
③ 左側の一覧から《システム》を選択します。
※ウィンドウを最大化しておきましょう。
④《バージョン情報》をクリックします。

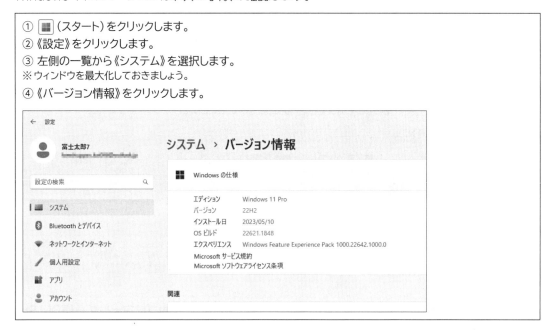

Microsoft 365のバージョンは、次の手順で確認します。

① Excelを起動し、ブックを表示します。
②《ファイル》タブを選択します。
③《アカウント》をクリックします。
④《Excelのバージョン情報》をクリックします。
⑤ 1行目の「Microsoft Excel for Microsoft 365 MSO」の後ろに続く括弧内の数字を確認します。

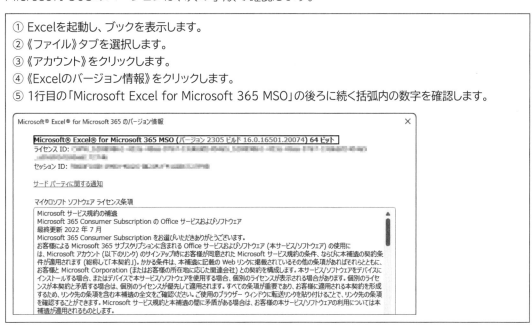

8 模擬試験中に画面が動かなくなりました。どうしたらいいですか？

模擬試験プログラムとExcelを次の手順で強制終了します。

---
① [Ctrl] + [Alt] + [Delete] を押します。
② 《タスクマネージャー》をクリックします。
③ 《アプリ》の一覧から《MOS Excel 365 模擬試験プログラム》を選択します。
④ 《タスクを終了する》をクリックします。
※終了に時間がかかる場合があります。一覧から消えたことを確認してから、次の操作に進んでください。
⑤ 《アプリ》の一覧から《Microsoft Excel》を選択します。
⑥ 《タスクを終了する》をクリックします。

強制終了後、模擬試験プログラムを再起動すると、次のようなメッセージが表示されます。
《復元して起動》をクリックすると、ファイルを最後に上書き保存したときの状態から試験を再開できます。また、試験の残り時間は、強制終了した時点からカウントが再開されます。
※ファイルを保存したタイミングや操作していた内容によっては、すべての内容が復元されない場合があります。
その場合は、再度、模擬試験を実施してください。

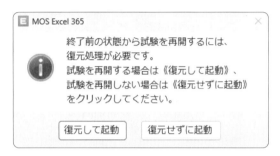

9 模擬試験プログラムを強制終了したら、デスクトップにフォルダー「FOM Shuppan Documents」が作成されていました。このフォルダーは何ですか？

模擬試験プログラムを起動すると、デスクトップに「**FOM Shuppan Documents**」というフォルダーが作成されます。模擬試験実行中は、そのフォルダーにファイルを保存したり、そのフォルダーからファイルを挿入したりします。模擬試験プログラムを終了すると、自動的にそのフォルダーも削除されますが、終了時にトラブルがあった場合や強制終了した場合などに、フォルダーを削除する処理が行われないことがあります。
このような場合は、模擬試験プログラムを一旦起動してから再度終了してください。

10 印刷範囲や改ページを挿入する問題で、標準解答どおりに操作できません。標準解答どおりに操作しても正解になりません。どうしたらいいですか？

プリンターの種類によって印刷できる範囲が異なるため、標準解答どおりに操作できなかったり、正解にならなかったりする場合があります。そのような場合には、「**Microsoft Print to PDF**」を通常使うプリンターに設定して操作してください。

次の手順で操作します。

---
① ⊞ (スタート) をクリックします。
② 《設定》をクリックします。
③ 左側の一覧から《Bluetoothとデバイス》を選択します。
※ウィンドウを最大化しておきましょう。
④ 《プリンターとスキャナー》をクリックします。
⑤ 《Windowsで通常使うプリンターを管理する》をオフにします。
⑥ 一覧から《Microsoft Print to PDF》を選択します。
⑦ 《既定として設定する》をクリックします。
---

11 操作ファイルを確認しようとしたら、試験結果画面に《操作ファイルの表示》のボタンがありません。どうしてですか?

試験結果画面に《操作ファイルの表示》のボタンが表示されるのは、試験を採点して終了した直後だけです。

再挑戦画面や試験履歴画面、スタートメニューなど別の画面に切り替えたり、模擬試験プログラムを終了したりすると、操作ファイルは削除され、《操作ファイルの表示》のボタンも表示されなくなります。

また、試験履歴画面から過去に実施した試験結果を表示した場合も《操作ファイルの表示》のボタンは表示されません。

操作ファイルを保存しておく場合は、試験を採点して試験結果画面が表示されたら、別の画面に切り替える前に、別のフォルダーなどにコピーしておきましょう。

※操作ファイルの保存については、P.258を参照してください。

12 試験結果画面からスタートメニューに切り替えようとしたら、次のメッセージが表示されました。どうしたらいいですか?

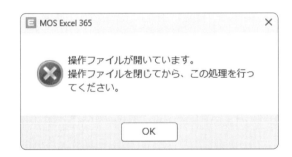

操作ファイルを開いたままでは、試験結果画面からスタートメニューや試験履歴画面に切り替えたり、模擬試験プログラムを終了したりすることができません。

《OK》をクリックして試験結果画面に戻り、開いているファイルを閉じてから、再度スタートメニューに切り替えましょう。

13 模擬試験プログラムをアンインストールするには、どうしたらいいですか？

模擬試験プログラムは、次の手順でアンインストールします。

---
① ⊞ (スタート) をクリックします。
② 《設定》をクリックします。
③ 左側の一覧から《アプリ》を選択します。
※ウィンドウを最大化しておきましょう。
④ 《インストールされているアプリ》をクリックします。
⑤ 一覧から《MOS Excel 365 模擬試験プログラム》を選択します。
⑥ 右端の ⋯ をクリックします。
⑦ 《アンインストール》をクリックします。
⑧ メッセージに従って操作します。

模擬試験プログラムを使用すると、プログラム以外に次のファイルも作成されます。
これらのファイルは模擬試験プログラムをアンインストールしても削除されないため、手動で削除します。

その他のファイル	参照Q&A
模擬試験の履歴	14
認証コード	15

14 模擬試験の履歴を削除するにはどうしたらいいですか？

パソコンに保存されている模擬試験の履歴は、次の手順で削除します。
模擬試験の履歴を管理しているフォルダーは、隠しフォルダーになっています。削除する前に隠しフォルダーを表示しておく必要があります。

---
① タスクバーの 🖿 (エクスプローラー) をクリックします。
② ☰ 表示▾ (レイアウトとビューのオプション)→《表示》→《隠しファイル》をクリックします。
※《隠しファイル》がオンの状態にします。
③ 《PC》をクリックします。
④ 《ローカルディスク (C:)》をダブルクリックします。
⑤ 《ユーザー》をダブルクリックします。
⑥ ユーザー名のフォルダーをダブルクリックします。
⑦ 《AppData》をダブルクリックします。
⑧ 《Roaming》をダブルクリックします。
⑨ 《FOM Shuppan History》をダブルクリックします。
⑩ フォルダー「MOS 365-Excel」を右クリックします。
⑪ 🗑 (削除) をクリックします。

※フォルダーを削除したあと、隠しフォルダーの表示を元の設定に戻しておきましょう。

15 模擬試験プログラムの認証コードを削除するにはどうしたらいいですか？

パソコンに保存されている模擬試験プログラムの認証コードは、次の手順で削除します。
模擬試験プログラムの認証コードを管理しているファイルは、隠しファイルになっています。削除する前に隠しファイルを表示しておく必要があります。

> ① タスクバーの ■ （エクスプローラー）をクリックします。
> ② ≡ 表示 （レイアウトとビューのオプション）→《表示》→《隠しファイル》をクリックします。
> ※《隠しファイル》がオンの状態にします。
> ③ 《PC》をクリックします。
> ④ 《ローカルディスク（C:）》をダブルクリックします。
> ⑤ 《ProgramData》をダブルクリックします。
> ⑥ 《FOM Shuppan Auth》をダブルクリックします。
> ⑦ フォルダー「MOS 365-Excel」を右クリックします。
> ⑧ 🗑 （削除）をクリックします。

※ファイルを削除したあと、隠しファイルの表示を元の設定に戻しておきましょう。

16 「出題範囲1」から「出題範囲5」の各Lessonと模擬試験の学習ファイルを削除するにはどうしたらいいですか？

次の手順で削除します。

> ① タスクバーの ■ （エクスプローラー）をクリックします。
> ② 《ドキュメント》を表示します。
> ※《ドキュメント》以外の場所に保存した場合は、フォルダーを読み替えてください。
> ③ フォルダー「MOS 365-Excel（1）」を右クリックします。
> ④ 《削除》をクリックします。
> ⑤ フォルダー「MOS 365-Excel（2）」を右クリックします。
> ⑥ 《削除》をクリックします。

Q&A　パソコンの環境について

17 Windows 11とMicrosoft 365を使っていますが、本書に記載されている操作手順のとおりに操作できない箇所や画面の表示が異なる箇所があります。なぜですか？

Windows 11やMicrosoft 365は自動アップデートによって、定期的に不具合が修正され、機能が向上する仕様となっています。そのため、アップデート後に、コマンドの名称が変更されたり、リボンに新しいボタンが追加されたりといった現象が発生する可能性があります。
本書に記載されている操作方法や模擬試験プログラムの動作は、2023年6月時点の次の環境で確認しております。

・Windows 11（バージョン22H2　ビルド22621.1848）
・Microsoft 365（バージョン2305　ビルド16.0.16501.20074）

WindowsやMicrosoft 365のアップデートによって機能が更新された場合には、模擬試験プログラムの採点が正しく行われない可能性があります。
※Windows 11とMicrosoft 365のバージョンの確認については、Q&A7を参照してください。

18 ディスプレイの解像度と拡大率はどうやって変更したらいいですか？

ディスプレイの解像度と拡大率は、次の手順で変更します。

---
① デスクトップの空き領域を右クリックします。
②《ディスプレイ設定》をクリックします。
③《ディスプレイの解像度》の⌄をクリックし、一覧から選択します。
④《拡大/縮小》の⌄をクリックし、一覧から選択します。
---

19 パソコンにプリンターが接続されていません。このテキストを使って学習するのに何か支障がありますか？

パソコンにプリンターが物理的に接続されていなくてもかまいませんが、Windows上でプリンターが設定されている必要があります。接続するプリンターがない場合は、「**Microsoft Print to PDF**」を通常使うプリンターに設定して操作してください。
※「Microsoft Print to PDF」を通常使うプリンターに設定する方法は、Q&A10を参照してください。

20 パソコンに複数のバージョンのOfficeがインストールされています。模擬試験プログラムを使って学習するのに何か支障がありますか？

複数のバージョンのOfficeが同じパソコンにインストールされている環境では、模擬試験プログラムが正しく動作しない場合があります。Microsft 365以外のOfficeをアンインストールしてMicrosoft 365だけの環境にして模擬試験プログラムをご利用ください。

21 OneDriveの同期を一時停止するにはどうしたらいいですか？

OneDriveの同期を一時停止するには、次の手順で操作します。

---
① 通知領域の 🌥 (OneDrive) をクリックします。
② 🔅 (ヘルプと設定) →《同期の一時停止》をクリックします。
③ 一覧から停止する時間を選択します。

MOS Excel 365

索引

Index | 索引

索引

MOS 365攻略ポイント　困ったときには　索引

326

よくわかるマスター
Microsoft® Office Specialist
Excel 365 対策テキスト&問題集
（FPT2301）

2023年 8 月13日　初版発行
2024年10月10日　初版第 4 刷発行

著作／制作：株式会社富士通ラーニングメディア

発行者：佐竹　秀彦

発行所：FOM出版（株式会社富士通ラーニングメディア）
　　　　エフオーエム
　　　　〒212-0014 神奈川県川崎市幸区大宮町 1 番地 5　JR川崎タワー
　　　　https://www.fom.fujitsu.com/goods/

印刷／製本：アベイズム株式会社